U0344254

张碧晖◎著

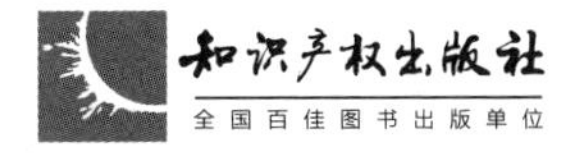

图书在版编目（CIP）数据

笔底春秋：亲历中国科教改革/张碧晖著. —北京：知识产权出版社，2015.9
ISBN 978-7-5130-3739-6

Ⅰ.①笔… Ⅱ.①张… Ⅲ.①科学技术—技术革新—技术史—中国 Ⅳ.①N092

中国版本图书馆 CIP 数据核字（2015）第 202126 号

责任编辑：李　潇　　**责任校对：**董志英
封面设计：李志伟　　**责任出版：**刘译文

笔底春秋
——亲历中国科教改革
张碧晖　著

出版发行：	知识产权出版社有限责任公司	**网　　址：**	http://www.ipph.cn
社　　址：	北京市海淀区马甸南村 1 号（邮编：100088）	**天猫旗舰店：**	http://zscqcbs.tmall.com
责编电话：	010-82000860 转 8133	**责 编 邮 箱：**	lixiao@cnipr.com
发行电话：	010-82000860 转 8101/8102	**发 行 传 真：**	010-82000893/82005070/82000270
印　　刷：	北京科信印刷有限公司	**经　　销：**	各大网上书店、新华书店及相关专业书店
开　　本：	787mm×1092mm　1/16	**印　　张：**	18.5
版　　次：	2015 年 9 月第 1 版	**印　　次：**	2015 年 9 月第 1 次印刷
字　　数：	295 千字	**定　　价：**	68.00 元

ISBN 978-7-5130-3739-6

笔底春秋

——亲历中国科教改革

目 录

Contents

第一章

求学阶段 初试教改

第二章

走上社会 建设三线

第三章

科学春天　迎接挑战

第四章

科技成果　重在转化

第五章
大学教育　回归理性

第六章
珍惜亲情　感恩友情

第一章

求学阶段　初试教改

1956年春，毛泽东在《论十大关系》中批评了学习苏联经验中有“一切照抄，机械搬运”的教条主义错误，提出要结合中国实际，走自己的路。次年，毛泽东在《关于正确处理人民内部矛盾的问题》中针对教育工作存在的问题，提出“我们的教育方针，应该使教育者在德育、智育、体育几方面都得到发展，成为有社会主义觉悟的、有文化的劳动者。”1958年4月，中共中央召开教育工作会议讨论教育方针，批判教条主义和右倾保守思想，指出教育工作中存在着脱离生产劳动，脱离实际，并在一定程度上忽视政治、忽视党的领导的错误。半年后，中共中央、国务院《关于教育工作的批示》中指出：“党的教育工作方针，是教育为无产阶级的政治服务，教育与生产劳动相结合；为了实现这个方针，教育工作必须由党来领导。”从1958年5月起开展的“教育革命”，是试图创立适合中国情况的社会主义教育体制的初步尝试。

由于中共八大二次会议改变了“八大”关于国内主要矛盾的分析，大形势的变化，使全国高校开展了对教学观点、教学大纲、教学内容的大清查，批判资产阶级的教育思想。在这种“左”倾错误思想指导下，许多高校把教师中对教育与生产劳动相结合的不同看法，当成是执行党的教育方针的阻力，认为是资产阶级知识分子在经过反右派斗争后，利用自己所掌握的专业知识作为资本，与党较量，是一场严重的政治斗争。用搞阶级斗争的方式搞教育革命，使一批富有教学经验的专家、教授被错误地批判，师生关系紧张；教学大纲及教学内容被随意变动；教学秩序被打乱；从而使教学质量受到严重的影响。

直到1961年1月，中共中央召开八届九中全会，提出了对国民经济实行“调整、巩固、充实、提高”的方针，随后制定了一系列政策、措施，来解决经济工作中比例失调的问题。紧接着，教育部召开全国重点高等学校工作会议，研究贯彻党中央提出的“八字方针”，确定对高等教育事业进行调整，强调要通过调整建立完善的教学秩序，大力提高教学质量。在这种正确方针指导下，后来的几年，是我国大学发展比较良好的时期，我的大学生活正是在这段时期。

激情岁月，青春励志

我出生在江西省樟树市张家山村，老祖宗据说是从甘肃天水迁徙过来的，到我已经是第20代了。我的童年十分悲惨，一岁丧父，孤儿寡母相依为命。在老师和政府助学金的帮助下，我受到了好的中学教育。我就读的樟树中学，是1924年成立的百年老校，这里有许多优秀的教师，为我的成长打下了坚实的基础。新中国成立后，土地改革、“三反五反”、农业合作化、甚至“反右斗争”，我都经历了，但毕竟不是成年人，印象比较肤浅。真正认识社会、了解社会，并参与其中，还要从考入大学说起。

我的一生，经历了少年立志、青年求学、中年从政、壮年办学、晚年反思，和共和国的历程紧密相关。其间最重要的一段，是我亲历中国改革30年，并在科技、教育改革中探索，而这又要和前面的经历联系起来。1958年，我考进了在武汉的华中工学院。

华中工学院是根据全国高等院校院系调整精神，于1953年成立的。它由武汉大学、湖南大学、南昌大学、广西大学4所综合性大学的机械系全部和电机系的电力部分，以及华南工学院机械系的动力部分、电机系的电力部分合并组成。华中工学院是新中国成立后完全凭借自己的力量建设发展起来的一所重点大学。正如一位外国学者所说：“华中工学院的建立和发展，是新中国高等教育业发展的一个缩影。”华中工学院坐落在武昌洪山区的喻家山下，由于建

1958 ~ 1965 在华中工学院（今华中科技大学）学习和工作。

校才五年，山上并没有多少树。学校前面是关山工业区，当时一到晚上，处处灯火明亮，一派建设景象。后来建成了武汉汽轮机厂、武汉开关厂、武汉鼓风机厂等一批工厂。华中工学院占地 3000 亩，原来准备三院建制，南边的水利学院未搬来，暂分东西两区，东边是机械学院、西边是动力学院，建筑设施类似，东、西边除了教学大楼、实验楼、宿舍外，两边都有学生食堂和操场等。

1958 年上半年，中共八大二次会议召开，这次会议改变了八大关于国内主要矛盾的分析，认为“在社会主义社会建成以前，无产阶级和资产阶级的斗争、社会主义同资本主义道路的斗争，始终是我国内部的主要矛盾”，同时提出了“鼓足干劲，力争上游，多快好省地建设社会主义”的总路线。毛泽东在会上讲话，强调要破除迷信，解放思想，发扬敢想敢说敢干的创造精神。在此之前，他还提出了“卑贱者最聪明，高贵者最愚蠢”，“要破除对教授的迷信”。我们入校前，学院已经在党内外作了动员，从 8 月下旬开始，开展了对教学观点、教学大纲，教学内容的大清查，批判资产阶级的教育思想。掀起一场“拔白旗、插红旗，批判反动学术权威”的群众运动。我们一进校，就开始批教授，记得一个晚上，去露天电影场批判机械系的一位有名的教授，硬说他自称是夹具专家，其实是“草包”，不学无术。据说当时被批判的教授、副教授有 30 多人，约占总数的 70%，被批判的老讲师也有 30 人，约占总数的 40%，后来还波及学生，一些出身不好，喜欢钻研的学生也被“拔了白旗”。记得当时有一位高年级学生名叫张治水，曾向中央写了一个什么建议，结果在全院进行批判，省委领导还来讲话。有一位学者后来在一份杂志上回忆说：有一次中央办公厅转来一个材料，是武汉华中工学院一个学生张治水写给毛泽东的一封长信。此信全面批评了“三面红旗”（即“多快好省地建设社会主义的总路线”“大跃进”“人民公社”），反映了民不聊生的情况，并对毛泽东晚年有微词。信写得很诚恳，希望中央能够纠正这些错误……于是我把它登在《思想界动态》1959 年第 14 期上，谁知那时正在开庐山会议，正是彭德怀在庐山会议上给毛泽东写信批评“大跃进”而毛泽东借机发起“反对右倾机会主义斗争”的时候，真是无巧不成书，这一期动态来到庐山，正好撞在枪口上。这位同学有句名言：“人一生要找对两个人，一个是领导，一个是老婆。”我当时觉得讲得还真有点道理。在“破除对教授的迷信”的口号下，我们刚刚入校，就要我们重新编写教材。当时的一位副教务长，口才极好，富煽动性，他做报告时，提出“打倒牛顿，推翻虎克”。我们确实被弄糊涂了，难道这就是大学吗?

我们还赶上了大办工厂、大炼钢铁的运动。1958 年 8 月 30 日，中共中央政治局在北戴河举行扩大会议，决定当年要生产钢 1070 万吨，比上一年钢产量翻一番。9 月初省里布置，要我院在 11 月底之前生产出 800 吨生铁、1100 吨钢，并强调要“土洋结合，与时间争钢铁”。学院决定，分别在京山县和本院建一批土炉子。在校园东南部，很快建了一批土高炉。我们停课闹革命，分三班轮流去炼钢铁，每天约 3000 余人上阵。后来因为根本完不成任务，到省里反映后，才逐渐恢复上课。大办工厂也是当时一种时髦，认为“工厂大办学校，学校大办工厂”是走“又红又专”的大道。学院当时有一个“大战 150”的运动，就是在一个比较短的时候里要生产 150 台车床，支援地方工业。一些地方厂矿纷纷送来生猪，正好当时是人民公社运动，还真过了一段吃饭不要钱的日子。在进校后的一年多时间里，上课很不正常，除了大炼钢铁、大办工厂外，还有勤工助学，在工厂的时间不少。我在铸造车间做泥蕊三个半月，在机加工车间开车床两个月，在焊接、铸造车间各半个月，这些实践倒是结合金属工艺学这门课的，对于学工的学生来说，确实有不少好处。但是教学秩序完全打乱了，系统学一门功课的安排较少。这两年，有些功课也没有学好，例如高等数学，本来我高中数学不错，一方面授课教师是广西人，有好些话听不懂。另一方面，课后又未很好复习，没有抓紧做作业，所以这门功课没有学好。

由于“大跃进”造成的经济比例失调和连续几年的自然灾害，从 1959 年开始就出现了粮食和副食品供应紧张。加上 1958 ~ 1960 年的三年中学校发展过快，要求过高过急，没有注意劳逸结合，严重地影响了师生的身体健康。1960 年底即开始发现师生体质明显下降，疾病大量发生。据统计，至 1961 年初，全院肝炎病患者达 1353 人，浮肿病患者达 3300 人，妇女闭经病患者 812 人，三种病人共达 5565 人，占全院总人数的 45.4%。记得当时有个文件，还提到关系到民族的存亡问题。定量减少，猪肉供应紧张，经常有饿的感觉。学院当时给浮肿病人发一种米糠（经过加工），我因为没有病，闻着还觉得很饿。同年级的一位同学是华侨，海外有人给他寄白糖和乳酪。他经常叫上我到学院的“新寒宫”餐馆买上几个馒头，算是特别的美餐。那个时候，到城里吃饭，除了粮票和钱外，还要一种“进餐券”。有一次到汉口，因为没有“进餐券”，只能拿着钱和粮票，望饭兴叹。

1959年底，我们还参加了修筑汉丹铁路（汉阳到丹江口）。我们步行加水路到达云梦县，历时约一个月。我主要是负责宣传鼓动工作，写写稿子，出黑板报，鼓舞士气。后来我也要求参加挑土，虽然劳动强度大，也不甘落后。回校不久，党支部根据我一贯表现，决定吸收我入党。1960年2月28日，经张庆生、陈来顺介绍，我正式加入了中国共产党。这是这两年大学生活中最大的收获，从此，我对自己更加严格要求了。

1960年6月，系分团委书记通知我，要调我到哲学教研室任教。说学校发展很快，特别缺老师，决定一部分学生提前结业。考虑我又红又专，基础不错，相信我能胜任新的工作。加上我又刚刚入党，虽然说毫无思想准备，也只有服从。大概有十多个二年级和一年级的同学，分别调入了哲学和经济教研室。报到后，大家都领了一本艾思奇著的《辩证唯物主义和历史唯物主义》，都很茫然。自学了几天，就要我们上阵，当助教，负责答疑。我们自己也没有搞懂，怎么答疑。有一次晚自习，许多同学提出问题，着实招架不了。我说今天时间不够，明天我们集体答疑。经过准备，我讲了一个多小时，总算蒙混过关了。我发现调来的人，包括先于我们调来的，大多不安心，只是大家不敢讲。有位同事是广东潮州人，学习成绩很好，他年龄比我大，情绪很大，很不愿意做政治老师，忍不住表露出来。反映到上面去，对他进行了严肃的批评，结果还得了肺病，情绪很差。

暑假过后，有一个去中国人民大学进修的机会，当时教研室决定让我去。我说我还年轻，今后进修的机会多，让给一位年纪较大的老师去了，这也是改变人一生命运的决定。不久我就去造船系当分团委书记，当的时间也不长，只是代替党总支书记到食堂蹲了一个月的点。后来，学校又送我到省委党校学习半年。党校在汉口万松园路，算是中心地带。一人住一个房间，当时因为是困难时期，要劳逸结合，只上半天课，中午没有菜，我们就用味精酱油拌饭，也很香。同学中大多是厂矿企业和县委宣传部的干部，我基础比他们好，学习一点也不吃力。党校图书馆藏书丰富，我半年时间看了三四十部名著。当时正是“反修防修”的年代，形势报告听得比较多。党校的老师水平也较高，有一位讲哲学的中青年老师，讲课非常精彩，听他讲课简直是享受。党校副校长杨锐有几句话，我一直记得，他说搞哲学，一是要能总结当代自然科学包括前沿科学的成就；二是要洞察社会现象，包括看小说，也是了解社会现象的一个渠道。若干年后，我们在武汉还一起开过会，他发言时老讲发电多少“瓦千”，我们还笑得不行。在党校每周还可以看一两次内部电影，除了像受批判的《雁南飞》等外，经常看类似《参考消息》的“参考片”，确实使人开阔眼界，耳目一新。

1961 年初，我结束了在省委党校理论班的学习任务。接着就作为农村社会主义教育运动工作队员，到湖北麻城县白菓公社一个大队参加运动。同时去的还有几位教师，他们都分到生产队去，很辛苦，粮食定量少，基本没有菜，要自己开火做饭。我被留在大队跟着工作队长，这位工作队长是供销社的一位领导，对农村很熟，工作能力也很强，我跟着他，学到不少知识。生活上也相对比到生产队的同志要好些，经常有农民送点蔬菜给我们吃。这个队在“大跃进”中很有名，曾经“创”下亩产 53000 斤的“大卫星”，生产队的支部书记还作为全国劳模到北京开会，并到北京农业大学做报告，一时风光无限。我也曾向他问过“内幕”，这位支部书记在农村算有点文化，读过几年私塾。在湖北“大跃进”中首先创造纪录的是另一个公社，计亩产 36000 斤。这个支书去开过现场会，他很快看出门道，高产的做法即把许多田地的熟稻子往一块田里搬。他回来很快就如法炮制了，据说验收时，省、地都来了领导，我们当时也想不到为什么要这样干。这个支书倒是很坦然，他和我谈得来，什么都给我讲。这个队虽然在山区，但倒很开放，譬如这个村子屋连屋，从第一家可以长驱到最后一家，我睡的房间，早晨就有人川流不息地走来走去。这里的人很客气，走路时，当地人一定要我们在前面走，我们人生地不熟还要不时回过头来问路。当地还有一个习惯，就是逢年过节，初一、十五都要煮糯米饭，恰好我也喜欢吃，至今这个爱好都没有变。我们工作人员也没有什么特别照顾，就是每人每月发几包当时湖北比较好的“龙菊”香烟，我抽了一支，第二天起来特别难受，赶快把香烟送给了别人，没有学会抽烟。这次农村社会主义教育运动的任务是两条：一是纠正大炼钢铁时的“共产风”，当时大炼钢铁时把群众的铁锅等都砸了炼铁，现在实行退赔。二是纠正干部多吃多占的不良作风。两项工作都是为了调动农民的积极性。两项工作也都是和风细雨，也没有挫伤基层干部的积极性。

还是在党校学习的时候，我和也是提前抽调出来的院团委组织部长就了解到，我们这批抽调出来的人是没有计划批准的，也就是说当老师是黑户口。我们这些抽调出来的人绝大部分都不安心，但是鉴于前面的教训，谁也不敢提出来。我和那位组织部长决定给省里写信反映，省人事厅一位像领导的同志还找我们谈了话，肯定我们反映情况的做法，并明确表示不同意学院的做法。后来学校也知道我们反映了情况，虽然没有公开批评，但也采取了一些措施。例如，让一位也在党校学习的党员干部对我实行监视；在通过我从预备党员转为正式党员的会上，批评我的所谓个人主义。这时，被抽调出来的其他人更是怕得要死。我依旧坚定信心，相信自己的意见是对的，终于到 1962 年 4 月，院人事处通知我回去学习专业课，同时接到通知的还有那位团干部，到 9 月份，又通知其余十几位回去学习专业课。我知道，这是对我和那位团干部进行打击报复，我等于少发了三个月工资。这样，除了两三位可能觉得回去学习有困难的外，我们那批抽调出来到哲学教研室任教的近 10 位同志都回去继续学习了。大家都很高兴，特别是那位广东同事，笑容满面，他学机械专业，如鱼得水。毕业后分配到北京某研究院，“文革”中还偷偷搞业务。改革开放后到意大利进行合作研究，是该单位的业务尖子，现在七十多岁，单位还不让他退休。

学院对提前抽调的学生一个最大的优惠，就是回来继续学习前可以随意挑选专业。很多人都选了比较热门的专业，只有我还是回到自己原来的专业学习。当时，学院正在试行《教育部直属高等学校暂行工作条例（草案）》（简称《高教六十条》），恢复和建立正常的教学秩序。《高教六十条》提出“高等学校必须以教学为主，努力提高教学质量”。为此，学校调整了教学安排，减少了生产劳动和科学研究的任务，控制了社会活动，保证教师有六分之五的时间用于业务；修订了教学计划和教学大纲，强调了加强基础课和保证各教学环节的基本训练。学生的学习情绪异常高涨，当时机械系有一位工农调干生张凤球，刻苦钻研，成绩优秀，成了全院学习的典型。我还向院刊投了一篇稿，题目是《张凤球的学习动力从何而来?》这是我第一次有文章登在报刊上，得了三元钱稿费。

不久，机械系（此时是机一系和机二系合并在一起）分团委书记张庆生要我担任系学生会主席。在入学时，张庆生本来和我们是同学，后来他也调出来担任干部，不久就成了机械系的分团委书记。其实，张庆生虽然是工农调干生，但学习成绩不错。他可能受当年赫鲁晓夫讲自己是煤矿工人出身影响，也常常在大会上讲自己是裁缝出身。他工作有魄力，只是简单粗暴一点。我做系学生会主席，除了配合系领导抓正常教学秩序和生活管理外，最主要是两件任务：一是开展体育活动，保证学生有健康的体魄；二是开展文娱活动，活跃气氛。我们学生会干部都多才多艺，有一次晚会，学生会干部组成演奏队，奏了一曲《金蛇狂舞》，我不会乐器，就当指挥。体育活动，除了经常的锻炼和赛事外，就是一年一度的新生运动会和全院田径运动会。我们系有两千多学生，是全院学生最多的系，人才济济，在全院田径运动会上，我们系总是第一名。特别是在开幕式的出场式上，我们精心策划，总能给全院以惊喜。新生运动会也组织得好，每年都能发现不少新人。我当系学生会主席后，每年春夏之交还举办一次“一系之春”，除了文艺晚会外，还有书画展。每次文艺晚会，我都要写一副对联，什么“柳絮横飞”“春意盎然”都要组合上去。除此之外，每年的迎接新生也是学生会的一个大活动。迎新我也比较关心，它可以发现一些人才。

担任系学生会主席，也使我有一些参加重要活动的机会，开阔了眼界。当学生干部不久，就参加了院学生会欢迎古巴全国学联访华活动，看到英姿飒爽的代表团成员，心情无比激动。那时我记得中国学联主席就是后来当体委主任的伍绍祖，相信现在很少有大学生知道全国学联主席是谁。我们学生会还有一次欢迎乒乓球冠军庄则栋，并安排了表演赛，也感到非常荣耀。还有一次，在学生中举办读书讲座，我利用一天多一点的时间看完了苏联的长篇小说《叶尔绍夫兄弟》。我向学生讲述该书的时代背景、故事梗概和现实意义，取得了较好的反响。后来，武汉部队胜利文工团为配合“反修防修”，演出话剧《叶尔绍夫兄弟》，据说当时全院学生只有一张票，我幸运地得到了这张票，到汉口观看了这次高水平的演出。

转眼就到大学四年级了，回来后的两年里，虽然社会工作比较多，但功课还学得不错，基础课专业课都比较扎实。我们还经历了三次实习，第一次是到武汉钢铁公司，进行认识实习，我们看了平炉炼钢、转炉炼钢以及轧钢等工艺流程。时间虽然只有十天，但有了一个对钢铁生产的实际认识。三年级时，到了洛阳轴承厂。这是一个苏联援建的工厂，是国内最大的轴承制造厂。我们下到热处理车间实习，发现工段长和师傅等很多人都到苏联实习过，他们不但实际操作能力强，理论上也不错。他们有时也对我们进行爱国主义教育，现在印象最深的是，他们曾提到20世纪60年代初，苏联卡我们，卖给我们一对1米直径的轴承，要用6吨鸡蛋来换。四年级实习时，我们班还是去洛阳，这一次到更大的洛阳拖拉机厂，到工具车间，工具车间热处理非常典型，要求高，虽然这些大厂都有培训科，但实习也主要在旁边看看，并不能亲手操作。我因为是实习队副队长（队长是教师），偶而有的师傅会让我操作一下，同学们看了都非常羡慕。我想到毕业后有可能分到工厂工作，对车间里的设备非常关注。洛阳拖拉机厂工具车间有一个自制的专用设备，叫等温炉，我很用心地把等温炉盐液的配方认真地记下来了。在工厂里，我们还看到了时任国务院第八机械工业部部长陈正人，据说他是来视察该厂的整风工作。陈正人，这不是《毛泽东选集》中提到的湘鄂赣特区书记吗？于是对他注目了许久。洛阳是六朝古都，古迹不少，虽然先后去了两次，每次都有一个月，但也只是到白马寺和龙门石窟等少数景点看了一下。当时的洛阳除了几个大工厂外，市政建设很简单，一东一西就是一个上海市场和一个广州市场，沿途只有工厂宿舍，单调而简单，我当时心里想，毕业后可千万不要分到洛阳来，谁知道后来我研究生毕业时，分到比洛阳还要小的景德镇。

时间到了1964年秋季，按照规定，毕业班同学不再担任系分团委和学生会工作。我从系学生会回到班里担任团支部书记。因为一个年级只配一名政治辅导员老师，学生基本上可以说是自己管理自己，班上的团支部书记还特别重要。政治学习、组织纪律、发展党团员、评定奖学金以及其他问题，都要管。上任不久，就碰到贯彻“两不准”规定。可能是学校领导发现谈恋爱的人太多，这次几乎作为运动去搞，历时近20天。一时校园气氛十分紧张，甚至传出有人要跳长江大桥的消息。系里和党支部动员后，我们班团支部组织委员问我怎么搞？我说我们班主要进行正面教育。我们班30多人，有两位女同学。一位是文体大队的，不跟班里同学住在一起，外面有反映说在谈恋爱。一位在班的女同学，也有反映。这位女同学很害怕，写了一份30多页的检查，说实在话，我都没有仔细看就转给组织委员了。这时候，邻班的“两不准”运动搞得如火如荼，一位未婚怀孕的上海女生，成绩优秀，也作了退学处理。另一位班干部和同班女生谈恋爱，也批判了好多次。年级党支部、团总支看到我们班没有动静，颇有意见。团总支的干部原本是我的部下，比较熟，也不敢管我。后来党支部一位委员也是一位年龄较大、受人尊重的工农调干生来联系我们班，他虽然没有怎么批评我，但他还调查了我在这方面是否有问题，经查实我确实没有谈过恋爱。于是他到系里汇报说：“张碧晖主要是思想比较右，下不了手。”其实，这位调干生老大哥也是“两不准”的牺牲品，他本人爱着一位也是工农调干生的女同学，我们也认为他们很般配。结果，毕业后各分东西，他后来虽然成了家，但那位老大姐却终身未婚，令人嘘唏不已。

大学五年级最后一年，我们的任务就是学专业课，金属热处理课是系主任崔昆教授亲自讲授，我学得也很好。记得此课考试时采用的是开卷考试，结果两个班大多数是60～70分，80分的都很少，超过90分的只有我一个。毕业前，两个班差不多一半人搞毕业设计，一半人搞毕业论文，我搞毕业论文，也是崔老师亲自带。我们的论文课题是关于含钴高速钢的研究，要根据设计成分自己将钢炼出来，然后在不同的状态下测试钢的性能。经常要三班倒，崔老师经常和我们一起操作、指导。后来，崔老师成为闻名全国的模具钢教授，听说我们当年的课题为他的研究开了个头。前几年，崔昆教授被评为中国工程院院士。

毕业前夕，听说学校要我留校当辅导员，鉴于上次提前抽调的经历，我实在不想再走那样的路。我决定报考研究生，走另外一条路。据说崔老师很希望我报他的研究生，而且前两年他也没有招到研究生。但我怕报本校研究生将来会节外生枝，我干脆报了上海交通大学周志宏先生招的专业。周先生是我国金属学的泰斗、全国金属学会的会长、上海交通大学副校长，资深的中国科学院学部委员。报名后我一点也不紧张，寒假还回家了几天。我的一些要好的同学倒很着急。两位原来在分团委工作过的女同学，年龄比我大两三岁，像姐姐一样管着我，每天早饭后押我去图书馆复习。考试的时候，其余几门都还可以，唯独《物理化学》一门使我一筹莫展。一共五道题，前面四道题无从下手，后面一道题又分五小题，大概也只对了四小题。看看手表，2 个半小时的考试时间才过去 20 分钟，我决定提前交卷，监考老师一再劝我再想想，我说想不出来，还是让我去准备下一门考试吧。后来，我了解到，那些坚持到时间才出来的同学同样做不出前面四道题。因为华中工学院《物理化学》这门课才 72 学时。学完后我得了 5 分最高分。可是，上海交通大学的《物理化学》这门课却有 270 学时，怎么可能答出来。在毕业分配方案宣布的会上，我被录取为研究生是最后一个念到的。当时的保密工作做得非常好，此前大家一点都不知情。在全专业毕业生分配方案宣布的会上，辅导员在宣布这个消息时，同学们的表情真是千姿百态。有的欣喜，有的惊愕，有的木讷，有一位顶了我原来的位置，留校当辅导员。我考取上海交通大学金属学研究生班，同学中无疑都是羡慕。教师对此事反响尤其大，有的教师说，这个张碧晖，平时社会工作多，学习也不是特别刻苦，听说从未上过图书馆自习，居然考取了研究生。

毕业后，我要离开待了七年的华中工学院，但我当时还不能告诉母亲我还要继续读书，因为她正焦急地等着我毕业分配工作、娶亲成家，我只是说我分到大学工作。临行前，党总支书记王树仁找我谈话，说本来是要你留校的，还准备给你介绍对象，考虑到你是我院第一个考出去的研究生，还是成人之美，决定放行了。

交大读研，经历风雨

毕业分配宣布后，毕业生都各自去自己的单位报到，免得夜长梦多，在时间点上刚好接上。这时已经是1965年的8月底，我也收拾了简单的行囊，买了一张去上海的轮船票，在长江漂流了两天多，来到了上海。虽然是第一次到上海，但也没有多想，只是觉得上海比武汉要繁华很多。上海交通大学坐落在徐家汇，在上海的西南边。由于学校位于城市中，面积并不大，只有500亩左右。1919年建成的图书馆，暗红色的外墙显示出凝重的沧桑。1935年建成的校门庄严厚重。交通大学始建于1896年，初名为南洋公学。当时，为洗涤鸦片战争失败后近半个世纪内中国人民所蒙受的屈辱，一大批“先进的中国人，经过千辛万苦，向西方国家寻找真理”。“国内废科举，兴学校”成为不可抗拒的历史潮流。清政府大理寺少卿盛宣怀奏准清廷，在上海徐家汇创办了一个“中学为体，西学为用”的学校——南洋公学。盛宣怀开矿山、办银行、兴学校，都是以洋务为轴，以中体西用为辐，因而学校的一切专业设置、教学内容、课程安排，也都服务于这一事业。之后曾明确南洋公学的教育方针为：“本学堂讲求实业，以能见诸实用为要旨”，为“振兴中国商业，造就人才”。1906年5月严复来校进行《论实业教育》演说，宣传实业救国。辛亥革命前后，学校几度易名，但始终是本着以工为主，工商结合方向发展，是中国人自己办的最早一所工科大学。1921年8月正式改名为交通大学，由北洋政府交通总长叶恭绰兼任校长。交通大学在长期办学中形成了自己独特的办学传统和办学特色，简单讲起来就是“起点高、基础厚、要求严、重实践”。培养了像蔡锷、邹韬奋、陆定一、钱学森、茅以升、张光斗、顾毓琇、王安、江泽民、夏衍、汪道涵等优秀人士。1952 年，交大一分为几，加上后来的西迁，形成了上海交通大学、西安交通大学、西南交通大学、北方交通大学。在中国台湾，也有一所交通大学。2000 年我到台湾省考察时，还在台湾交通大学门前留了个影，2009 年，我率团去台湾参加学术会议时，又专门参观了台湾交大。

1965 年考取上海交通大学研究生班。

到了交大报到后，才知道我们这一届新生共 48 人，加上原有的，整个上海交大也只有 108 个研究生，这还是全国高校中研究生第二多的学校。据说当时全国在校研究生，包括科学院系统，总计研究生也就是 1800 人，还达不到现在一个大学的五分之一。当年对研究生的录取原则是宁缺毋滥，后来我们也知道，温家宝、吴官正也是我们这一届研究生。我的导师是时任上海交大副校长、科学院学部委员的周志宏教授。周教授 1923 年毕业于北洋大学矿冶系，1928 年获美国哈佛大学冶金工程师和理学博士学位。曾任上海炼钢厂、合金钢厂厂长，重庆大学、大同大学教授。后又任上海宝山钢铁总厂首席顾问，当过几届全国人大代表和全国政协委员，是中国研究金属内部组织的开拓者之一，对钢中魏氏组织和马氏体组织的形成与机理研究有重要贡献。在我国较早研制成钨铁、硅铁、高速钢、冲模钢、磁钢和不锈钢等，提出并试验成功氧气顶吹转炉炼钢法。我为有这样的导师而感到高兴，心想只要努力，也会有所成就，金属学毕竟是我中学就开始喜欢的专业。进交大后，我们研究生的助学金是每月48元，这在当时不算少，每月也能寄点钱给母亲。

正当我们摩拳擦掌，准备好好进入研究生班学习时，学校通知我们去江西井冈山“政治野营”。除了我们48名研究生新生外，还有英语师资班的十几位同学，此外就是党史教研室的施福升老师，他也是刚刚留校的。由于我是江西人，政治辅导员决定和我一起先去井冈山联系。老师和我乘火车先到我的老家樟树，在我家住了一晚，再乘汽车到井冈山，联系在井冈山饭店入住。井冈山方面很重视，派井冈山管理局外办两位同志陪我们。第二天，从上海来的同学就全到了，开始了“政治野营”活动。我虽然是江西人，但也是第一次到井冈山，此前也去过庐山等一些山，但还是第一次看到这样大的山。井冈山在江西东部边境，属罗霄山脉中部，山峰在千米以上。有不少山间盆地如茨坪、大井和河谷。主要种植水稻等粮食作物。山林资源丰富，盛产杉、松、毛竹、油茶和药材。未开发前，井冈山有黄洋界、朱砂冲等五大哨口与外界联系，五大哨口地形险要，易守难攻。我们的活动安排得很紧凑，除了上五大哨口特别是黄洋界外，还参观了茨坪展览室，访问了井冈山革命时期老暴动队长邹文楷的家，听老人讲了革命回忆。还有一位老红军女战士唱了当年的革命歌曲。访问了毛主席的老房东。总之，凡是与井冈山有关的人和事以及大小纪念地，差不多都参观了。井冈山属赣中南地区，同学们大都听不懂当地的话，我充当了翻译的角色。在二十天的野营里，虽然活动安排了很多，但同学们都很轻松，野营回来就唱革命歌曲。施福升老师曾当过校合唱队的指挥，和我们又算同一届毕业生，总是带领我们唱歌。当时有许多亚非拉的朋友因为景仰中国革命，常到井冈山来，有几次在井冈山宾馆放电影，我们从井冈山饭店过来就是为了陪外宾看电影。

后来，我读了一些书，才知道1965年对井冈山而言，真是不简单。这一年，除了一些老将军外，罗瑞卿、余秋里、郭沫若都上了井冈山，特别是1965年5月下旬，毛主席重上井冈山视察，到黄洋界、茨坪，先后待了十二天。在茨坪了解井冈山水利、公路建设和人民生活，会见了老红军、烈士家属、机关干部和群众，写下了《水调歌头·重上井冈山》的词：

久有凌云志，
重上井冈山。
千里来寻故地，
旧貌变新颜。
到处莺歌燕舞，
更有潺潺流水，
高路入云端。
过了黄洋界，
险处不须看。

风雷动，
旌旗奋，
是人寰。
三十八年过去，
弹指一挥间。
可上九天揽月，
可下五洋捉鳖，
谈笑凯歌还。
世上无难事，
只要肯登攀。

这首词作于1965年5月，发表于1976年1月，离毛泽东同志与世长辞仅八个月，也是这位历史人物留给后世的最后作品。以往人们认为这首词主要写“重上井冈山”的所见所感，看来都没有搞清楚真正的含义。后来人们回味了毛泽东同志当时与历史学家周谷城、刘大杰的谈话，有了新的解释。当时，毛泽东同志对上层建筑中一些他认为不适宜社会主义经济基础的领域，希望将贯穿群众性批评、批判、教育、提高，以群众监督的政治民主模式，选拔无产阶级接班人“五个条件”“二十三条”等，整合为毛泽东希望的一种“井冈山精神”，以此不断推进解决党内、军内以及各种社会矛盾的一种思路。实际上，毛泽东重上井冈山，就是在酝酿“文化大革命”。这是当时的人们所没有想到的。不久郭沫若也上了井冈山，他以浪漫的方式，写下了“杜鹃今已花时过，百战壕边万木春”的诗篇。

从井冈山回来不久，学校又决定要我们去上海郊区参加农村社会主义教育运动，即“四清”运动，补上阶级斗争这一课。由于我们48名研究生中有些是本校的毕业生，此前他们已参加过“四清”，这次就不去了，改为到相关工厂实习。从外地来的学生大约不到20人，分别到郊区奉贤、南汇两县参加“四清”。我和另外两名党员到各自的大队任工作组副组长，我先是在南汇县的白果公社，后来又到了离上海更近的周浦镇。我们在农村，要求“三同”，即和农民同吃、同住、同劳动。据说我们那些在奉贤的同学比较苦，我自己倒没有受什么苦。我住在贫下中农家，主人很好。当时是冬天，当地农民的习惯是冬天杀羊，轮流杀，互相换着吃，因此每天都有羊肉吃，另外还能吃到黄鱼，我曾委婉地对房东说，不要天天吃这么好。房东说，我们平常就这样吃，我也没办法了。“四清”的搞法，实际上和“土改”差不多，工作组进大队后，大队的班子就靠边站，由工作组主持工作，包括领导生产。运动通过学习文件动员后，一方面发动群众揭发问题，一方面组织干部交代问题，叫“洗手洗澡”。当然也交代“坦白从宽，抗拒从严 ”的政策。当时的标准是贪污100元就是坏分子，投机倒把超过1000元的就要戴上投机倒把分子的帽子。每一阶段的情况包括特殊情况都要上报驻在公社的四清工作队部。我在南汇县一个大队的工作组长是解放战争时期的老同志，上海一所业余大学分校的校长。这位老革命平日很随和，对我们要求也不高，他说“三同”，我们到农村就是三同，后来在他的带领下，干脆到附近一个印染厂食堂吃饭，包括卫生等各方面条件都好了。可是他在政策掌握上就差劲了，有一次要上报干部贪污和多吃多占时，有两位干部报的是全年收入情况，这位组长硬要我将其作为不法收入和贪污报上去，我和他理论，他说：“我是组长，报上去有什么问题，我负责。”后来，他大概也不喜欢我这个助手，而另一位副组长对他言听计从，他就把我调到周浦一个大队了。到了这个大队时，“四清”工作快要进入内查外调阶段，即许多揭发出来的问题要经过调查核实。为此我跑了许多地方，除了上海市区外，还到过安徽蚌埠和合肥。到蚌埠是去一个橡胶厂，在这里劳动的好像是重刑犯人。到合肥是去一个劳改农场，那些犯人上午学习，下午劳动，晚上唱唱歌，个个都养得肥肥胖胖的。

调到周浦不久，“文化大革命”便开始了。工作队布置大队要进行动员，我所在的队由我做报告，但是我们没有布置什么揭发检举之类，后来就不了了之。后来的运动把一些“四清”工作组组长搞到农村去斗争，甚至戴高帽子，我因为没有“民愤”，我所在的生产队再也没有找过我。后来我们才知道，1964 年年底，中共中央政治局在北京召开全国工作会议，主要讨论农村社会主义教育问题。会上，毛泽东批评了关于运动性质是“四清”和“四不清”的矛盾、党内外矛盾交叉、敌我矛盾和人民内部矛盾交叉的说法，提出运动的性质是社会主义和资本主义的矛盾，认为“四清”是两个阶级、两条道路的斗争。而刘少奇则不同意这个观点，特别是不同意“运动的重点是整党内走资本主义道路的当权派”的提法，认为有什么矛盾就解决什么矛盾。所以，到 1970 年年底，美国作家斯诺问毛泽东什么时候开始明显感到必须把刘少奇从政治上搞掉时，毛泽东坦率地回答说，是制定《二十三条》那个时候。这就是我们参加“四清”运动的大背景，可是，我们当时什么都不知道。我从小在农村长大，和农民、和干部都很熟悉，并没有感到阶级斗争那么严重。随着“文化大革命”的风声越来越大，明显感到上面工作队对农村“四清”工作没有抓得那么紧，后来我们也是不了了之，工作队也很低调，大概 1966 年 7 月底，我们就回到了学校。

毕业分配，前途迷茫

早在“文化大革命”刚开始后不久，我们研究生也跟着头脑发热，认为研究生制度是培养“修正主义苗子”的制度，有的甚至提出要砸烂这个制度。其实，大多数研究生对由于“文革”而未能完成学业是感到遗憾的。研究生是研究机构为培养科学研究人员、高等学校师资或其他高级专门人才而培养出的专业化人才。美国耶鲁学院（今耶鲁大学）于1861年单独设置研究生学习机构，一般认为是世界上设置研究生院之始。新中国的研究生培养始于20世纪50年代，当时的政策是宁缺毋滥，人数很少，培养“向科学进军”的“登山”队员。对研究生的学位定位尚在讨论中，一种意见是和苏联一样，授予副博士学位；一种就是采纳英美的模式，称之为硕士。上海交大的篮球队全国有名，是甲级队，学校想把几位篮球尖子毕业生留下来，叫他们考研究生，他们还不愿意。主管校长邓旭初还说：“你们难道连副博士也不想当了。”虽然有遗憾，想不通，但面对当时乱纷纷的局面，也是“无可奈何花落去”。特别是一些年龄较大的同学，都在想着自己的出路。这个时候，我们联系了几个同学，向国务院写了一个报告。报告的内容有三条：一是取消现行的研究生制度；二是要立即分配工作；三是要求分配到基层去。研究生中也有能人，这个报告先找熟人交到了时任国务院文教办公室主任林枫手里，林枫办公室将其内容简化送到了总理办公室，这些过程我们都及时知道了。据说总理一般是凌晨才入睡的，中午起来后，稍事吃点饭，再看桌上摆放的文件，还说总理看了有关研究生的文件后没有表态，又放回了桌上。

后来成立了研究生毕业分配小组，由董伟民负责。他负责毕业分配也给他带来了好处，他后来分回北京原单位。改革开放时，他到美国斯坦福大学攻读地震预报专业。他的美国导师又引他入保险行业，成为一家上市公司的技术总监。我到美国斯坦福开会和后来去硅谷访问，都是他接待的。他家住一幢很大的别墅，和国内许多单位也有合作关系。大概到了 1968 年的四五月份，研究生开始毕业分配了。根据教育部规定，所有一、二、三年级的同学都发硕士毕业证，就是现在说的有学历，没有学位。毕业证扉页有一张林彪的题字："大海航行靠舵手，干革命靠毛泽东思想。"后来林彪出了事，又改换了毕业证。当时，我向毕业生分配小组建议，我说毕业分配不一定要强调对口。因为上海交通大学属国防工办管，如果强调对口，很多人要去三线厂，但是他们当时根本不听。后来果然如此，有的学校未强调对口分配，学生基本上都是分在上海、南京。而我校则多数都分到了边远地区，倒不是说就不好，问题是几位毕业分配小组成员都自己选好了地方。我们专业的同学分得很远，有五六人分在内蒙古，其中包括外调时在包头骨折的女同学。高年级的陈明义分在山东青岛，后来照顾夫妻关系调到福建，先在福建省科委当主任，后来当副省长、省长，一直到省委书记。同学中上海人较多，但当时很少人分在上海，有些人经过几十年，最后还是叶落归根回到上海，包括原来分在武汉的朱寄萍，后来调回上海后，成为上海科技党委书记和上海市科委主任。原来坚决要求按国防口分配的一位姓陈的同学，也分到了内蒙古。他和我们专业一位女同学结婚，后来调到武汉。研究生中倒是有三四对同学成了夫妻。还有的同学被分配到葫芦岛基地，就比较苦了。我在"文革"中有一次听从葫芦岛工作回来的校友说，这个岛上只有当地的少数居民。分去岛上的同学绝大多数很难找到对象。他们说，他们男生有一个君子协定。如果分来一位女生，男生就以年龄为排序，去跟这位女生会面，一号不行，二号再上。这位校友说，一点都没有夸张。还有的到军垦农场进行锻炼，实行半军事化生活。有的到山西洪洞县农场，使人想起古代充军的场景，"洪洞县里无好人"。我有一次到浙江出差，专门去萧山某军垦农场看望一个同学，条件相当艰苦，他说这还是算条件比较好的农场。有一次，这位同学的妻子去看他，看到这位同学身着破旧的棉袄，腰里系着一根粗草绳，心里马上酸楚起来，就像探劳改犯一样。同学中倒是出了一个英模人物，她就是比我们高一年级的华怡同学。她去交大时很低调，对人特和气，人缘也特别好。分在上海一个单位，后来成为党务工作者，自己得了绝症，仍十分关心职工，坚守工作，对群众热情，排忧解难，完全没有顾及自己的身体，十分感人。《文汇报》曾作过长篇报道，我找来报纸看过后也十分感动。

我的毕业分配可谓一波三折。开始要我留校，因为系里的领导对我有好感。当时交大凡认识我的干部和教师，都认为我是“交大的理论家”，这当然是溢美之词，但是，从各方面看，做教师应该是比较合适的。我前两年忙于多项活动，加上当时的思维模式，对自己毕业后的去向，可以说没有怎么考虑。这个时候要我留校，一方面觉得做老师也不错，另外，我有几个高中要好的同学在上海工作，我也愿意留下来。这个时候，交大的“文化大革命”也愈来愈使大家担忧。张春桥、王洪文先后到交大来讲话，暗藏杀机，主要是支持“反到底”，支持造反派。“反到底”认为我是“炮打过张春桥”的，而“红革会”的头头也反水，认为我插手了运动，甚至认为上了我们研究生的当。这个时候，一些干部和老师为我要留校可能引起的后果表示忧虑。他们说，“交大是是非之地，不可久留。”我接受了他们的好意，“明知凉亭虽好，终非久停之地”。我表示不留交大，尽管当时我也认为毕业留校是最好的去向。我找到董伟民他们，请他们帮助我联系其他工作。本来我们的分配方案中有一个四机部江西景德镇军工厂。同专业的一位女同学拟分配到内蒙古，她不想去，想去景德镇。我这个时候提出不留校，我是江西人，又是独子，我就有理由到景德镇去。定下来不久，景德镇那个厂又发生了变故，说是暂时不需要研究生。这时，不少研究生都已开始离校，到单位去报到了。董伟民也应该去报到了，但他还是很仗义，表示要对我负责到底。他不断和四机部联系，可能接到了部里的指令，景德镇这个厂又决定要我了，并且说七月份就可以来报到，这样，毕业分配总算尘埃落定。

毕业分配定好后，就开始做离校准备，除了办离校手续外，也没有什么要准备的，主要是向熟人告别。我购好 6 月 30 日到江西的火车票，我记得离开交大时是下午四五点钟，不知为什么，竟然有近百人来送我，场面非常壮观。从研究生宿舍走到校门口，依依不舍。我心里默默地念着："再见了，上海交大。"我还没有想到的是，竟然有 20 多名师生坚持送我到上海火车站，其中还有两位女同学，一位姓郭的女同学默默地看着我。她是我们冶金系的小师妹，我们在"文革"中相识，当时有位高年级同学追她。但这位仁兄是结过婚的，问题不在于结过婚，而是他没有把这件事告诉女方。当时我们几位要好的同学看他们发展还很快，有人问我要不要把这件事告诉郭同学，我肯定地说，一定要告诉她。我们中一位同学把这事告诉了郭师妹，据说她很感激。

火车在黑夜中呼啸奔跑，我却怎么也睡不着，除了想着上海交大的三年外，就是憧憬着我将要去的景德镇市，我虽然是江西人，但从未去过景德镇，这个著名的瓷都到底是什么样子呢？我们当年大学毕业后很怕分到河南洛阳市，现在，估计景德镇比洛阳还要小。我甚至还在想，到景德镇后，吃阳春面还会那么方便吗？

第二章

走上社会　建设三线

“三线建设”是中共中央和毛泽东同志于20世纪60年代中期做出的一项重大战略决策，它是在当时国际局势日趋紧张的情况下，为加强战备，逐步改变我国生产力布局的一次由东向西转移的战略大调整，建设的重点在西南、西北。1964年至1980年，贯穿三个五年计划的16年中，国家在属于三线地区的13个省和自治区的中西部投入了占同期全国基本建设总投资的40%多的2053亿元巨资；400万工人、干部、知识分子、解放军官兵和成千万人次的民工，在“备战备荒为人民”“好人好马上三线”的时代号召下，扛起背包，跋山涉水，从大城市来到深山峡谷、大漠荒野，风餐露宿、肩扛人挑，用艰辛、血汗和生命，建起了1100多个大中型工矿企业、科研单位和大专院校。同时，地处一线二线的省份，各自建了一批省属的“小三线地方军工企业”。“三线建设”是中国经济史上又一次大规模的工业迁移过程，其规模可与抗战时期的沿海工业内迁相提并论。由于建设地点多数都比较偏僻，这种建设方式为后来的企业经营发展造成了严重的浪费和不便，但是“三线建设”也成为中国中西部地区工业化的重要助推器。当然，在计划经济体制下，加上“文化大革命”的影响，“三线建设”也带来负面影响。当时强行建设没有因地制宜，导致大量企业破产和关停并转，造成极大损失。我所在的江西景德镇万平无线电厂后来搬到江苏昆山后，企业破产，工人下岗，造成返城返乡后的极大待遇差距。我们“三线”建设者和祖国同呼吸、共命运，它是我们人生中一个重要经历。2014 年 11 月，我们原万平无线电厂的老职工从各地主要是从江苏回到景德镇老厂，时过 40 多年，当年的热血青年，今天都成了白发苍苍的古稀老人，大家相拥而泣，感慨万千，我们仍然情系“三线”，我们不后悔当年的付出。

穷乡僻壤，艰难面对

第二天也就是1968年7月1日早上，火车到达江西鹰潭车站，辗转改乘汽车中午才到了景德镇，厂方有人来接。来人说，工厂距景德镇有17公里，每天一班的公共汽车已经过了时间，要等拉菜的厂车。我们在景德镇饭店大概又等了两个小时，一辆标有668信箱的解放牌汽车出现了。除我之外，还有几位厂里的工人，大家都喜出望外，赶忙爬上汽车。走了半个小时，汽车进入厂区，来接我的人向我介绍。经过了几户零散的农户后，出现了几排两层的简易房屋，说这是家属宿舍。又翻过了一个山头，才到了厂的大门。其实也不是什么大门，没有什么标志性建筑，只有一条“将无产阶级文化大革命进行到底”的标语。大门后面有一个简易的医务室，后面的平房就是行政办公的地方。过了行政办公的地方，汽车又转了一个弯，才到了食堂。食堂后面是单身宿舍，而厂房则分散在几个山坳里，副厂长余富水正在等我。简单吃了晚饭，食堂的饭倒不错，饭是大师傅做的。后来我才发现这位大师傅身手了得，我就眼看他杀一只鸡，5分钟把毛拔得光光的。余副厂长陪我去家属区旁边的招待所住下。所谓招待所，也就是一座有四间房子的小平房。余副厂长很细心，拿来一把荷叶扇，说这里晚上蚊子多。我就这样来到了三线厂，将在这里开始我的新生活。我住进去的第二天，部里来了一位军代表，大概是位领导，还带了一位警卫员。第二天早上，这两位军代表先念了一番语录，接着“早请示”，我当时还在床上睡懒觉。

这个厂在四机部里的番号叫897厂，对外称国营万平无线电厂，是原生产熊猫牌收音机的南京无线电厂（又称714厂）的一个电容器车间迁来的，同时迁到景德镇的还有713厂、859厂、999厂、602厂等三线厂。因为是1966年8月份迁来的，所以定668信箱作为地址。三线厂的来由是毛泽东重提阶级斗争后，进一步强调我们时代的基本特征是战争与革命。1964年，突然爆发的越战战火很快烧到了广西边境。解放军总参作战部提交的报告写道："我国主要的工业70%以上都分布在大中城市，一旦发生战争，疏散困难，工厂将受到较大打击，水库决堤后也将淹没部分城市。"这篇报告引起了毛主席的注意，苏联不正是将重工业迁往高加索地区，才赢得了与纳粹的决战吗？前车之鉴，并不遥远。于是，毛主席提出了一个战略：对外，打倒帝、修、反，支持世界革命；对内，以阶级斗争为纲，从不断革命发展到"全民皆兵、准备打仗"。与其相适应的就是将军工厂迁到内地，要求"靠山、分散、隐蔽"，迁往四川、贵州的是大三线厂，迁往安徽、江西的属于小三线厂。搬迁时很彻底，除了设备、人员外，主管干部也随迁。如调迁713厂的厂长吴堃元后来当了电子工业部的副部长；调任景德镇国防工办主任的朱治宏后来做了江西省委副书记、江西省政协主席。

万平无线电厂离景德镇市区17公里，坐落在老浮梁县境内的樟树坑，白居易在《琵琶行》中写的"商人重利轻别离，前月浮梁买茶去"就是这个浮梁，当时的浮梁老百姓称其为旧城，只剩下一条破旧的街道和一座古塔。据说以前这里风景很好，可惜1958年修水库时砍掉了很多树，包括几个人才能抱住的樟树。沿厂的昌江当年清澈见底，因景德镇居昌南之东南，又名昌南镇，宋景德年间改景德镇，1950年由浮梁县拆置。景德镇富瓷土资源，以产瓷驰名中外，有"瓷都"之称。汉时始有制陶，南朝陈时已有制瓷业。宋景德年间遣官烧瓷充贡品，便以"景德窑"闻名全国，明清在此设御器厂。景德镇瓷器大量都是生活用瓷和陈设用瓷，以白瓷为著，素有"白如玉、明如镜、薄如纸、声如磬"之称，品种齐全，瓷质优良，造型巧妙，装饰多样，产品驰名世界。旧时景德镇与广东佛山、湖北汉口、河南朱仙镇合称中国四大名镇，为中国历史文化名城。但当时的景德镇市号称在江西是仅次于省会南昌的第二大城市，对这种倒不敢恭维。除了从昌江码头到工人村的一条叫东方红的主干道的街道像样外，其他的街道要么破破烂烂，要么就是小巷。十三家国营瓷厂的烟囱使整个市区是浓烟滚滚、遮天蔽日，进城一次就满身尘土，苦不堪言。可是，人们又向往着景德镇市，因为我们的厂和乡村没有两样，分散的厂房、宿舍、食堂孤零零地分布在山坳里。家属宿舍旁边有个很小的商店和粮店，物品非常匮乏，连个饭店都没有。后来，不知什么时候来了一个炸油条的，全厂像过年一样高兴。每天早上都去排队抢购，乐此不疲。

万平无线电器材厂的前身是南京无线电厂的一个车间。1966 年内迁景德镇时，这个车间的工人、干部基本都来了，另外从该厂技术科、供销科、设备科、机动科抽调了一些人。迁厂时，有 300 人左右。厂长倪引年是南京无线电厂的老员工，浙江人，有管理能力，且很精明。副厂长余富水年龄较大，给人的印象是老好人，也是无线电厂的老人。党委书记杨善大年龄不大，但很稳重，文质彬彬。总工程师鲍昭庆，毕业于上海交通大学，是电容器特别是真空电容器领域的权威，他是一个人在万平厂，爱人还留在南京。工厂建制方面，除了生产科、技术科、销售科、总务科等一级行政单位外，生产单位有装配车间、机加工车间、模具、机修车间等。全厂人员的组成，除了南京无线电厂来的老员工和从南京带回的一批学徒工，还有从舟山群岛复员的一批转业军人，以及从西安和武汉来的一些大学生，此外，在景德镇当地也招收了少量的学徒工。我到厂不久，又从江苏无锡无线电学校分来近 10 名中专生，还有北京来的几位中专生，厂里人们都叫他们“小北京”。后来，又分来一批从天津和北京来的大学生和鄱阳的复员军人。至此，全厂近 400 人，大学生有 100 人，还加上我一个研究生。即使从现在的高新技术企业来看，万平无线电厂的技术力量已近全厂人数的四分之一，超过了现在对高新技术企业 20% 的要求。

我来以后，搞清楚了当时这个厂不想要我的原因，一是因为当时工厂在搞“文化大革命”，主要领导还在靠边站，没有人管事；另外是我学历高，这里还从来没有听说有研究生要来工厂。我到后，厂革命委员会要我暂时在政治处工作。那时，全国学解放军，特别是军工厂，为了“突出政治”，一般都设了政治处。但我知道，这个政治处不是好待的地方，鉴于上海交大的经验，自己告诫自己，一定不能参加派别，要保持中立，尽量少出头，头脑要保持冷静。在当时的形势下，政治处也没有什么事好做，负责人看到我是老党员，就要我看看全厂工人的档案。我过去在农村参加"四清"时就接触过人事档案和保卫档案，因此不是件难事。由于这个厂除了几位领导（主要领导的档案不在厂里）和技术人员，大多数职工都是年轻人，或者刚毕业的大中专学生，档案都很简单。我很快浏览了一遍，我不作记录，恪守不向任何人透露的原则。因此，我去万平厂前后五年，没有一个人从我嘴里听到过任何人的秘密。除了看档案之外，也出去过外调，还有就是欢迎一些大中专学生来报到。记得刚到厂两个月后，无锡无线电学校有几位学生来报到，其中就有后来成为我爱人的尹静华。

我到厂后，先是和厂医刘医生住在一起，这是厂医务室的一个房间，远离集体宿舍。刘医生是离我家乡不远的吉安人，江西医学院毕业，可能是因为老乡的关系，对我很热情。他已婚，但和爱人两地分居，刘医生白天还是很忙的，他是医务室负责人，是科班出身，胆子也较大，业务上全厂对他都很信任。刘医生性格直爽，加上卫生室是全厂信息的集散地，他知道不少情况。一到晚上，他就滔滔不绝地对我讲厂里的情况。讲得最多的是两点，一是厂里的阶级斗争情况，把厂里两大派的情况说得很详细。说老实话，如果不是经历了交大的"文革"状态，他对我真有先入为主的作用。我听了以后比较冷静，并未受到太大的影响，但天生对造反派有看法。二是讲男女方面的事情，并且很关心我的个人问题。

来到万平厂后，每天中午在食堂吃饭时，就可以看见十几个人排着队，先念一番语录，等职工打完饭后，他们才进入食堂排队打饭。这就是当时厂里的"牛鬼蛇神"，里面有书记杨善大、厂长倪引年、总工程师鲍昭庆。其实，除了几个当权派外，刘医生已经将上述这些人的情况告诉了我，工厂的"文化大革命"依然如火如荼地进行着，这里依旧充满着火热的斗争。

我到厂不久，上级有关部门就派来了毛泽东思想宣传队，这个队由江西省委党校和江西邮电局组成，由陈家有带队，不久由他兼任厂革委会主任，其中一位是后来鼎鼎有名的曹思源，曹思源戴着一副高度近视眼镜。在完成工作任务后，他被分到机修车间开车床，他确实不是个合格的车工，但平时很爱学习，后来调到景德镇市委党校当教员。曹思源后来考到中国社科院当研究生，以后他研究破产法，成了全国闻名的“曹破产”。我在上海交通大学读研究生时，按照调干规定，标准月工资为60元。我来报到时，厂人事科负责人也不定我的工资，每月发工资按60元借支。等陈家有来了以后，他说“全厂大学毕业生都是53元一月，张碧晖是研究生也是大学生，和其他大学生一样。”最后，把以前每月多余的7元都退出来，7元在当时可以买10斤猪肉。不久，上面把陈家有调到另外一个厂。

陈家有走之前，省军区派来一位何指导员，这个人的样子真是行伍出身，他依靠刘医生等人很快摸清了情况，他快人快语，办事也很果断。他似乎对陈家有也不满，很快决定支持杨善大并解放了他们。其他“牛鬼蛇神”也都“解放”了回原单位工作。那时，可能是刘医生的关系，何指导员把我也作为依靠对象，有时候也在我面前分析厂里的情况。因为我当时也来厂不久，加上交大的经验，我一般也只是听听而已。

不知道何指导员是因为省军区派来的还是级别不够，干了不久也调走了。后来部里和有关单位又派了一位解放军团级干部叫吕常秀，此人是山东大汉，派头就像一位指挥千军万马的将军。他是来厂当革委会主任的，家小都带来了，在家属宿舍分了房子。吕常秀一来，确实有威慑作用。他来后不仅健全厂革委会班子，还开始清理阶级队伍，凡有点问题的人和派性很足的造反派都老实起来了。清理阶级队伍时，厂里又要我负责外调工作。为了确查一位可能是国民党207师老兵的同志的情况，我们几经辗转，硬是在沈阳铁路局查到有关207师的档案。记得去吉林省辉县外调时，当时刚过国庆节，但那里的最低温度已经是零下两度。睡在招待所的热炕上，第一次尝到了北方的严寒。到农村调查时，生活很苦，吃的是老乡家里的小米稀饭和红薯。后来和工人周顺利一起搞外调，两人合作得很愉快。去天津出差路过北京时，住在周顺利爱人的姨父苏静家。苏静是四野的著名将领，中将军衔，时任国家计委主任，后来有关林彪的电影中，也有苏静这个人物。他们家住的是北京典型的四合院，这是个较大的四合院，分前后两进，中间还有一排房子，是房子的大厅，这是我第一次看到北京的四合院。苏静当时可能公务繁忙，并没有看到他回来，我们住在那里也不自在，两天后就离开了。后来，为了调查两位厂长的历史问题，我还曾到湖南、广西、云南、四川等省市自治区，第一次涉足西南地区。总之，外调使我饱览了祖国的大好河山，厂里很多人都羡慕。有一次，厂革委会要我去厂大会上说说外调情况，因为也要落实干部和一些人的政策。除了如实汇报情况外，也讲了一些外调的花絮，如怎么通过查户籍发现线索。这次报告可以说是我在万平厂的初露才华，不少人认为我这个人还真有一点能耐，其实，这些我在“四清”中就历练过。这次报告还出了一个意外的情况，就是我讲外调查找线索时，讲者无心，听者有意。当时的工厂技术科长是工人出身的技术干部，工作能力强，有技术。但对于他在抗战期间的一些疑点，群众提了一些疑问，他的一儿一女回去后坐立不安。一天，儿子到厂革委会揭发其父的流氓罪。经审问，这个科长很快承认了，马上送鄱阳劳动农场劳动教养三年。

吕常秀主政时期，通过清理阶级队伍，造反派基本上搞下去了，也批判了“资产阶级派性”，完善和健全了革命委员会，厂、车间两级干部也都重新恢复了工作，对当时存在的无政府主义倾向也进行了整训，比较快地走上了正轨。吕常秀虽然严厉，但还是讲究政策，果断大胆中也不乏人情味。他还将一位女工和一位大学生撮合成一对婚姻伴侣。

吕常秀后来可能也是工作原因，又调走了。这时来了空军系统的三位解放军，组长是傅政委，还有一位姓高的营级干部。这位傅政委和前面的何指导员与吕常秀风格完全不一样，和蔼可亲，特别注意讲道理。他总是耐心地听取意见和反映情况，同时很注重调查研究。平时对自己要求也很严格，周日到景德镇市内也不要车，而是走路去。有时候还拿着剪刀等理发工具到幼儿园给小朋友理发，十分感人。那位姓高的营级干部住我们单身宿舍对面，下班后，除了看到他洗衣服外，就是拿着书在学习。他对我们也要求严格，当时年轻人不少在谈恋爱，同时也考虑到个人隐私，将窗玻璃 2/3 处油漆了一下。他对此严厉进行批判，怕年轻人“犯错误”。据说他在家里对爱人要求也很严格。但他对我们年轻人还算好，很关心。这次来的军代表主要是在全厂开展学习，斗私批修，克服派性，团结起来抓革命促生产。傅组长由于深入调查，找很多人个别谈话，了解了不少情况。他召开了几次全厂职工大会，他的讲话入情入理，摆事实，讲道理，受到全厂职工的欢迎。这时，全厂也确实比较平静了，杨善大、倪引年都恢复了工作，生产系统基本上也没有怎么乱过。后来，不知道是“九·一三”林彪事情的原因还是其他原因，傅组长分到三机部系统的昌河机械厂去了，从此，万平厂再也没有派军代表来了。

万平厂由于“文革”的影响，职工中分两大派，派性也比较严重，对生产、生活造成了许多坏的影响，也有人唯恐天下不乱，发生了打人致伤的重大事件。但比起一些“文革”的重灾区，还算是好的。主要原因有几条：一是万平厂的造反派势力还不够大；二是造反派尚未和社会上的造反派联系，毕竟厂离景德镇还有一定距离；三是三任军代表都不支持造反派，而是要求将厂、车间两级干部解放出来，形成抓革命、促生产的态势；四是广大职工对军工生产有高度的责任心，破坏生产甚至停工怠工的状况不得人心。还有一条很重要的是，100 名大学毕业生经历过“文革”运动，已十分厌倦，迫切需要参加工作，完成成家立业的愿望。

迟迟成家，尚未立业

无线电厂许多零部件都是通过冲压加工而成的，而冲压模具包括塑料模具均十分重要。冲压模具的制造有许多工序，除了成形的机械加工，很重要的一道工序就是热处理。冲压模具要求内韧外硬，使用寿命高。热处理就是通过对工件加热改变内部组织结构（又称相变），从而改变模具的性能，我学的金属学热处理专业是材料工程的重要专业。在我来万平厂之前，厂里的热处理只有一个组，主要承担修模任务，还谈不上造模具，有些重要的热处理零件都是送到兄弟厂加工。这样不仅费时，成本也高。所以，工厂一直有建一个热处理工段的设想。我到厂后，热处理的一些设备也陆续到厂了。后来，政治处也没有什么事情可做，我去了热处理小组。

当时，我的压力比较大，全厂一百个大学生，我一个研究生，非常引人注意，许多人都在看。行不行不是讲讲而已，而是要干出实事来。当时新进的设备有井式炉、盐熔炉，加上原有的箱式炉，设备还算齐全。我们小组当时很齐心，一样一样将这些设备安装并调试好了。同时，我和大家一起把热处理零件的工艺也制定了，从此，所有的零部件都不用拿到外面去加工了。热处理这个工段算是建立起来了。

但是，问题很快暴露出来。热处理工艺说起来容易，做起来难。因为零部件经过热处理加热、淬火或回火，是要变形的。而无线电元器件的要求很高，它们的尺寸和精确度依靠模具来保证，因此，对模具的热处理不允许有变形，这就是热处理的难点。而工厂里，从领导到职工，长期以来重制造轻工艺，因而制造与工艺从人员培训到设备等都有差别，而且作为军工厂，当时不计成本，用于加工的模具材料都是较为昂贵的合金材料。热处理工序毕竟刚刚运行起来，经验也不够，所以，模具热处理后往往出现变形，问题不大的还可以返修理，变形太大的只有报废。领导虽然不指责，但给我们的压力很大。因为热处理是最后一道工序，热处理一旦报废，前功尽弃。本来，各个工厂的热处理都是一个难题，它基本上靠手工操作，工人的经验十分重要，不是几天就能把握好的。加上我国的钢材冶炼时加的废钢比例不够，合金化程度低，也给热处理带来难题。一时间热处理的问题成了全厂的焦点，加上一些人加油添醋，风言风语，我在热处理小组的日子是很难过的。本来，觉得自己刚刚毕业，依赖在大学坚实的业务基础，到工厂后又安装了设备，又制定了工艺，也能上手，自己还是满意的。可是，人们不是这样认为，人们认为你是研究生，出了问题就是没有本事。这个时候，真是功夫不负有心人。前面讲到，我大学四年级在洛阳拖拉机工具车间实习时，曾将防止工模具变形的专用设备等温炉的配方记了下来。后来这个笔记本伴随我在上海交通大学学习三年，仍旧完好保存着。当我拿起这个记有配方的笔记本时，真是喜出望外。我立即找人动手制造了等温炉，并使用了带有专利性质的盐熔配方。果然，工模具零件淬火时的变形问题基本上得到了解决，热处理质量不过关的小风波才平息下去了。

我来厂时已经整整28周岁了。俗话说，男大当婚，女大当嫁。我早已过了当婚的年龄，但我也无奈。我确实不敢向女孩子求爱，这方面似乎特别不在行。从刘医生开始，陆续有老师傅给我介绍对象，但当时都没有什么感觉。直到有一人，机加工车间的大班班长请我和尹静华吃饭，才促成了我们的恋爱。尹静华是无锡无线电工业学校四年制毕业生，分在大车班工作。开始跟着一位复员军人学徒，可是不久，这位师傅对班长讲，他带不了尹静华。“文化大革命”前，我们国家的教育，中专学校是比较成功的。理论上是足够用的，动手能力一般也都超过大学生。后来我在番禺创办职业技术学院时，提出的人才规格“理论上超过中专生，动手能力强过本科生”就是这样来的，这是后话。

尹静华的兄弟姐妹中，有五个是从事机械加工的，其中四人是车工。她到工厂不久，班长就分配她管一部较为昂贵的车床。一位曾经得过全国车工比赛奖的生产科长，对很多老车工的技术他都不屑一顾。唯有尹静华他觉得不错，后来更是把加工较难的非标准零件让尹静华加工。

当时的万平厂有一小半是年轻人，主要包括复员军人、大中专学生和学徒工，谈情说爱成了厂里的一道风景线。工厂职工下班之后，尤其是夏日纳凉在一起聊天时有三大话题：一是南京来的老职工，来到山沟里的工厂，非常怀念南京的生活，经常可以听到他们讲新街口、大行宫、夫子庙，还有什么盐水鸭之类。二是听出差的人回来谈见闻，长期闭塞的人渴望知道外面的世界，出差的人也庆幸自己有机会而感到满足，因而津津乐道自己的所见所闻。三就是男女恋爱的趣闻，今天谁跟谁好，昨天哪两个人去树林里，经常有这样的话题。其实，当时谈恋爱的条件并不好，既没有现在的西餐厅，也没有什么咖啡馆，根本就没有浪漫的机会，最好的安排就是被要好的老师傅请到家里吃顿饭。当时大家都住在集体宿舍，玻璃窗还不能屏蔽，也只好到树林里去花前月夜了。我们的恋爱非常平常，基本上就是“山楂树”型，也就是在老师傅家吃顿饭，后来发展到互相到食堂帮对方打饭，一起到景德镇去逛逛街。我当时出差的机会较多，曾利用到上海出差的机会，去无锡见过尹静华的母亲。岳母很有气质，能说且较幽默，菜做得特别好。我记得第一次见她时，她给我做了一碗腐乳肉，非常好吃。不过至今内疚的是，还未叫她一声妈。不是不愿叫，而是叫不出口。我很小时，我妈的耳朵就聋了，我平时叫她也听不到，都是用眼神对话。另外，我在村里辈分大，一出生就没有叔伯辈了，最大的就是堂兄嫂了，也没有叫人的习惯。直到几十年后，我才在她的坟前，大叫了一声，“妈，我来看您了！”

我和尹静华是1970年2月6日登记结婚的，景德镇市新平人民公社委员会为我们发的结婚证。结婚证扉页有毛主席语录：“领导我们事业的核心力量是中国共产党，指导我们思想的理论基础是马克思列宁主义。”背后就是“勤俭节约、计划生育”的口号。我们是旅行结婚的，三线厂大都是采取这种模式，因为在厂里结婚，搞不了什么婚礼，连请人吃饭的条件都没有。旅行结婚主要是看看双方的父母和亲人。我们先去江苏无锡她的老家，因为车开得早，所以先到景德镇市找一个旅馆往下。才住下不久，就有治安人员来查证，在当时阶级斗争的情况下，一对青年男女没有结婚证是不能开旅馆的。路过上海时，我们在外滩照了一个合影，这就是我们保留至今的结婚照。到了无锡尹静华家，她有个大姐，是老实巴交的工人，在外面住，二姐在扬州市，大哥远在四川重庆当工人。弟弟技校毕业后分在石家庄一家军工厂，家里还有两个读中学的妹妹。家里住房不宽裕，房子不大，上面有个阁楼。待了几天后就到她二姐尹霞秋扬州的家里去了。尹霞秋是姐妹中最能干的，很小就投身教育事业，在扬州和瞿鸣结婚，瞿鸣是新中国成立前参加革命的老同志，文化程度虽不高，但工作认真负责，受到组织信任，先后在人事局和劳动局任人事科长，对家庭也特别负责。尹霞秋后来当了小学校长，瞿鸣虽工作忙，也负起了管家的琐事，他们有两个儿子和一个女儿。尹静华从小就和二姐关系好，她们年龄相差 9 岁，她二姐生小孩时，她只有 12 岁，就到扬州来帮忙，因而练就了做家务的本领。我们到扬州旅行结婚，他们一家都很高兴。婚假时间不长，我们又抓紧最后几天，到我老家去了。我母亲特别高兴，从我十几岁就盼我结婚，终于等来了这一天。结婚旅行最后一天是从南昌回景德镇，当时正是清理阶级队伍的时候，在全程二百多公里的路上，先后停车检查了近 20 次，不是基干民兵，就是妇女造反队，上车检查证件。我们的结婚证拿了又放，放了又拿。有一位旅客，干脆把探亲证明夹在自己的帽子上。

结婚后，厂里分了一间十多平方米的房子给我们，是一套房子里的一小间，没有厕所，一个小厨房是两家人合用的。也没有像样的家具，一张大床和一个五斗柜是我母亲用家里的旧木板打成的，运到厂里花了九牛二虎之力。当时厂里有部货车要路过我的家乡，我和表兄请人先把家具放在樟树汽车站门口等着，当时很怕汽车走了，我和表兄整整等了八九个小时，汽车才来。那天天气很冷，我们在凛冽的寒风中，两个人轮流站在马路上等车，那种辛苦，一般人是不可能理解的。结婚出来旅行也没有花什么钱，家具是破旧木板改的，又不用请客，够简朴的。但也有一件铺张的事在厂里轰动了一下。我从上海分到厂里来时身上有 200 多块钱，来了不久，厂里分了一张梅花牌手表票，大概价格在190多元，这在当时已经很昂贵了，相当于现在的一部好车。工厂书记杨善大问我要不要，我当即表示要。别人还认为我有钱，其实，买了这块表以后，我就差不多一贫如洗了。人不是生活在真空中，总有人会对你有意见。正好结婚前，我借了500元钱到几个省市外调出差，这么多钱在当时也差不多是天文数字了。因此有人向军代表反映，我可能是挪用公款结婚。有一天，军代表组长吕常秀到我家里来，说是祝贺我新婚之喜，一进门，眼神很愕然，坐了一会就走了。我对尹静华说，可能是听到外面有反映，来看我们的家实。过了几天，吕常秀再次来我家，仔细看了一下，说你们就这个家具结婚？我说是啊，并把从老家搬来的事说了一遍。吕常秀听了很激动，披起大衣起身就走，大衣带动时过猛，把我们放在桌子上的茶杯也打碎了。后来有一天，在全厂大会上，吕常秀号召青年男女要向我们学习，说这才是艰苦奋斗、勤俭节约，终于还了我一个清白。

结婚时，我实足年龄是二十九岁半，快三十了，算是成了家。古人说，三十而立。但多数人是立不了业的，前面的路还远，又是艰辛的。

成家了，开始很新鲜，但很快就觉得过日子非常实际，柴米油盐，一点也不觉得浪漫。要添置生活必需品，好在母亲为我作了一些准备，例如棉花絮，都是母亲在农村早已弹好的，宽窄的都有，尹静华擅长缝缝补补，这些我都不用操心。我也开始学习做家务，开始总是笨手笨脚，许多人也爱拿知识分子开玩笑。检验科有一位老师傅，是搞公差测量的，以精准著称全厂。他住在我们对面楼上，说有一次看到我生蜂窝煤炉，足足花了7分钟，这个笑话很快传遍了全厂。好在当时工厂的生活很简单，吃的菜都是工厂到市里统一买回来的，每家有一个菜篮子，编了号码，把要的肉和菜写在一个纸条上，家家吃的都是一个样。在那个物资匮乏的年代，买菜的食堂工人都是人们很羡慕的行业。尤其是汽车司机，谁也不敢得罪，他可以不让你搭车，是当时厂里最牛的人。厂附近的江边也有打鱼的，那些鱼特别是鳜鱼，非常鲜嫩，但一般人都买不到。

一年后，也就是1971年夏天，我们的第一个儿子出生了，我们在厂里的条件比较差，扬州二姐要尹静华到她那里去待产。这年的6月3日，大儿子小晖顺利在扬州苏北人民医院出生了。产假结束后，我到扬州去接他们母子回厂。路过上海时住了一晚，在旅馆里，大儿子拼命大哭，我们不知何故。后来服务员告诉我们，可能是房间里刚刚熏过蚊子，药的味道让小孩子受不了。初为人父、人母，开始总会手忙脚乱。但尹静华很能干，每天在洗脸盆里给小孩洗澡，让小孩吃煮饭的米汤，小家伙长得胖乎乎的，着实可爱。

这个时候，我母亲也搬来和我们住在一起，帮助带小孩。老人家添了孙子，自然十分高兴。我母亲还养了鸡，这种事她最高兴。多的时候，有十几只鸡，每天要生好几个蛋。厂里有人说，只要路过我们家门口，就听到打蛋做饭的声音。后来可能养鸡的人太多，厂里规定每家只能养六只鸡，其余都要杀掉。我们杀鸡前真是舍不得，那些鸡不是下蛋的，就是长得特别可爱，不知道杀哪只好，但最后还是只留了六只会下蛋的。我母亲看到别的职工星期六、星期天都上山砍柴，她也上山去砍柴，我们最后也要跟着去帮她把柴运下来。我们有一年还养了两只鹅，路边有一种鹅喜欢吃的草，就叫鹅草，叶子比较厚，一撕开有一种白浆冒出来，据说鹅吃了长得很快。我后来对这种鹅草特别敏感，在野草丛中能很快发现。我们家的两只鹅真是茁壮成长，一只公的，一只母的，还下了 13 个蛋，据说母鹅一年也只下 13 个蛋。到过年时，两只鹅杀了后有十多斤肉，全家美美地过了一个年，在全厂成为美谈。第二年开始，厂里风云变幻，有一二十家人家都买了小鹅来喂，这个时候我们家反倒不喂了，因为我知道，厂里并没有那么多鹅草，要花不少钱买白菜或莴笋叶来喂鹅，成本太高，结果绝大多数养鹅的人家都遭了殃，鹅都饿死了。

1973 年的春天，我们的小儿子也出生了。这一次，尹静华分娩就在工厂的卫生科。我记得大概是凌晨四时多，尹静华肚子开始痛，我陪她从宿舍区走到卫生科。值班医生是人称“何老娘”的何医生，也没有护士，我就充当了助手。大概天刚刚亮，小儿就出生了，何医生还真泼辣，不多久我们就抱着小孩回宿舍了。当时正是春寒乍暖，小孩在被子下大声哭，脸都紫了，摸摸小手，冰冰凉的。我们才意识小孩很冷，赶紧用几个盐水瓶装了热水，很快小孩就不哭了，脸也变红了，后来我们真有点后悔。大儿子小晖是我取的名字，老二就由尹静华来取，叫可可。他们兄弟俩长大后，对我们俩取的名字都不满意。这个老二小时候经常生病，可能尹静华工作忙，营养也跟不上。当时我们两个人加起来，一个月的工资还不到90元，只能维持起码的生活。我们家的邻居师傅特别会钓鱼，每次钓鱼回来，将全部的鲫鱼放在木盆里游水，十分诱人。我有一天早上5时起来，跟着他们骑了三个多小时自行车，也去钓了一次鱼。一天下来，也钓了两斤鲫鱼，给小孩煮了一次鱼汤，感到很兴奋，非常有成就感。

三线厂穷乡僻壤，生活是十分乏味的。但万平厂的职工也是乐观的，除了回味大都市南京的印象和听听外面的新闻外，还有砍柴、钓鱼、做家具等爱好。工厂附近的樟树坑本来还算风景优美，但几年下来，附近的山头已经被职工们砍得光秃秃了。砍柴和钓鱼不仅能消磨业余时间，也确实帮助解决了生活困难。特别是砍柴，不少家庭几乎都省掉了这部分的开支。说到做家具，开始是附近有的农民将杉木和其他实木拿到厂里来卖。当时这些木头都很便宜，家在南京的职工就农民讲好，一幅床板大概多少料，将一幅床板作为单位购买。当工厂有运货的车到南京时，就将床板运到南京去。后来发现一些新婚的职工都购了木材找木工做家具，不仅质量好，式样也不错。一些比较讲究的人家，一套家具包括高低床、床头柜、饭桌、写字台、五斗柜，还有三开门的大衣橱。这也启发一些老职工开始更新家具了，小车班一位师傅手很巧，自己做了一套家具，使得人们跃跃欲试。我记得周顺利就说，我们连机器都能造，家具有什么难。现在我家里还保存着一张周顺利送我的他自己做的小木椅，很精巧。我结婚时的家具太简陋，加上家里人也多了，也开始更新。当时有一种高低床，两头用樟木树根刨出贴花，十分好看，做好后我当时真是很兴奋。

工厂里的精神生活非常匮乏，厂里偶尔也放放电影，也就是《地雷战》《地道战》和样板戏。不知道谁的主意，工厂还曾办过外语班，可惜包括我等在内的人都没有远见，这个班也没有坚持多久。再有一个爱好就是收集毛主席纪念章。无线电厂都有模具制造，万平厂虽然没有能力生产纪念章，但兄弟厂的像章还是不断流入。再就是因为在景德镇市，我们收集了不少毛主席瓷像章。但这也是一件风险很大的事，因为只要稍有不慎，瓷像章万一打碎，就有可能戴上反革命的帽子，不时从景德镇学徒工那里听来这方面的消息。我当时对打扑克没有什么兴趣，有时就找老师傅聊聊天。尹静华在工厂里人缘很好，除了她无锡的同学外，几个女师傅和她关系都很好。我们在这个工厂有不少朋友。我们搬了两次家，除个别外，大都是好邻居，也学到了不少东西。

经过几年的努力，热处理组生产质量已经稳定，所有模具的热处理工序都能完成。后来又分来一个中专生和两位学徒工，他们也很快能上手，已经能够独立工作了。这个时候，厂里可能觉得还把我放在生产车间也不合适。当时厂里正在酝酿成立总工程师室，准备把我调到那里去工作。这个时候，原来是工宣队的温泓海已经调到景德镇市国防工办工作，可能由于他的推荐，国防工办举办学习班时，三线厂的党政领导参加市里的扩大会，需要有做文字工作的工作人员，也经常把我调去，写写简报，从而认识了工办主任朱治宏同志。这样，不久后我又迎来了人生中的一次重要转折。

初入政坛，当了秘书

大概是1974年初春，景德镇市国防工作办公室主任朱治宏同志要厂里通知我，决定调我到中共景德镇市委秘书组工作。我当时也没有太多的想法，反正是党员，任何时候都要服从组织分配。另外觉得离开三线厂，或许也是一次改变命运的机会。尹静华也支持我，两个小孩虽然还小，但有母亲的帮衬，问题也不大。到了景德镇市委才知道，前不久省委任命石少培同志为景德镇市委书记。石少培是位老同志，行政八级高干，1958年前是江西三大学院之一的江西农学院党委书记。他到景德镇市履新时，带来了原南昌市委一位干部，由他任组长组建市委秘书组。因为“文革”时，原来的秘书长被取消了，这个秘书组就带有原秘书长的功能。它又不承担市委办公室的一般行政功能，又有点类似后来的市委政研室，有研究政策和起草文件、讲话稿的任务。当时的秘书组总共七个人，其中四位组长、副组长，组员三个人，我是最年轻的，也是资历最浅的。组长能力很强，能说会道，且踌躇满志，他也见过世面，毕竟在省城做过官。他似乎总是在考虑大问题，常常在办公室有指点江山的架势。在秘书组主要依靠那位姓陈的副组长。这位陈副组长真是“老机关”，无论什么时候，他都能坐在办公室不动。但对各方面的动向信息却可以很容易收集到，直接向组长汇报。看得出来，他深受组长的信任。由于他常在办公室，开始我和他接触较多，他给我灌输了许多观点，介绍了不少人与事。但我后来也并未受他先入为主的影响。另外两位副组长其实也算专业人才，可能也知道组长厉害，故表示出与世无争的姿态。据说石书记到市委后，提出要找一个秘书，为此在常委内进行了一场不大不小的斗争。分管组织的领导提出让组织部的人担任，而分管办公室的领导则推荐该系统人选担任。后来，干脆从外单位特别是外地人里选一个。这样才有了我进入市委秘书组。

1974 年 2 月份，中央针对江西的情况，下达了“七号文件”，要求江西解决“否定和推翻文化大革命”的问题，江西省委、省革委会和省军区党委按中央要求，决定召开“三全会”（省委全委会、省革委全委会和省军区全委会，简称“三全会”）。景德镇市委石少培书记、副书记兼人武部政委林治海参加会议。在“四人帮”的支持下，一大批造反派头头也参加了会议。当时正是所谓“批林批孔”的高潮，没两天，景德镇市的“造反派”就跑到南昌来，要石少培表态，支持他们成立组织，参加“批林批孔”。石少培书记面对凶恶的市“造反派”头头，十分棘手。我趁机对石书记说，“据我的观察，这次中央似乎并不支持成立跨行业的组织。”我说：“如果您顶不住，可以口头上表示支持他们的革命行动，但一定不要签字。”过了两天，果然中央来电，不赞成在“批林批孔”中成立什么群众组织。后来石少培书记对林政委说：“你看，这次要不是小张提醒，我们又差一点犯错误。”从此，石书记对我很信任，遇到什么情况，有时会问问我的看法。林政委本来就是分管三线厂的，对我当然也信任。“三全会”大概开了三个多月，我们主要是搞搞简报，收集一些情况。各地市的秘书也都熟悉了，包括陈昌奉的司机，有一次大会组织文娱活动，我带了大儿子，拿着票去省委礼堂，但门卫不让进，说小孩不行。于是我打电话给陈昌奉的司机，他开了苏制吉姆车来送我，车一到门口，大门就敞开，票也不看就进了礼堂。我们后来也懒得听“造反派”吵吵闹闹，一般会议刚开始时，去听听有没有“中央来电”，不久就逃会了，到快结束时再看看有什么结论。一天下来，也很轻松。晚上因为要搞简报，10 点多去吃一次宵夜，养尊处优。我当时本来很瘦，三个月下来，竟然长了 13 斤。三个多月后，“三全会”无疾而终。

回到景德镇后，除了参加市委常委会外，石书记一般下去调查都要带我去。其实领导也是人，一般干部都感到市委书记很神秘，我接触多了，觉得石书记很平易近人，他除了和我谈工作外，也随便聊聊天。例如他有一次对我说："年轻人，谈恋爱的时候眼睛要睁得大大的，结了婚以后就要把眼睛闭起来。"有一次他很高兴，把刚面世不久的凤凰牌过滤嘴香烟给我抽，说味道很香，我抽了以后，第二天还是很难受，从此就再也没抽过香烟了。我调秘书组后，我的家还在万平无线电厂。由于跟着领导，休息时间没有规律，也很难照顾家里。国防工办朱治宏主任也很关心我，决定将尹静华调入三机部即航空部所属的昌河机械厂工作。这个厂的原址是捷克援建的现代化景德镇瓷厂，后来，林彪在江西的党羽程世清为了不可告人的目的，将其改成了国防工厂，就是后来中央文件说的"571 工程"的一个据点。这时，该厂从哈尔滨直升机厂的大部分搬来景德镇市，叫作昌河机械厂。尹静华调到厂生产准备科工作，由于她对机械加工工艺路线较熟悉，业务很快上手，并得到领导和同事的信任。石少培书记听到我要搬家，好心地关心我，表示书记住的楼房旁有一套小房子，可以搬去住。我和尹静华一合计，她说不能去。我们住在书记房旁边，很不方便。而且贫富差距大，对小孩子成长没有好处。我们谢绝了石书记的好意。后来的事实证明，我们这一步做得对。后来的书记搬去后，把这套小房子也要了，否则，我们会有多么尴尬。石书记主政时，大形势乱纷纷，根本办不了什么事。后来中央派江渭清同志任江西省委书记时，才开始走上正轨。江书记还来景德镇市考察过工作，我跟着石书记陪了几天。在欢送江书记去上饶前的饭桌上，江书记还专门问，你们的张秘书在吗？我听后觉得很亲切。

1974 年的夏秋之间，石少培同志发现便血，初步诊断为直肠癌，决定送上海瑞金医院治疗。临行前有关领导到石书记家里商量有关事宜，陈组长问派谁陪同？石书记毫不犹豫地说，让张秘书去。当时还有办公室和卫生局的人护送，家属也去了，我也没有太多的事。石书记的手术很成功，我们还带去了不少水鱼，白细胞值升得也快，他很快就出院了。

在市委秘书组工作，经常和领导出去，认识了不少人，有些事也好办了。例如林治海政委有几次带我去瓷厂，他顺便买了一点自己喜欢的瓷器。那时我钱少，也不知道瓷器有收藏价值，基本上不买。但有些事还是要找人，我们家喜欢吃生长期较长的晚米，这个事就是粮食局一位局长帮忙，包括一些好的面条，市面上也不容易买到。这位局长其实很低调，不张扬，可惜后来在一次车祸中身亡。市电影公司的经理在我们市委食堂搭伙，我们也常请他帮助买电影票，当时新电影上映，电影票是很难买到的。我们的生活在当时还可以，我们搬去住的地方是景德镇陶瓷学院。这个轻工业部管的大学和当时所有的大学一样，都不办了，昌河机械厂在这里做了几栋职工宿舍。偌大的体育场也长满了荒草，我母亲开了一亩地，种起了蔬菜，什么黄瓜、四季豆、苋菜、空心菜、小白菜、辣椒、南瓜，一应俱全。小孩也大了，可以自己玩，老母亲每天有半天时间在菜园子里忙碌。蔬菜长势良好，自给有余。

差不多就是住在陶院这两年里，发生了两件不小的事情。大儿子小晖大约5岁左右时，中午吃饭他妈妈和奶奶找不到他，整个陶院都找遍了，急得不得了。这时他弟弟忽然对妈妈说，哥哥想到爸爸那里去玩。约在我接到家里电话的同时，只见小晖穿着拖鞋，既疲劳又兴奋的样子来我办公室了，而且我当时不在办公室，是在另外一同事的办公室找到我。我赶紧带他到食堂买了两个他喜欢吃的馒头，骑着自行车带他回了陶院。全家人在紧张之余，才搞清楚了事情的原委。小晖这一天觉得无聊，就和弟弟说要去爸爸办公的地方玩，以前他坐过我的自行车去过市委机关一两次。陶院离市委有三四公里远，除了一条直路外，还要翻过一条坡路，他中途避开了一个涵洞，坡路之后有一条较繁华的体育路和工人新村，转弯后才到市委机关。到机关后认识我的办公室，但当时我不在办公室，他又挨门挨户找到了我。我们听了以后，害怕得不得了。万一迷路丢了，后果真不堪设想。这是他一生中惊天动地的一件事。另外一件事就是小儿张可大概在三四岁的时候，有一天在家里玩，突然听到外面有小孩喊他，他冲出门外时，正好碰倒了奶奶从外面端了一锅刚刚烧开的水，烫到了他的脖子。我们都在上班，据说当时就起了大泡，老奶奶又没有这方面的知识，慌乱中又把水泡搞破了。等我们将他送到医院处理后，仍然发炎留下疤痕，此后每天伤口奇痒，更重要的这次烫伤是对他后来的学习包括与人的交往都产生了重大的影响，后到各大城市治疗，均未达到好的修复效果。

石少培书记康复之后，这个时候，江渭清同志被任命为中共江西省委第一书记。石少培同志奉调，要到江西省委任组织部长。石书记临走前找我谈话，问我想不想去南昌工作，他也知道我不是很愿意从政，还说南昌有一个刚刚组建的华东交通大学，可以去那儿。我考虑再三，还是谢绝了他的关心。人们说“跟着组织部，年年有进步”，省委组织部长要带我走，我都不领情。除了我这个人不愿意跟人外，我还觉得我去了南昌会有很多麻烦。我老家离南昌 80 公里，乡亲们以为我当了官，今天问我要化肥，明天要拖拉机，我哪有那么大的本事，不办又得罪了乡亲。另外，南昌的火炉天气我也不喜欢。石书记当上组织部长后，我也没有去找过他，一方面他太忙，另一方面我也没有什么事找他。遗憾的是，石书记后来癌症复发去世，我当时已调往武汉，没能参加他的追悼会，送他一程。

波折不断，跌宕起伏

石少培同志调离后，接任景德镇市委第一书记的是王树衡同志。王树衡“文革”前就是这个市的第一书记，他南下到江西时很年轻就当上了上饶地区的县委书记，人精明能干，工作有魄力，很快升任景德镇市第一书记。“文革”后王书记曾在江西最大的企业洪都机械厂当过领导。现在又重新任命他为市委书记，他情况和人员都很熟，应该说对工作有好处。

我去秘书组，虽然组长总认为我不听他们的话，但组长也曾对我暗示，他是很器重我的，表示当书记的秘书也是他的安排。有时候，组长还要我到他家去。他家有几个女儿，有一个女儿是残疾人，但对人很有礼貌，组长对她也关爱有加，我也觉得陈组长还是蛮有人情味。在工作中，秘书组人员一件重要的工作就是文字工作，而这项工作主要由我完成。我当时在市委机关里面，不少人对我也有好感。前不久，一位年龄比我小，后来做到景德镇副市长、人大常委会副主任退下来的名叫李水根的人写了一部内部出版的回忆录，里面有一篇是写我的。我现在把它摘录下来，文字也不算长。

“在市委工作期间，有一位在市委办公室工作的张碧晖同志。他曾为前任市委书记王树衡当过秘书，华中工学院毕业，是个高才生，政治经验丰富，脑子灵活，文字功夫见长。因为大家都在一幢楼上班，天天中午在食堂用餐，中午便成了我们一起扯淡的最好时光。张碧晖同志思想敏锐，见识多，看问题很深刻，对市委机关的人和事的分析常常是入木三分，而且语言十分幽默。他是那几年我们一伙年轻人的‘中心’，与他在一起度过了多少个轻松愉快的午休。实际上，在他的身上我们都受益颇多。张碧晖同志的家也在东郊的陶院，处于印刷机械厂隔壁。因此，我们基本上天天同路，骑车上下班，这是个难得的好伙伴。张碧晖同志很有才干，能够干大事，只是因为领导的交替，‘文革’的影响，他在市里迟迟没有起来。若干年后，他又回到了母校华中工学院，曾干到党委副书记、武汉市科委主任，但由于政治上的复杂的原因，仕途并未顺利走下去，最后独自到了开放得比较早的广东番禺，当了一家民办大学（此处有错，是公立大学）的头。不过，听说后来在学术上出了些成果，著书立说，经常参与一些国际学术活动，现在估计年岁大了，这几年没有联系。但在市委工作这一段时间，张碧晖同志给我的印象还是很深刻。”这当然有溢美成分，但也基本上反映了当时的事实，也是对我当年在市委的轮廓总结。

石少培和王树衡关系较好，石少培到景德镇市不久，王树衡是市委副书记兼昌河机械厂党委书记，他们也算共过一段事，后来他们还结成了儿女亲家。我估计，石书记也向王树衡推荐了我。不久，组长也通知我跟着王树衡书记。王树衡第二次到景德镇市主政，情绪很兴奋，并且雄心勃勃，要干一番事业的架势。他也是从调查研究入手，虽然他对景德镇的情况很了解，但毕竟时过境迁，要重新认识。他经常带我下厂下乡，了解情况，我也学到了许多东西，了解了社会。例如，有一次到鹅湖公社调查时，还专门听取了关于下乡青年的情况，后来我才知道中央有关于知青被迫害情况的文件。王树衡书记有一次带我去察看景德镇的地形和城市建设，问我这种老城市怎么改造。我看他很平易近人的样子，也就大胆地谈了一下自己的看法。景德镇分老城和新城即东城两个部分，中间有个马鞍山隔开。我说把马鞍山峡口拓宽，将东西城马路拉直，两边建楼房，首层做商铺，二层以上做职工宿舍。他听了以后很感兴趣，具体又问了几个问题。我说这些房子可以由一些大企业来建，解决资金问题，河南的洛阳市就是这样，只不过他们一层不是商铺，全是宿舍，这就没有城市的繁华。我的这个想法确实够超前，和前些年兴起的房地产开发差不多。但这些想法在当时是书生意气，太超前了，人们不可能接受，当时的客观条件和政策环境也不允许。王树衡同志对我有好感，有时会跟其他领导说我有思想。当时的领导一般都不在办公室，而是在家里办公看文件。王树衡平时在机关、在家里，总是要通信员找我去他家谈事，有时候一天还去几次。有时候，秘书组的副组长会到王书记这里来送文件或批示，他看到我和王书记在谈话，只能在门口等着。我想，这一下完了，我这个组员简直是“功高盖主”了，今后的日子不会好过。但是，王书记并不理解我的状况，照样信任我，每次开会依然是带我去，有什么讲话稿也要我起草，给人的印象似乎是他要撇开秘书组，这对我是很不利的。有时候，有些活动他走不开，也会派我去参加。如有一次要组织代表团去江苏常州市参观乡镇企业发展，有一位副书记和一位副市长带队，当然回来后的汇报材料也是我执笔的。还有一次分管工业的副书记杨永峰（后来当了市委书记）要和我一起到河北唐山考察煤气窑问题，我们到了南昌准备启程时，王书记又通知我有事要返回景德镇。结果杨永峰推迟一天出发，人到了北京市时发生了唐山大地震，要不是我临时改变行程，地震那天我们应该正好在唐山，后果将是何等严重。当时景德镇市文化局一位领导就是全家四口人到唐山探亲时遇难的。

我和市委、市政府的领导关系都不错，早在省召开“三全会”时，市委被“造反派”逼得没有办法，都跑到南昌来找石少培同志，后来我还陪领导去找当时省委副书记黄知真同志汇报。有一次，我代领导去向当时的省政府秘书长彭梦庾汇报时，被景德镇跑到南昌的“造反派”缠上了，市里有一个“造反派”头头早就对人说，这个张秘书不简单，他可以调动小车。所以这次碰上就死死盯住我。我好不容易把他们甩掉后，赶忙返回躲在江西农业大学招待所的市里领导。这些领导估计我会向“造反派”屈服，会带他们来抓领导，就转移了地方，留下一位领导观察我后面没有尾巴，才告诉了他们的新地点。我把情况讲明后，他们觉得我是可以信任的。其实，任何一个单位，领导之间难免有矛盾。景德镇市委几位主要领导之间也是这样，彼此间有些成见。我们作为助手，千万不要从中挑拨，而是要化解矛盾。我对几位领导都很尊重，并不因为我是第一书记的秘书我就不帮其他书记服务，谁叫我做事，我都尽量服务好。如当时排在第二位的吉副书记，我知道他和王书记有些不协调，但我尽量在吉副书记面前说王书记也很体谅他的压力，使他们尽可能协调。后来，我调武汉后，我还在华中工学院接待过吉副书记夫妇。此外，像市委副书记周燮衡，副市长张志良和我关系都很好。周副书记是位老同志，当过上饶地区专员，我离开后，他也调到江西省政府担任粮食厅长。他太太非常善良、和蔼，有时看到我忙，赶不上吃饭，还要我到他们家吃饭。张志良副市长在“文革”中犯过错误，但认错态度好，工作非常勤奋、负责，主管农业，常常下乡，待人诚恳，平易近人，对我了解农村工作帮助很大。副市长老红军朱志良一日三餐都在市委食堂吃饭，和我们接触很多。朱志良曾在老革命家、周恩来总理的得力助手龚饮冰（新中国成立后首任轻工业部部长）手下从事地下工作，他常常冒充龚饮冰的儿子龚育之的身份从事地下工作，龚育之是我党的大理论家、原中共中央宣传部副部长、中央党校副校长。后来朱志良促成了我与龚育之同志相识，这是后话。我和武装部几位领导关系也很好，林政委自不用说，像武装部张部长、王副政委都是市委常委。他们打电话都是自报职务，如“张秘书，我是张部长”“我是王副政委”等。由于跟领导的秘书就我一个人，我要和所有领导打交道。市委还有一个副书记叫程政，此人是“造反派”，年纪较轻，平日给人印象也文质彬彬。他原是建国瓷厂的工人，靠“造反”起家，曾到市革命委员会工作，后来被省委任命为市委副书记。我和他当然也有工作关系，而且，市委领导也希望通过我了解一些群众的动向，而程政也想从我这里了解领导的意图，虽然他们也没有明讲，但我也知道自己应该怎样做。但这种工作关系，后来也成了秘书组领导整我的缘由。

在秘书组工作，主要是三大任务。一是列席市委常委会；二是文字工作，主要是给领导起草讲话；三是陪领导外出开会或考察。市委常委会开会，组长一般是派陈副组长作记录，因为他在未当常委之前，一般常委会他也不愿参加，估计主要是从记录上了解会议精神。我列席常委会，是要完成领导临时交办的任务或者便于起草领导讲话。常委开会，总体还是先民主讨论，但一把手的意见还是一言九鼎，而且一般都不采用举手表决即票决制。有些常委经常是察言观色，随着书记的意见而转移态度。有些会议讨论也不是很严密、很客观，记得有一次讨论迫害知识青年的案子，会议开始讨论时几个人的处理结果很重，快到中午12∶00时，就较松了，有的就说“认罪态度较好，可以从宽”。前两年，为了避免“造反派”的干扰，常委会常常在下面公社召开，而不在市委召开。我们这些工作人员和司机也愿意到下面去开会，到下面可以换换空气，又能改善生活。给领导写讲话稿，因为几位领导口才都很好，一般会议或者作点简单指示，他们也不要我写，需要我写讲话稿的主要是几个大会。两年后，我也有点“老油条”了。一般每年有几个大会，冬至过后，是农业学大寨，中央开了省里开，省里开了就由我们市、地一级开。这个时候领导就会布置我写讲话稿，我就说这几天不要找我，我要集中精力准备。其实写起来也很简单，当时流行的“小报抄大报，大报抄‘梁效’”，我也用上了。我主要抄《湖南日报》的，因为这是伟大领导毛主席出生的地方，也是英明领袖华主席工作的地方，抄这里的不会有错。写好了以后，稿子不能早交，早交基本上通不过，得开会的前一天交上去，基本上就没有问题。每次写完稿子，办公室领导就会从会议招待中发给我两张电影票。然后，红五月“工业学大庆”，九月份“财贸双学”，最后年终总结，都是如法炮制，将外省的框架加上景德镇市的内容，很轻松就能过去。所以，后来我当了领导，不论是大学领导，还是科委主任，开发区主任，我都不要秘书，而且我觉得会议并不是那么重要。例如，我在科委当主任时，科委的党代会我都是脱稿讲话。跟领导下去，除了一般的调查外，也有特定任务。有一次，王树衡书记说要到三线厂看一看，并要国防工办朱治宏同志陪同。后来我才知道，这次主要是考察朱治宏同志。王树衡也希望跳出当地的视野，用一些与景德镇市没有什么关系的干部。当然，我也常在他面前介绍朱治宏同志。不久，朱治宏同志被任命为市委常委兼组织部长，后来又当了副书记，几年以后还当了市委书记。我调离武汉后，他又调到省委任组织部长、纪委书记，直至省委副书记兼政协主席退休。朱治宏同志原是全国有名的南京无线电厂（生产熊猫牌收音机）的党委办公室主任。虽然文化不高，但勤学苦练，不仅文字功夫好，更有丰富的基层工作经验。精明能干，应对能力强。近十个三线厂迁到景德镇市，很快建成和投入生产，与朱治宏的领导和国防工办的有效协调分不开。三线厂的领导和群众谈起朱治宏同志都交口称赞。他也是改变我命运的人之一，后来我们常有联系。说来真不好意思，每年过年都是他先打电话问候。

在当秘书期间，也碰到一些非常情况。例如 1976 年 9 月，毛主席病重，可能是因为汪东兴不仅是江西人，还被毛主席下派到江西省政府工作过，省委书记黄知真比较早地向王树衡打了招呼。我曾经在电话机旁边等了十多个小时，后来较早地得到了上级关于毛主席逝世和祭奠的有关事宜。

自从组长被任命为市委常委兼秘书长后，当时王树衡还是书记，这位秘书长对我有些看法，不适当地描述我与程政的关系。程政是市委副书记，我和他的工作接触都是主要领导指示交办的，而且我的阵线很清楚，程政也想拉拢我，但我都会及时将程政的情况向主要领导如石少培、王树衡、林治海等同志汇报。我知道，如果在常委会上，他坚持这种说法，其他领导是不好表态的。当时，市委机关内大批提拔干部，我们秘书组的其他两位组员一位当了部门领导，一位被任命为纪委副书记，陈副组长也当了市委一个局的局长，唯我原地不动。连秘书组的副组长也想不通。后来，近几年从机关外调来的人基本上都任命为副科长以上，包括调来不久的也都百分之百地提拔为副科长，而我这个被他们看作“中心”的来机关最早的竟然还是个科员。更严重的是，粉碎“四人帮”之后，组长甚至要机关总支查我，要我说清问题，我当时才真正体会了什么是“欲加之罪，何患无辞”。当时机关很多同志不理解，都是敢怒不敢言。市委组织部有一位女同志，她可能知道一些内幕，向我表示了她的不满，说市委机关还没有出现过这样的情况，太不像话了。她的话让我感到了温暖。当时我的直接领导是市委副秘书长胡仲愚和市委政研室主任汪宗达同志，胡仲愚是老市委的宣传部长，我看过他写的“文革”遭遇文章，他是个有党性、很正派、实事求是也很有才华的领导。汪宗达也是位善良、正派、聪慧的同志。在强势的组长面前，他们既要不得罪他，又要保护我，是很不容易的。我当时没有工作可做，也有点意志消沉，就和那些打字员、警卫员聊天，甚至下下棋，为此胡仲愚还批评了我，我知道那是为我好，要我不消沉下去。当时，我一方面也不怕，看他们怎么搞我，另一方面我也准备走人，正所谓“三十六计，走为上计”。这时母校上海交通大学有人叫我报考研究生，希望我重回交大。当时也想，虽然我去交大读了三年研究生，还拿到了毕业证，但也没怎么学过，虽然临时准备了一下，但毕竟荒废了多年，考试结果可想而知，我落榜了。

这时，王树衡同志奉调任中共赣州地委第一书记，他和他的夫人都希望我跟他们去赣州，并且时任市委组织部部长朱治宏还正式找我谈话，并说了对我爱人尹静华的安排。我也知道王书记的用意，一是他喜欢我这样的秘书，二是避免组长整我。因为关乎人生的重要选择，我还找周燮衡书记等老同志征求意见，他们和我的看法一致。按照规定，地、市委书记调动是不允许带秘书的，而且我跟着去了赣州，就是置我于赣州地委机关的对立面上，赣州是江西最大的地区，难道一个秘书也找不到？况且，我没有问题，我不怕有人整我，我谢绝了王书记的好意，继续留在市委政研室，无非是磨炼自己的意志。后来的事实证明我这一步走得对，王树衡书记大概在赣州三四个月，又奉调任中共宜春市委第一书记，如果我去了，我一家三代五口又要跟他辗转去宜春，我这个小人物怎么折腾得起。但也有人说，这也是我不能从政的本质，跟人跟领导就要不离不弃，才会有出息，但我做不到。我调武汉后，王树衡后来调到江西省任检察长，也算副省级，他有一次到北京出差，要我去北京看他，他当面表示了对在景德镇市未提拔我的遗憾。后来，我们常有联系，王书记因感冒心脏病并发症不治去世，他大儿子第一时间告诉我，要我给他父亲写挽联，我写下了“主政赣北南中，满腔热血图报国，卓有建树；执事检察航天，浮云蔽日不言愁，功在制衡”。他们很满意，我还专程去南昌参加了王树衡的追悼会。

王树衡同志调走后，原工交部长、副书记杨永峰任市委书记，我虽然和杨永峰出过差，但他对我并不是很熟悉。胡仲愚同志想了很多办法，尽量让我做点事。记得有一次要我写景德镇市的综合介绍，可能要编入《地方志》。我还把白居易在《琵琶行》说的“商人重利轻离别，前月浮梁买茶去”写了进去，胡仲愚觉得我有点文采，而且在当时“左”的环境下，敢把这些话写进去，觉得我确实也不简单。汪宗达同志对我很客气，从不以领导的身份指派我工作，有任务也是商量的口气。领导讲话稿不要我写了，当时主要依靠汪宗达和宣传部升上来的一位同志完成，他们俩的文笔也确实好。有时候要我校校稿子，我的工作效率一直很高，加上打字员打字能力强，这些工作都是小菜一碟。我在机关里不会去巴结上面的人，但我和机关的司机、打字员、通讯员、警卫员关系很好，当时我赋闲在办公室，更容易和他们打成一片。

这个时候，母校华中工学院的王树仁同志当时在院党委任副书记兼常务副院长，分管人事工作。他派人来看我，并且表示希望我回母校工作。本来我就不太愿在党政机关工作，母校华中工学院我曾待了七年，是我熟悉的地方，加上大城市和在高校，对小孩的教育也有好处。我们义无反顾地要求调走。而在当时的情况下，一些好心人也都同情我，觉得走还是比不走好，调动很快就批准了。胡仲愚同志也曾以专业对口为由，与组长说了我的情况。汪宗达同志还专门组织政研室同事在东郊饭店为我送行。临走时，市委常委兼陶瓷公司总经理问我要买什么瓷器，尽管说。我当时也没有钱，加上没有收藏的远见，提不出什么东西。我要求买一套人民瓷厂的青花餐具和为民瓷厂的白胎高杯釉文具一套。我记得那套餐具是混合品级，价值 13 元，白胎文具是 3 元。在当时来讲也只是稍微便宜一点。拿了那套文具，我找到工交部的一位同志，他也是年轻人，但他的父亲章鉴老先生却是景德镇第一位国务院授予认可的陶瓷大师。他本来擅长画人物画，现在老先生仙逝多年，他的瓷版人物画不仅国内蜚声，在我国港澳台、东南亚地区都是高价拍卖。我当时也是孤陋寡闻，要老先生给我画墨竹，真是强人所难。这也是大师留下的唯一画墨竹的作品。我后来十次搬家，这套文房四宝是重点保护对象。我还曾做打油诗一首："瓷城结缘识大师，错爱墨宝求画竹。枝条楚楚俊清逸，从此人间留绝作。"我走之前，时任市委常委、市委组织部长的朱治宏同志也找过我，在组长的气势汹汹下，而且又是人云亦云的情况下，朱治宏同志也不可能说什么，我体谅他对我这个老部下的爱莫能助。他主动提出来，要找我原来万平无线电厂的领导，派一辆车将我们的家具等杂物送到武汉去。1978 年 1 月 8 日，我爱人单位的一些搬家能手将家具等装好车，由我押送到武汉的华中工学院，第二天，尹静华带着两个孩子随后也乘车来到了武汉。

1985 年，我因为招生曾回景德镇市一次，机关的不少人对我很热情，要请我吃饭，我只答应两拨人。一拨是原市委政研室的同志，这个时候，胡仲愚同志是市委常委兼秘书长，汪宗达是副秘书长。此时，已升任市委书记的朱治宏同志也来参加。我那天很高兴，喝醉了，要不是胡仲愚同志酒德高尚，那就不得了。另一拨就是我那些小朋友，在办公室一位办事员家里聚餐，大家也是非常高兴。大概是 1986 年，我们华中工学院应九江市委、市政府的邀请，组成了一个顾问团，我被推荐为团长，我那时是华中工学院党委副书记，应九江市委书记江国镇（也是景德镇市去的干部）的邀请，到九江对处以上干部讲“决策科学化”问题。

我在景德镇市整整待了十年，对这里是很有感情的，离开后曾多次回到这个我经常怀念的城市。有一次碰到去景德镇市视察工作的朱治宏同志，吃饭时他把我拉到旁边，在桌上对我赞赏有加。还有一次，在汪宗达同志的安排下，把当年的老领导林治海、胡仲愚等人找来聚会，大家见面非常开心。

关键转型，良师相助

有人说，一个人一生最重要的就是关键的几步。1979 年，是我人生旅途中关键的一步。1978 年年底，我决定离开待了将近 10 年的景德镇市，到母校华中工学院任教。粉碎“四人帮”，结束“文化大革命”之后，华中工学院在老院长朱九思的领导下，进入了快速发展时期。有人描述，那个时候朱九思有一个“高筑墙、广积才、要称霸”的战略，说的是华工有 3000 亩地，学校将围墙围起来，免得外来单位吞食。另外，当时有的学校没有远见，有的大学人才外流，朱九思要求学校广纳人才，几年内进了 600 位教职工，其中不乏有真才实学的人才。华工也暗暗憋了一股劲，要使学院的实力迅速赶上去。正是在这种大发展时期，我的调动有了很好的机会。但是，我之所以能在短短十天内办成全家调动手续，还要感谢我的老领导王树仁同志。那个时候，王树仁是党委副书记兼副院长，实际上还是常务副院长，并分管组织人事工作。“文革”中他靠边站时，我曾去看过他。参加工作后，我也到武汉看过他，所以，我们常有联系。他对我能回华工工作非常高兴。他说，至于干什么你自己考虑。他认为我有多种选择。

华工很多熟人很快知道我回来了，不少人跑来看我。最先来看我的是机二系系主任，我的专业老师崔昆教授，他的来意我很清楚，他还是想让我到他领导的教研室，当年他就非常想让我当他的研究生，结果我考了上海交大。从感情上讲，我应该跟着他。何况崔老师是位很优秀的专家，为人也很好。但我考虑再三，我还是理性地婉拒了。因为我离开专业多年，原来学的俄语忘了，英语又不懂。我当时人奔四十，要在专业上发展已经很难了。以前在华工七年时间，我曾经在哲学教研室任教两年，虽是转行半路出家，但也到省委党校进修了半年。我以前对自然辩证法就有兴趣，在哲学教研室任教时，就喜欢从报刊上看于光远、龚育之、何祚庥的文章。这门课如今受到相当重视，高校研究生都要修这门课。我自己也想了一下，我有一点哲学基础，干这一行有明显的优势。另外，学文科的不如我有工科专业背景，学工科的不如我有文字能力。这个时候，当年在哲学教研室搞自然辩证法的同事也来游说我，我很快就决定去自然辩证法教研室工作。说来也好笑，当时我随一辆解放牌汽车回校，车上装满了陈旧的家具、杂物，还在等着卸车。人事处负责人说，你赶快定，到哪个地方去，我们好安排那个单位帮你卸车。

在景德镇市委老领导朱治宏的关心下，我原来所在的万平无线电厂派了一部解放牌卡车帮我搬家，我押车，家具、杂物顺利搬到了武汉华中工学院。随后，尹静华带着两个小孩也到了武汉。分给我们的房子在当时真不错，是刚刚落成的两室一厅带厨房、厕所、阳台的新房子。房子前面是船室，后面是喻家山。虽然只是两室一厅，但超过了当时教授们的面积。我们是 1979 年元月初到的武汉，那一年，武汉特别冷。刚刚搬到新家，生活起居什么都得从头开始。记得开始几天生活非常不方便，吃饭都不正常。当时供应还不是很充裕，许多东西还是按计划供应，粮、油、副食还要票证。王树仁同志的太太给我们送来了一些蜂窝煤，解决取暖问题。我们办好了户口、粮油证后，也买了一些过春节的副食品，简简单单过了一个新年。尹静华后来告诉我，我们跨省搬家，当时她身上只剩二三十元，她们单位的一位大姐要借给她 100 元，她只肯拿 50 元。

华工自然辩证法研究室是从原哲学教研室中分出来的，华工很早就关注自然辩证法这门学科。早在 20 世纪 60 年代，就曾派人参加了在哈尔滨召开的自然辩证法座谈会，后来还派一位教师到中国人民大学就读于光远的研究生。研究室早期负责人张华夏是位不简单的人物，他先是考到中山大学经济系，不久随院系调整到中南大学，本科毕业后分到华中工学院任教，随即送到复旦大学跟苏联专家学习哲学，1957 年毕业后又回华工。他潜心学问，是一位陈景润式的人物。他不仅懂经济和哲学，俄文英文也好，还能给大学生讲高等数学和量子力学。由于“文革”造成的复杂关系，后来调到中山大学哲学系，曾到英国做访问学者，现在是国内知名的科学哲学专家。受他影响，后来调到中山大学的还有林定夷，现在也是全国有名的方法论教授。如果这些人不走，华工自然辩证法的实力在全国绝对是数一数二的。我去的时候，华工党委对自然辩证法研究室很重视，时任院秘书长的姚启和兼任研究室主任，除了三位副主任外，还派来留学过苏联的造船系副教授梁淑芬任研究室党支部书记。全室共 20 人左右，后来还招了几名研究生，一半左右留下来补充室里的力量。另外，在党委的安排下，一些对自然辩证法有兴趣的专业教师成了研究室的外围队伍。当时研究室主要分两个方向，一个是科学史，另一个是工程技术哲学，分别由两位副主任领导。我去的时候并没有马上选择研究方向，我说我要看看。

尹静华由于是学机械的，很自然地分在机械系的机制专业实验室工作。这个工作对她十分合适，实验室要求动手能力强，这正是她的强项。她在实验室得心应手，其间也曾到西安等地进修过。系里和教研室的领导对她的印象都很好，并曾要她担任实验室主任，她以家务太重为由谢绝了。我当时也很忙，而且要快步从业务上赶上去，她毫不犹豫地做了牺牲。机械系的系主任陈日曜是全国著名的机械专家，他为首的机械方向是全国最早的博士点。陈教授不仅选尹静华做课题组成员，帮助他做实验，其他一些杂事如报销等也都要尹静华办，尹静华俨然成了陈教授的助手，有些人还以为尹静华是陈日曜的女儿。以至于后来尹静华要调院科研处时，系总支领导说，我们愿意放，不知陈主任同不同意。尹静华找到陈教授时，这位不善言辞的老先生说，新的地方如果不行，我们随时欢迎你回来。总之，尹静华对调入华工非常满意。

我们的两个小孩，张小晖、张可也都到华工附小上学了，他们也很快融入了新的环境，都有各自要好的同学，有的至今还有联系。小晖从小喜欢看书，当时出版的一些名著小人书，如《上下五千年》等，如饥似渴地很快读完了，许多是在厕所里看的，因此眼睛也就近视了。张可由于烧伤的伤疤奇痒，对学习影响太大。有一天，我在广播中听到武汉协和医院皮肤科一位姓刘的医生讲烫伤的疤痕治疗科普节目，随即到协和医院找这位刘医生，他非常热情，看了小孩的伤疤后也配了一些药膏，但效果不明显。后来我利用出差到北京的机会，带张可去北京积水潭医院治病，但也没有一个确定的方案。后来我们夫妻又利用假期带张可去了全国有名的治疗烫伤的上海瑞金医院，并在同学家里住下来，准备系统治疗。其间还到整形最好的上海第九人民医院，找了权威张涤生教授。那一天，还碰上了主演《三笑》的香港著名演员陈思思，她也慕名来找张教授。后来，我们又回到武汉，找到口腔医院，一位留苏回来的主治大夫准备给张可植皮。到了手术台上，尹静华和我还是不放心，又让孩子从手术台上下来了。因为我们听说，张可有可能是疤痕体质，做得不好反而麻烦。总之，张可的这个疤痕是当时我们夫妻最大的心病。说来也巧，我有一次为了打一只蚊子奋不顾身，将手中的一锅开水烫伤了自己的右腿，面积还很大，但在华工卫生科治了三天，竟奇迹般地好了，未留下任何疤痕。张可怎么这样倒霉，虽然疤痕在颈部，没有破相，但这个疤痕确实对他的身心造成了不小的影响。

调回华工后，原来我在这里就有不少熟人，包括和我们差不多时间调回的，光同年级同学就有好几对。他们都很快来看我，有些人急于看我的爱人，有人要证实一下是不是以前说的那个“小师妹”。所以，我们去了并不感到陌生。尹静华也很快跟他们熟悉了，特别是她教研室的同事，关系都处得比较好，她也很安心。不久，我母亲也由村里的远亲送到武汉，一家人的生活很快就正常了。

总之，这次调动是不错的。我和尹静华对自己的工作都比较满意，有发展前景。住房等多方面在当时算是好的，小孩也到了利于读书的环境。熟人也比较多，没有什么不习惯。几十年回过头来，觉得这一步走得是对的。特别是给了我一个很好的学习环境，什么都感到新鲜。当时，华中工学院为了活跃学术气氛，向理工文管综合大学发展，在国内外聘请了 108 位兼职教授，大部分都是名家，其中还包括相声大师侯宝林。几乎每个星期都举办几场报告会，有些报告会比较专业，但因为演讲者是名家，我也跑去听，听不懂，也可以学习这些大家的做学问的方法。有些报告使我耳目一新，例如美国加州伯克利分校校长田长霖教授讲世界高校发展趋势，加之他善于演讲，听他的报告很受启发。我还参加了数理逻辑研讨班，这是华中工学院对该门学科发展做的一件好事。20 世纪五六十年代，有一批研究数理逻辑的人曾经办过训练班，后来因为政治立场和“文革”的关系，都打散了。华工将美国的数理逻辑教材找来，将这些人又集中起来，进行研讨，使这门课程跟上了世界水平。学习班的很多成员都成了各自学校的骨干，有一位教师后来还成了贵州大学的校长。到华工不久，我们自然辩证法研究室就主办了全国首届科学技术史学术讨论会，全国研究科技史的教师来了不少，其中还包括中国科协书记李宝恒等。我当时被派到会上做会务工作，我虽然快四十岁了，也还是什么都干，如会议录音、整理资料、买电影票甚至车船票。在会议中我也学到了不少东西，对这门学科的国内外动向、焦点、热点问题，都有些了解，眼界也扩大了。

这个时候，研究室决定编一本刊物《自然辩证法学习通讯》，除了没有刊号外，印刷、装帧和正规杂志没有什么区别。由于我尚未划定研究组，研究室领导要我负责，此外还有研究科技史的汪定国。后来发行到二三千份时，这本内部刊物从组稿、编辑、校对、印刷到发行、给作者发稿酬，都是我们两个人完成的。这本刊物虽然是内部出版，可深受高校自然辩证法教师的欢迎。当时，全国高等学校有一本通用的《自然辩证法》讲义，是全国最有实力的自然辩证法教师共同编写的。我们分别邀请这些作者，请他们阐述自己形成这些观点的设想，这对于自然辩证法讲授过程中有重要参考作用。像查汝强、陈昌曙、舒炜光、李惠国、赵红州、殷登祥、邱仁宗等，都是我们的作者。曾任《自然辩证法通讯》主编，中国科协书记处书记的李宝恒同志说，你们两个人把这样的杂志办下来，真不容易。通过办杂志、参加会议、走访专家，我对这门课程的了解愈来愈深了，而且通过大量的阅读，我的知识面也愈来愈宽了，我觉得找到了自己努力的方向。

第三章

科学春天　迎接挑战

1978年3月，中共中央在北京召开全国科学大会。大会上，邓小平对知识分子的科学评价，成为解放知识分子的宣言。大会上宣读的《科学的春天》，象征了一个新时代的开始。当时，科技界涌动起无穷的创造活力，科技事业迎来了快速发展的新时期。“十年动乱”，科学技术领域是重灾区。一大批科学家遭受迫害，绝大多数科研工作陷入停顿。全国科学大会的召开，实际上不仅是对科技界的拨乱反正，也是我国改革开放的先声。20世纪80年代初，党中央又提出要研究新技术革命和我们的对策，从而将科技、教育改革提上了议事日程。近几十年来，科学技术以前所未有的速度向前发展，而且参与人类的精神生活，其社会功能日益强化。当代科学技术的进步，不仅改变了人们的生产方式，而且改变了人们的生活方式和思维方式。一个偶然的机会，我参加了中国科学学与科技政策研究会的筹备和组建工作。这个以科学整体为研究对象和探索促进科学技术进步政策的学会，是一个适应时代要求的非常活跃的学术团体。在促进学术交流、开展重大课题研究、为政府部门提供决策参考方面做了大量工作。历史将记住他们在宣传科学精神、提倡科学管理、促进科技进步方面的重要作用。

勤研苦作，恶补知识

我到武汉时，这一年召开了决定我们国家前途命运的十一届三中全会。随着改革开放的全面展开，学习科技知识、管理知识和经济知识的潮流风起云涌，我也在恶补这方面的知识。我几乎每天都要去所在的哲学社会科学部资料室，大量阅读报刊。当时还有人说我的闲话，说看到张碧晖天天在资料室，这哪里像做学问？其实，他们才不知道如何做学问，这叫文献调研。马克思说过，科学活动是种特殊的劳动，是站在别人肩膀上认识世界的。不知道前人做了什么，不知道同辈人在干什么，怎么搞学问？对这种世俗的看法，我当然不屑一顾。刚开始时，我时间充足，我就看人民大学的剪报资料。后来时间不够，我就看上海科技图书馆编的报刊、资料索引。最后更忙了，我就看《新华半月刊》。我和资料室的工作人员关系都很好，他们给了我很多帮助。

我和汪定国共同编辑杂志，我们决定也练练笔，向报刊投稿。我们先和《长江日报》和《湖北日报》联系，受到编辑部门的鼓励和支持，后来我们为这两个报纸的副刊写一些有关科技史和管理方面的小文章，几乎每周都有我们的文章。有一次《光明日报》讨论知识分子的作用时，我们写了一篇有自己观点的文章引起了该报的重视，他们还将打印的校对清样寄给我们，但后来不知为什么没有刊登。后来我们也写一些理论性文章，有的文章还被《中国社会科学》《经济文摘》《新华文摘》转载。

华工经济学教授刘中荣，年龄虽然大些，但思想很活跃，也很容易接受新鲜事物，为人也很好。我和他也有许多合作，我们曾共同写过有关科技发展与经济关系及有关行为科学的长文章，后来还合作写了大学生知识读本《管理史话》，由华中工学院出版社出版。由于经常见报，可能也有一些知名度，有一天江西人民出版社的编辑找上门来，要我撰写《实用企业管理手册》。我和汪定国当时还都是讲师，觉得我们分量不够，刘中荣是经济科班出身，把刘老师也请上，又请了一位在苏联学过管理的教师参加。经过反复研究，决定写一本既有管理理论，又有实际操作的书，定名为《实用企业管理手册》。

纲目讨论后，我们进行了充分的准备，收集了大量资料。当时我们都有繁重的教学任务，写作都是利用周末和假日，加班加点完成的。为了满足出版社的要求，我们曾两次去南昌，和出版社商讨切磋。这位出版社的编辑后来当了社长，他也有办法，从江西省经委找了几位有实际经验的人审查我们的编写大纲。武汉到南昌，经过湖南株洲，坐火车要近 20 个小时。有一次我和刘中荣老师、汪定国去南昌，车上很挤，没有座位，刘老师当时快 60 岁了，也和我们站了十来个小时，临到南昌前才有座位。后来，我和汪定国到南昌去校稿，正是酷热的七月。南昌也是个“火炉”，气温高达 38℃。我们住在南昌火车站附近的农垦厅招待所，还是通过原来在江西认识的省委原书记刘俊秀的秘书联系到的，说是“刘书记的客人”。那时别说空调，连电风扇也没有。房间里异常闷热，蚊子又多，我们几乎一夜未睡。汪定国还笑我，“你这个‘刘书记的客人’就这样待遇?”那时毕竟年轻，我们还是精力充沛地完成了校对任务。

从接受任务到出版，只花了半年多一点的时间。这本书全面系统地介绍了企业管理科学发展历史、基础理论、组织制度、管理内容和方法，并针对当时中小企业管理方面的实际情况，突出了市场预测、经营计划、智力开发和决策方法等内容。为便于从事管理工作者日常查阅，还在书的附录中列有部分法规、政策、法令和规定的全文，常用的名词解释，数量分析方法等内容，常用缩略对照以及主要文献资料索引等。这种写法在当时实际上是一种创新，理论联系实际，读起来简明实用，深受中小型企业经理、厂长、职能管理人员、车间主任、工段长以至班组长的欢迎，成了他们从事日常企业管理的工具书。江西省经委、江西省企业管理协会还把这本书作为企业厂长培训和考试的必读参考书。收到这样好的效果，与我们当时的编书理念有关。我们的指导思想是，力求做到内容全面，难易相济，叙述简明，方便实用，易于查找。在资料收集方面，我们也注重实际，有的资料甚至联系了江西企业的实际。在江西人民出版社出版《实用管理手册》1984 年 5 月第一版时，就印刷了 34000 册。后来出版社在没有和我们沟通的情况下，1985 年 10 月第二次印刷又加印了 8000 册。1987 年 6 月，江西科学技术出版社又第三次加印了 5000 册，三版总计达到 47000 册。这要是现在，肯定是有不菲的稿酬，就像时下的"文坛富豪"一样。可是，我们当年不仅没有拿到新增加的稿费，最初的稿酬只有几千元。不过话又说回来，这本书的编写对我们个人来说还是很有收获的。刘中荣升教授，那位留苏教师升副教授，靠的也是这本书。我过去在工厂干过，通过写书，在管理理论方面确有不少提高，为我后来从政、担任领导职务，也是有所裨益。汪定国后来调湖北省人民政府工作，从基层做起，直到任省体改委主任、省人民政府副秘书长，尤其是后来担任省一个大型国有企业——隔河岩水电站任董事长，管理上得心应手，和这本书的出版也是有关系的。只是后来经不起考验，汪定国成了悲剧性人物。

这几年，确实可以说是我学术研究上的高产时期。除了写了不少文章外，还写了几本书。1979 年 7 月在北京参加科学学第一次学术会后，认识了北京冶金机电学院的郑慕琦老师和上海交通大学的许立言。郑老师原在国家科委情报所工作，虽然只比我大七八岁，但是个资历深的老同志。为人和蔼可亲，有一次应湖南政协邀请，去长沙讲学，她像大姐一样地关照我。许立言是自学成才的青年，依靠懂日文和情报检索，被上海交通大学聘为教师。我们决定合编一本《科学学概论》，并很快进行分工。此前，郑老师曾经参加过一本苏联的科学学书籍的翻译，我也曾翻译过一本俄文书。书很快就写出来了，由许立言通过黑龙江《情报研究》杂志社内部出版。该书被华中工学院、上海交通大学、北京冶金机电学院等高校作为教材，也是我国第一本供大学生、研究生阅读学习的科学学教材。这本书我分到了 500 元稿费，我也未和太太商量，就买了一台冰箱，据说我在华工是最早买冰箱的教师。此前，我还和同研究室的同志翻译了《科学认识的方法论问题》，由知识出版社出版。这是一本哲学书，翻译起来很困难，请了北京师范大学柳树滋教授校对，他出了不少力。找柳树滋时，还见到过民俗学钟敬文教授，他是我国民俗学的泰斗。在自然辩证法研究室时，党支部书记是梁淑芬副教授，她是从造船系调来的。本来我和汪定国从有关资料上得知，世界科技史大会要在罗马尼亚召开，经过联系，会议向我们发出邀请。但学校认为我们太年轻，改由梁淑芬参加。当时参加国际学术会议的人很少，这一参加，梁淑芬就出名了。后来，梁淑芬被选调到省里当副省长，我就当了党支部书记。在此期间，由我主编，中国科协和湖北省科协几个同志参加的《中外科技团体》由湖北省科协内部出版，还是精装本，并请了中国科协领导裴丽生题字。这本书后来送给了时任中国科协主席钱学森教授，钱先生看过后，亲笔给中国科协书记处书记李宝恒写了一封信，说要认真研究，可以作为研究“中国科协学”的起步，并要求在主席碰头会上研究一次。钱先生这种重视基层研究，吸纳群众意见的精神，使我们感动。

当年，我的写作欲特别强，除了向报刊投稿外，每参加学术会议，都要准备文章，并有专著、编译计划。我爱人也支持我做学问，我不做家务，也没有节假日，连大年初一我都在家里写作。有时候，一边听着音乐特别是听京戏，写起来还特别快。

提高起点，跨越发展

1979 年上半年，华中工学院秘书长姚启和给我一个会议通知，说七八月份要在北京举行科学学联络组座谈会。为会议准备，我和他合写了一篇文章，题目是“科学教育与科学发展”。由我起草，他作了一些修改。我带了论文到北京科学会堂参加会议，这次会议规格很高，科技界的领导人于光远、李昌、裴丽生等到会讲话，钱学森也关注会议的召开。会议也使我眼界开阔，原来还有一个以科学整体为对象的科学学学科。当时，在科学会堂还有其他学术会议，一些老科学家看到我们的会标，都不屑一顾，说哪有这样的学科？《人民日报》在报道全国召开科学学学科座谈会消息时，都说报纸多写了一个“学”字。当然，后来人们也逐渐认识了这一学科。学会首任理事长，中国科学院前副院长钱三强有一句经典的话，说他当这个学会的理事长，可算找到了“老家”。就是说，科学家总要在晚年从整体上来反思科学。

这次会议的代表约 80 人，主要来自三个方面。一是情报系统的专家，他们对引进这门学科起了很大作用，如韩秉成、王兴成、杨沛霆、郑慕琦、丁元熙、徐耀宗、卢泰宏、符志良、骆茹敏等；二是于光远、龚育之为代表的自然辩证法工作者，如李惠国、陈益升、李宝恒、查汝强、刘吉、赵红洲、蒋国华、王敏慧等；三是以童大林、吴明瑜、张登义、周克为代表的科委系统管理干部，如方放、田夫、仇金泉、郑德刚、曹听生、魏瑚、胡平、蔡齐祥、续惠

1992 年在中国科学与科技政策研究会学术讨论会上做报告。

中、龚金星等及中国科学院的钱三强、罗伟、任丰平、赵文彦、李秀果等。此外，还有社会科学方面的专家如夏禹龙、王极盛、蔡汝魁等。当时参加会议的高校教师主要是从事自然辩证法教学的，有冯之浚、张念椿、胡世禄、关西普、陈敬燮、奕早春、王铁男、何溥传、叶雅阁、罗祖德、张碧晖等。特别要提到的是天津纺织机械厂的厂长张国玉，他是唯一的企业代表，他和任丰平首先帮助建立了科学学研究基金，开创了我国科学基金研究的先河。华中工学院老院长朱九思当时访问美国时带回一本科学基金的书叫《小奇迹》，内部印了300本，我将这本书介绍给有关同志，他们受此影响也参加了这项工作。

科学学联络组座谈会后，1981年春季又在合肥的稻香楼召开了全国科学学、未来学、人才学学术讨论会。这次会议的规模很大，有三四百人，时任安徽省委书记、前中国科学院党组书记张劲夫到会发表了热情洋溢的讲话。除此之外，“三学”的许多专家在会上做了报告，印象比较深的是当时中国科技大学的方励之教授也讲了话，他讲话的主题明显跟主流意识不一致。稻香楼宾馆是园林式宾馆。环境优美，它的有名气，还在于毛泽东、朱德等老一辈革命家曾在这里下榻过。2009年即28年后，我参加“中部崛起”的一个会议，就住在毛主席下榻的那座楼。

1982年6月9日至12日，我国科学学代表124人在安徽九华山举行了中国科学学与科技政策研究会成立会议。通过了《中国科学学与科技政策研究会章程》，选举产生了由111人组成的研究会第一届理事会。钱三强为理事长，田夫、吴明瑜、罗伟、李铁映、夏禹龙为副理事长，钱学森、于光远、李昌、童大林、周克、罗云等为顾问，秘书长由吴明瑜兼任。当选理事当时的原则大概除了代表人物外，就是按省市来分配，湖北省只有我一人是理事，当年我40才出头，应该是最年轻的理事。

科学学这门学科的发展几乎和我国的改革开放同步，科学学学会成立三十多年来，在提倡科学精神，提高科学管理，促进科学、经济、社会协调方面做了大量工作。科学学的一些代表人物对我国的领导科学、决策科学化以及软科学的普及和建设起了很大的作用。今天流行的许多概念如区域经济、梯度理论、技术经纪人、科学竞争与合作、科学教育、科技企业家、跨越式发展等，都是出自科学学工作者的研究成果。许多人如冯之浚、刘吉、方新等，从科学学研究领域分别走上领导岗位。曾是党和国家领导人的李铁映、成思危也曾在学会担任过负责人，曾和我们“同朝为官”。

参加科学学学会也改变了我的命运。从此，凡是科学学学会召开的会议，我都力争参加。学会“以文会友”的规则也曾促我不断撰写论文。从在天津创办的《科学学与科学技术管理》杂志刊登我们的《科学教育与科学发展》文章后，我不断有论述发表。除了科学学教材外，我先后有《科学教育与科技进步》（光明日报出版社）《科学社会学》（人民出版社）《中外科技团体》《实用决策手册》（广西人民出版社）《高技术与软科学》（浙江教育出版社）《软科学的未来新论》（浙江教育出版社）《开发区现象》（北京工业大学出版社）《城市发展对策研究》（武汉出版社）相继出版。《从科学家到企业家》《洒向人间都是爱》《略论深加工》《科技进步因子设计》等文章，受到宋健、钱学森、钱伟长、龚育之等的肯定。由于我有比较突出的学术成就、较广的视野和开放的思维，1984 年我担任了华中工学院党委副书记，成为教育部直属高校最年轻的领导干部。1990 年我被任命为武汉市科委主任兼武汉东湖新技术开发区办公室主任，科学学及科技管理的知识背景使我的工作得心应手。

在第一届理事会上，我是理事，第二届成了常务理事，第三届是副理事长。就像从第一届全国人大到第十二届全国人大仅剩申纪兰一个代表一样，中国科学学与科技政策研究会从第一届到目前的第六届理事会，仅剩的理事也就我一人了。2001 年我从领导岗位退下来后，根据第三届理事长冯之浚的推荐，第四届理事长方新同志要我担任常务副理事长，主持学会日常工作。为了尽到责任，我推掉了几个民办大学要我当校长的机会。每年我要从广州到北京多次往返，虽然辛苦，但很高兴。理事会信任我，学会中的老中青理事都欢迎我、接纳我。年纪大的早期理事认为我讲情谊，对他们关心。年轻人特别是博士生、硕士生认为我还算开明，主持会议不落俗套，生动活泼，他们还称我为“最可爱的人”。学会工作也不算多，具体事情有秘书长管，我只负责组织申报课题，主持几次特别是每年的学术年会。同时也注意发挥学会中老同志的作用，例如，近年我组织老同志撰写了《科学学在中国》一书，受到读者欢迎，最近又准备撰写《中国科学学与科技政策研究会史》。

凡是学会的事，我从不推诿。为什么乐此不疲呢？饮水思源，科学学给了我施展才能的平台，科学学给了我进步的机会，我要回馈科学学学会。说老实话，没有科学学学会，也没有我的今天。

学术活动，三次难忘

从 1979 年夏天在北京参加全国科学学联络组成立会开始，30 多年来，科学学的所有学术活动我几乎都参加了。逝者如斯，沧桑变幻。但是，给我印象最深的有三次，值得回味。

第一次是 1982 年 6 月在安徽九华山召开的中国科学学与科技政策研究会成立大会。全国科学学联络组成立后，积极筹备成立正式学术团体。1980 年在合肥召开了科学学、未来学、人才学学术讨论会，史称“‘三学’讨论会”，对这门学科起了很好的宣传作用。两年后，以参加全国联络组的代表为基础，又有不少科学学的爱好者参加进来，在四大佛教圣地之一的九华山召开学会成立大会。这也是我第一次到风景区开学术讨论会，但当时的条件并不好，我被分在原来的藏经楼“光明堂”住宿，就像县城里的招待所。当时我们的精力还是集中在会议上，这次会议要讨论研究会的章程，成立研究会的理事会，大家特别认真。就连学会的命名大家也是费了不少脑筋。我当时已经感觉到对学会的命名上存在分歧，据说常务理事会上争论很激烈，这当然也正常。现在看来，用“科学学与科技政策”命名是恰当的，也是有远见的，既坚持了科学学学科的名称，又使科技政策这个十分重要的领域以科学学学科为理论基础，成为学会在中国的特殊研究地位。这次会议来的代表很广泛，多学科人员组成与国际科学学成员知识面宽的传统一脉相承。预示着这种交叉学科的特点必将产生创造性成果。后来我在天津《科学学与科学技术管理》期刊上发表了一篇“九华山上论经济”，说明了这一点。这篇文章我很喜欢，抄写下来。

“全国科学学会在九华山结束后，大家相约爬凤凰岭。那天，我们几个人和夏禹龙结伴而行，老夏虽说早已过了大衍之年，但鹤发童颜，神采奕奕。他身着运动衫，脚穿旅游鞋，步履轻快，一路领先。我那时才刚刚四十出头，按理应该说是年富力强，但要跟上老夏，还真吃力。”

走了两个小时，碰上两个卖竹竿的小孩，他们告诉我，凤凰岭很高，不用竹竿很难上去。我相信了小孩的话，花一毛五分钱买了一根。也许他们半天未开张了，卖这根竹竿的小孩很高兴，可是另一个小孩急得不得了，表情很不是滋味儿。看到这种情况，我动员另一位同志也向另一个小孩买一根，但这位同志身强力壮，又只有30来岁，他坚决不买。这个时候我也顾不了许多，就跑步去赶老夏他们。老夏问我们怎么又掉队了，我说了上述过程。

老夏说：“你就给另外一个小孩一毛五分钱不就完了。”我说：“你这观点我不同意，我们和小孩的关系是商品交换，不能有施舍恩赐的观点。”于是这件小事引起了我们不少热烈的讨论，内容远远超过了买竹竿的问题，为我们的凤凰岭之行增添了几分学术色彩，也引起了我的诸多联想。

当时，同行的人中还有个经济学家沈峻波，在旅行中和大家讨论了一场商品经济问题，我觉得受益匪浅。在科学学会，有一个优势，就是包含的学科多，其成员中，既有自然科学家，又有社会科学家；既有从事理论研究的人，又有实际工作者。大家平时又喜欢讨论问题，互补作用很强。可以说，我国科学学的主要学者大都知识面较宽，这也许是国际科学学的传统。贝尔纳在液体结晶、大陆漂移，生命问题、科学史和科学学多个领域做出过杰出贡献；沃丁顿是一个生物学家，喜欢画画，又研究运筹学，在第二次世界大战中，曾运用运筹方法成功地歼灭了德军的潜艇，特别是在雷达制造上，沃丁顿起了决定性的作用。是啊，“不是个中人，岂解个中味?”以整个科学作为研究对象的科学学工作者，知识面太窄了可不行，对此我更是感慨。

热烈地讨论使我们忘记了疲劳，不知不觉已到了山顶，大家极目远望，河山美景尽收眼底，真令人心旷神怡。老夏更是神采飞扬，侃侃而谈。

俗话说，上山容易下山难，下山时我发现老夏不对劲了，又是抹风油精，又是贴伤湿止痛膏，终于一瘸一拐了。我笑着说，“老夏，这根竹子五元钱卖给你，怎么样？现在应该升值了。”老夏至今还记得，我送那根竹子对他那次下山起了关键作用。

在九华山，原北京市科协的邢天寿跟我讲了佛教的知识。我和赵红洲还有社科院的心理学教授王极盛还试图研究小尼姑的心理活动，遭到了主持的反对。回顾改革开放，20 世纪 80 年代，在中国东部两座山上召开的会议具有非凡意义。一个是我们在九华山召开的科学学会；一个是在浙江莫干山召开的青年经济学家座谈会，这个会议讨论价格改革问题，王岐山、马凯、周小川、楼继伟和华生等人参加了本次会议。

第二次印象深刻的学术活动是 1985 年在武汉召开的全国第四次科学学与科技政策学术讨论会。这是一次盛况空前的会议，会议入选的文章虽然只有 125 篇，但这是从 26 个省、市、部委和其他单位提交的 600 多篇论文中筛选出来的。到会代表也比较广泛，35 岁以下的青年研究人员有 30 多名。这时的科学学学会在全国 29 个省市、部委成立了研究会分会。科学学作为“研究科学自身”的科学，并注重科技与经济、社会的结合，逐渐形成了自己的研究风格，在理论和应用上取得了不少的成果。全国当时有近 60 所大学开设了科学学课程，受到大学生、研究生的普遍欢迎。这是一次学术气氛很浓、思想很活跃的会议。会议讨论的内容涉及科学学理论、科技政策、科技体制改革与管理、科技人才开发以及技术市场等问题。由于大小会相结合，又有“沙龙”式自由讨论，不仅充分地交流了学术论文，而且多种不同观点都有机会发表。到会的 200 多名代表绝大部分发表了自己的意见。特别是一些青年代表，虎虎生气地提出了一些有见地的想法和尖锐的意见，改变了以往那种“谈笑皆名儒，往来无新辈”的局面。许多人至今记忆犹新，那是一次团结、求是、务实的会议。会议也不作总结，而是推举代表评述会议。会议结束的那个下午，由学会副理事长、时任电子工业部部长李铁映做报告，由我代表三位会议评述代表（另两位是陈敬燮、胡世禄）评述会议。我在会上致辞的大意是：我们学会在建立之初，经过几年的发展，多种不同专业和岗位的人员集中在一起，因而会形成一些分支或者子科学共同体，学会应该包容他们，应该允许有差异。学会在山西召开年会时，曾经出现过较大的分歧，后来也是在“理想、事业、友谊”的大原则下化解了，达到了新的共识。

这次会议由于在武汉召开，我当时任华中工学院党委副书记，会议中有许多活动也在华中工学院进行。例如，《科学学研究》编辑部会议就在华工召开编委会，我也请十多位学者为我校的学生作了学术报告，作为“第二课堂”内容。李铁映同志喜欢书，我从华工出版社找了几本书送他，他也回赠他写的一本《城市问题研究》（内部出版）送给了我，并签了名。另外，当时华中工学院承担了许多会务工作，如几百名代表的回程、车船机票都达到了代表的要求。

第三次就是2000年4月在广州番禺，即在我当时工作的番禺职业技术学院举行的学术讨论会。这是冯之浚交给我的任务，他曾说：“阳春三月何处去，南下番禺见碧晖。”我作了比较充分的准备，会议召开时，正值我院青年旅馆落成，第一次接待的客人就是科学学会议的代表。学院规模虽然不大，但校园依山傍水，如诗如画。会议期间，我院酒店管理、文秘专业的学生作为实习课参加了接待工作。冯之浚、原民盟中央副主席谢颂凯、原中科院副院长严义埙、原国家科委副主任吴明瑜以及邹祖烨、方新等同志参加了会议，德国学者、国际科学计量学和情报计量学会首任会长克雷奇默与丈夫也参加了会议。应冯之浚的邀请，时任广东省常务副省长的王岐山同志也到会讲话。省、市领导也觉得开这么大的会影响大，天津《科学学与科技管理》杂志社还在学院召开创刊20周年座谈会。吴明瑜同志评价说：“这是科学学史上开得最好、最轻松、愉快的一次会议，就如在自己家里一样。”会议的召开，对我院的工作也是一次检验和促进。特别是几位专家向我院师生做学术报告，活跃了学院的学术空气。王岐山同志还为我院“教育交流中心”挂牌，可惜我退下来后，新班子就把这块牌子去掉了。另外，当时正在进行“三讲”活动，我不能全力为会议服务也是个遗憾。

这次会议的代表近100人，讨论的问题很重要，一是高等教育体制改革，二是跨越式技术发展战略，由后来成为清华大学公共管理学院院长的薛澜作主报告。由于这两个论题事先都有课题研究积累，针对性很强，改变了一些学术会议泛泛而谈较为空洞的局面。会议还对西部地区开发进行了讨论，主题报告由陕西科委领导和西部专家发言，是很有分量的。

这次学会召开的时候，也是学会新老交替时期。经历 20 多年，当年年富力强的研究者们都步入了老年，包括一些领导岗位上的也陆续退下来了。半年多以后，科学学会的理事们又在北京聚会，选举学会领导班子，完成新老交替的任务。我受上届理事长冯之浚的委托，在会上作了一个发言，对新老同志讲了自己的感受，受到与会者的欢迎。看得出来，作为科学学学会的创始者们，作为为科学学做出过贡献的研究者，他们对学会怀有深厚的感情，谈起往事，都为之动容。记得有一次在北京开常务理事会，从山西太原专程赶来的周勉德，临走时居然号啕大哭。不久就传来他遇车祸去世的噩耗，令人扼腕叹息。自然规律是不可抗拒的，“江山代有人才出，各领风骚数百年”。希望老同志安享晚年，后来者继续传统，形成持续的研究能力，使学会不断进步。

进讲师团，讲管理学

20 世纪 80 年代初有几本畅销书，包括托夫勒的《第三次浪潮》、奈斯比特的《大趋势》，在中国产生了巨大的反响。这几本书促使当时出现了学习新技术革命的浪潮，党中央也提出了要研究新技术革命及其对策。由中国科协有关部门出面，组织了一些科学学工作者，成立了讲师团，我也是其中一员。除了上述书以外，胡耀邦同志还向全党推荐了《激荡百年史》《有效的管理者》书籍。读了这些书，确实使我们耳目一新。像著名未来学家奈斯比特当年预见的网络技术，今天已经实现。有意思的是 2007 年春天，78 岁高龄的奈斯比特和夫人拿着他的新作《定见》来北京时，当年倡导新技术革命的原国家科委副主任吴明瑜邀我到京和奈斯比特对话。这一节目在著名电视读书栏目中播出，编导们对我的对话颇为满意。只是有一件事不太让人愉快的是，我专程坐飞机来北京对话，对话结束后，负责组织活动的某企业老总连问都不问一句我吃饭没有，就和美女主持共进午餐去了。还是我们学会的一位年轻理事接我出去吃饭。

当时湖北省为应对新技术革命挑战也十分积极，由省科委、省科协组织了宣讲队伍，我当时是省科协常委、省社联委员，还担任中共湖北省委研究室特约研究员，武汉市人民政府咨询委员，在湖北、武汉有一定的知名度。正如当时一位省委副秘书长说的："张碧晖，湖北省认识你的人不多，但知道你的人

2005 年访问匈牙利时，在国际计量科学权威布劳温办公室。

不少。”省里有关部门有一段时间组织我和武汉大学经济学教授伍新木、华中农业大学农经系教授李卫武到各地宣讲。伍新木、李卫武两位教授讲课时，都是语不惊人死不休。例如，伍新木教授在黄冈地区做报告，说黄冈地区“人不杰、地不灵，只有靠新技术才能把经济搞上去”。一时举座皆惊，显然是和多地都说自己是“人杰地灵”讲反调。李卫武教授也是口若悬河，把新技术革命下的新农村前景说的活灵活现。实事求是地说，我们的报告在各地都引起了强烈的反响，与当时的大环境、大背景有关。十一届三中全会以后，人们要求改革、要求开放。国门一旦打开，多少新鲜事物涌进来，使人们目不暇接，迫切要求搞清楚，我们为什么穷？发达国家为什么富？我们有什么办法赶上去？新技术革命下我们的对策成为人们首先是各级干部和科技人员要思考的问题。我们的讲座顺应了这个要求，也就是说有市场需求。加上我们做了充分准备，又能联系各地的实际，因而收到了很好的效果。记得我在湖北咸宁地区作完报告后，一位农业技术人员给我写了一封长信，说我的报告太及时了，如能按报告中所说的做，咸宁地区的发展应该很快搞上去，并且还给我提供了该地区农业方面的许多资料。看到这样的信，我们是很兴奋的，觉得我们的努力没有白费，是有意义的。

我当时还参加国家有关部门组织的讲座，印象深的有两次。一次是民盟中央在辽宁举办学习班，参加的有民盟各省、市负责人。第一讲当然是民盟中央主席费孝通先生，我是放在最后一讲，题目是“决策科学化”。我当时讲得比较开放，以至于听完演讲后，一些听讲者认为我肯定不是共产党员，一定也是个民主党派，当场就有人要求将我的讲课录音整理出来。另外一次是福建省委组织的报告会，当时中国科协讲师团是在中国科协书记田夫带领下，讲师团去了不少人。其中冯之浚和我的报告扩大范围，改在一个大礼堂进行，听众达一二千人。反响也非常好，省和科协几位领导给我们很好的评价。我们之间也互相学习，冯之浚做报告时，我去听了，学到不少东西。我做报告时，冯之浚也派他的助手，后来当了苏州铁道学院院长的一位教授来听。

我还被邀请到其他一些省、市做报告，除了前面说的和郑慕琦大姐应湖南省政协邀请到长沙讲座一周外，1982 年，我还到贵州讲学半个月。先后在贵阳、铜仁、安顺、兴义、凯里等地讲学。记得到铜仁地区时，地区宣传部一位中年女同志乘一部北京吉普车到火车站迎接我，吉普车挂着一个条幅，上面写着“热烈欢迎张碧晖专家来铜仁讲学!”我当时四十刚出头，样子比较年轻，穿的又随意，可能不像他们想象的专家学者。那位女干部看到我后一脸的疑虑，认真地要我拿出身份证来看一看。等到验明正身后，才笑容可掬地请我上车。听过报告后更是向我道歉，说怕遇到假专家是因为过去曾经受过骗。兴义地区是云、贵、川交界的地方，一路上都是盘山公路，非常险要。我们在路上就看到好几起车祸。到了兴义，当地的领导十分感动，说我们这个地方省里的人都很少来，你一个全国的专家，居然冒险来我们这里讲课，我们很高兴。我还和当地干部探讨，不能说贵州“人不杰、地不灵”。据说新中国成立前国民党30多名中央常委中有10名来自贵州，何应钦就是兴义人。贵州的生态环境也保护得不错，我还抽空到黄果树瀑布去看了一下，确实壮观。我在湖南零陵地区即现在的永州市讲课时，当地报纸头版刊登我讲课的消息。大概是1987年，内蒙古自治区委组织部、区科委组织比较系统的讲座，我到内蒙古的呼和浩特、包头、乌海等地讲学半个月。当时，原武汉市委书记王群同志已调任内蒙古自治区党委书记。我感谢他曾邀我到武汉市政府任职，要求拜访他。王群同志在当天晚上率自治区党委秘书长、自治区区委常委、区科委主任宴请我。这也是我第一次到内蒙古，除了讲课外，也参观了成陵、昭君墓等古迹。内蒙古的奶茶、羊肉也给我留下了美好的回忆。

新开发区，武汉为先

20世纪80年代初，邓小平高瞻远瞩地提出“科学技术是生产力”的论断，在“新技术革命及其对策”的热烈讨论中，一些科学家在思考我国科技经济发展的战略思想和对策。1984年年初，我和当时在武汉城建学院的青年老师张在元通过《湖北内参》，提出在武汉东湖地区建设“珞瑜科学城”的设想。张在元比我小10岁，但思想很活跃。当时我还想把他调入华中工学院，但华工没有同意。后来武汉大学校长刘道玉慧眼视才，将他调入武汉大学筹建建筑系。历经千辛万苦，得到钱学森的支持，终于在当时这所以文理为主的综合大学里建起了建筑系。后来张在元东渡日本进修，成为香港大学研究员，获得多项建筑奖，成为中国一级注册建筑师，还是广州生物岛的首席设计师。2004年他在广州自己公司的写字楼里请我吃饭，谈过办城市设计学院的设想。不久后才知道他回到武汉大学担任建筑设计学院院长。再后来又听说他得了类似剑桥大学霍金一样的怪病，网上的消息传得沸沸扬扬。我和张在元写了建议不久，时任湖北省科协书记曹野将武汉水利电力学院的叶念国教授、记者陈天生和我找来，一起研究，向国务院科技领导小组办公室建议，成立科研、生产联合体即武汉东湖智力开发联合公司。1984年3月26日，该小组办公室主任、后任湖北省省长的郭树言通知我们，这个建议已经批准了。也就在这一天，由中国科学院赵文彦、陈益升等五位科学工作者提出“充分开发中关村地区智力

1992 年陪同国家科委前副主任李绪鄂（右二）考察。

资源、发展高技术密集区”的设想，载于1984年4月4日《经济参考》报上。此后，北京、上海、武汉、南京、广州等一些智力密集的城市都把试办“城市技术经济密集小区”作为新技术革命对策的主要内容。

对于武汉东湖新技术开发区的提出，除了我和张在元给湖北省委的建议外，还有两部分人也提过这样的建议。一部分是以刘道玉为首的武汉市咨询委员会的专家们，他们进行过相关的建议和论证；另一部分是参加当时省科协大会的代表们，主要是留学美国回来的学者。但是，作为东湖新技术开发区的雏形也就是获批的东湖智力开发联合公司，主要是由曹野、叶念国和我操办，当时也算改革风云人物的光明日报记者陈天生也参加了许多工作。这里还要特别提到的是胡耀邦同志的长子胡德平。胡德平当时是中央驻湖北整党领导小组成员，他特别重视东湖新技术开发区的建设，多次找我们了解情况，后来他在《中国为什么要改革——回忆父亲胡耀邦》一书中披露了胡耀邦在20世纪80年代初支持高新技术产业的事。他回北京休假时，他还带我找当时国务院副秘书长李灏同志，找外经部同志争取公司的外资权。我们两个人是骑着自行车跑中南海和外经部的，中午饿了，到附近的小餐馆一人吃了一碗朝鲜冷面。由于他的重视，开发区的事也引起了湖北省委、省政府的注意。我曾经分别向当时的省委书记关广富和省长黄知真汇报过，也得到了他们的支持。东湖智力开发联合公司在国务院科技领导小组办公室和省政府批准成立后，公司举行了盛大的成立大会。后来，由于复杂的政治形势，加上公司人员鱼龙混杂，这种超前事物必然会碰得头破血流，公司面临一系列清查最后垮台了。后来，我和胡德平同志仍有些联系。记得1988年夏天，他那时在中共中央统战部任局长。有一天，他请原上海市委组织部长周克、民盟中央副主席冯之浚以及时任上海市委宣传部副部长刘吉和我吃饭，就在统战部食堂用餐。我们都很关心耀邦同志的身体，特别是周克同志，他在解放战争前任苏南地区书记，是对解放上海立过功的老同志，后来因为不满柯庆施“左”的作风，遭受打击，是耀邦同志给他落实了政策，因此更是动了真情。我们都希望耀邦同志保重身体，后来听说胡德平将大家的关心详细转告了耀邦同志。除了1989年去悼念耀邦同志外，我之前还去过耀邦同志家一次，那时胡德平在湖北联络组，他听说我要去北京出差，要我带一点东西去他们家。那时他们还住在富强胡同6号，我送完东西即离开了。胡耀邦同志逝世祭奠时，我在北京，曾去灵堂拜祭。

1984年9月20日，中央批准武汉市经济体制改革试点实施方案，提出把大专院校、科研院所集中的东湖地区办成科研、教育、经济相结合的知识密集小区，实行特殊政策，开发新兴产业。这一年年底，武汉市人民政府成立东湖技术密集小区规划办公室，后改为东湖新技术开发区管理办公室。也就是说，东湖新技术开发区转为武汉市领导了。虽然后来也提到过省、市共管，如由省政府一位副秘书长兼任领导小组副组长，但也只是挂名而已。当时的体制下，凡有大城市的省、市都有矛盾，不可能共管。那时大城市的开发区一般都接受属地科委的领导。在武汉市，最初的东湖新技术开发区的办公室主任由市科委一位副主任兼任。这位副主任对开发区比较熟悉，开发区的工作也搞得不错，像孵化器工作在全国也走在开发区的前面。

后来，市委、市政府任命我兼任东湖新技术开发区领导小组副组长兼开发区办公室主任。既管科委，又管开发区，内部矛盾少了，权力也大了。但我内心深处是不愿这样干的。不是我不喜欢，也不是我不懂。我在国内是较早提出新技术开发区的，我曾经在英国引进了被中央领导重视的《剑桥现象》一书并组织翻译出版。1989年又率团参加了在美国旧金山召开的国际科学园区年会，不仅参观了硅谷的发祥地斯坦福大学，还访问了美国科学园区研究会总部。1991年还和日本科技厅的园区专家进行了交流。正因为了解世界各国的情况，我认为我们是在没有搞清楚何谓科技园区的情况下，来大办新技术开发区的，而且许多地方领导是把开发区作为政绩工程来办的。而这一点，我是不可能合拍的。果然，和领导的矛盾产生了。本来按照规定，开发区的税收要用来搞开发区的基础设施建设，但在市政府主要领导的授意下，却用来兼并破产企业，用来补发这些企业的工人工资，这和开发区的原旨是南辕北辙。又如后来为了显示政绩工程，好大喜功，把在东湖旁边的大型国有公司的产值也算在开发区的总产值里面。这个时候，只要开有关科技开发区的会议，领导总是对我旁敲侧击。这很明显，于是我主动提出辞去东湖开发区主任一职。当时分管高新技术开发区原国家科委常务副主任李绪鄂闻讯立即从海南赶回来，想阻止这一决定，但市主要领导决意已定，有意回避了李主任。后来，开发区归市政府直属领导，连国务院规定的“业务上受同级科委指导”也不要了。我离开武汉后，东湖开发区变成副市级单位，更是“鸟枪换炮”了。

在国家高级教育行政学院学习。

振荡原理，当上领导

20 世纪 80 年代初，我在学术活动中较为活跃，除了开会和发表文章外，也在一些干部培训会上讲课。这个时候，湖北省科协党组书记曹野不知从什么地方知道我，经常约见我。曹野是一位开明的老干部，也是一位传奇式的人物。他三十多岁担任沙市市委书记，把沙市的经济搞得热火朝天。闻名遐迩的“活力 28”洗衣粉、“荆江牌”热水瓶，还有床单都是当年沙市的拳头产品，行销全国。“文化大革命”后期，他任襄樊地委书记，在全国首先落实知识分子政策，给工程师家里送煤气罐，一时传为佳话。他在咸宁地区主政时，从上海引进工程师，调整产业结构，使经济有了新的增长点。在黄石市任副市长时，解决了长期不能解决的乘车难问题。曹野是一位实干和有魄力的领导干部，这一方面也使他成为有争议的干部。因为他愿意改革，敢为人先。据说“文革”后期，曾准备提他到国家计委任职，不知什么原因未调成。1983 年，曹野调任省科协党组书记，首先要筹备新的科协代表大会。他第一次找我，就是要我看看对会议的主报告有什么意见。报告是由省内一位小有名气的作家起草的，文笔华丽，结构也严谨。但我当时也是年轻，开门见山地就说这个报告要重新改写，提了一个颠覆性的意见。我说现在是新技术革命时期，要深刻认识科技是生产力，把经济搞上去。科协要利用自己的优势，调动全省科技人员的积极性，为湖北经济发展做贡献。曹野同志很重视我的意见，由我和其他几位同志重新起草了报告。我当时只是一名青年教师，曹野礼贤下士，真是很难得。

不久，曹野突然向华中工学院提出，要调我到省科协任党组成员兼专职副主席。我听后感到很惊讶，要把我从一位普通讲师提到副厅级岗位，这胆子也真够大了。这个商调函到了华工，学校党委也感到意外，怎么学院有一个这样的人。当时的老院长也是党委书记的朱九思，本来对我并不熟悉，但他非常重才。“文革”后期，一些单位包括大学不重视的知识分子，纷纷调走科技人员，他却从这些离散的人员调进了600多名教师，其中许多人很好地发挥了作用，有的在国外还扬了名。他看到省科协这样重视我，他就不肯放我走。决定留下来给予重用。于是不久，院党委任命我为院副秘书长。华中工学院历史上还从未有过副秘书长，这显然是因人设岗。说老实话，这个副秘书长是什么级别我也没有搞清楚。开始我也没有急着去报到，后来在朱九思催促下才去上班。我和秘书长姚启和在一个办公室，姚启和年轻时就跟华工老党委书记当秘书，虽然没有学历，但文笔很好，学院的文件大部分出自他手。开始也没有什么事，看看文件，后来也写写报告，或接受领导交办的事。朱九思每天总要跑到我们办公室来交办任务，一来姚启和就马上站起来，我也跟着站起来。后来我觉得这样不行，此后，朱九思一来，姚启和还是站起来，我则照常做我的事。那时党委办公室有位陈小娅（后来当了教育部副部长、科技部副部长）和外事办的牟丽亚，有时也来，碰上朱九思，他们较为活跃，讲讲话，我有时也开开玩笑。有一次，华中工学院要到教育部争取一个光盘的项目，这在当时国内是很先进的。报告由办公室和科研处共同草拟，写了几次，在朱九思那里就是通不过。朱九思对我说：“你来写吧！”我花了两个小时，将报告写好了，当时朱九思还在打点滴。他看后说：“打印吧。”这个项目，我院的竞争对手是清华大学。我在报告中主要说了我们搞这个项目的优势，而对比清华如何不行。这个项目是争取到了，但报告写得有点刻薄。此后，朱九思找我的次数多了。有一天晚上，他交办一个事，十分钟里来了三个电话，我也慢慢地了解了朱九思。著名的美国伯克利大学校长田长霖曾在我校做报告，说朱九思是中国大学校长中权力最大的校长。他对教育的贡献，我认为一是在中国较早提出大学要克服苏联的影响，应该办一批理工文管相结合的综合性大学。二是提出科研要走在教学的前面。我在翻阅老的《大参考》时，发现他对科技信息很关心。他曾在一则有关激光消息上划下记号。后来他在华工办起了激光专业，从美国引进顶尖人才，使华工的激光专业实验室成为最早的国家重点实验室。

我能从一个讲师提升为院副秘书长，主要是省科协书记曹野提出要我当科协副主席。这种有如水涨船高的振荡效应为我的升职提供了平台，也提高了我的知名度。到 1984 年年底，教育部来处理学院领导班子换届，我意外地当选为学院党委副书记。我当年只有四十出头，据说这是教育部直属 36 所重点院校中最年轻的领导成员。学院一时舆论哗然，说什么话的人都有。正面的有使年轻人眼前一亮，说这是破格选人的年代。而有些人看我长得年轻，就说我是“工农兵学员”。有的人则很不服气。这就注定了我今后的日子不会好过。而我又不愿甘当“小媳妇”，也不准备熬成“婆”。该说的则说，该做的则做。其实，我在班子里权最小，除了管党委机关外，就是分管学生工作，还只管学生思想工作，其他如招生和毕业生分配都不归我管。但我的思想工作做得有声有色。当时的学生“第二课堂”很活跃，我经常深入到学生中去，有时还和学生对话，学生很喜欢我。我的一篇《洒向人间都是爱》文章被大报刊登，影响很大。《光明日报》在一则消息中还说：“华中工学院党委副书记张碧晖说，思想工作要多一点人情味。”这在当时是够大胆的，也是很超前的。1985 年，我们学院 3000 多名学生曾包围行政大楼，书记、院长被轰下台，我请示领导后上去讲了三句话，学生立即散去了。事后，一些教师说，好在班子中有一个“明白人”，这也埋下了主要领导不喜欢我的情绪。后来，经常有咄咄怪事出现。外面有些会，党委书记经常叫我代他去开。可是，在一些干部会上，有些人没有看到我，就说我到外面讲课“捞外快”去了，领导也不解释一句。学院建了几十套教授楼，每套大约 120 平方米。新班子多数人认为自己也是从教师岗位上来的，不同意建书记楼、院长楼，就和教授一起排队分。我的名字排在约 20 名左右。我爱人要我不参加分房，她说：“你这么年轻，很多教授都是你的老师，怎么住？”我在班子开会时表示按副教授级别分。结果都说不行，说你唱高调，我们怎么办？最后党委书记也要我顾全大局，还是参加分。

我特意选了一个靠西晒的房子，因为在武汉这个“火炉”的地方，西晒是不好的房子。听说住在我楼上和楼下的教授都有意见。在党委换届选举时，院行政主要领导几乎在每个代表团讨论候选人时，不管代表有没有提到我，都说我分房子和到外面讲课影响不好。加上当时电子工业部部长李铁映要调我到电子工业部当司长，有人又散布消息出去，说我是“飞鸽牌”，终于在换届差额选举中以两票之差落选了。李铁映是学者型官员。在辽宁任职时，曾是我们中国科学学与科技政策研究会副理事长，一起开过几次会就认识了。受 1987 年全国软科学工作座谈会影响，时任电子工业部部长的李铁映决定在部内成立条例法规司。在学会一些专家的推荐下，决定调我去任司长，不久还发了商调函。但在华中工学院的反对下，最终未能调成。

我落选后，许多高校的领导来电慰问，武汉大学原校长刘道玉也是时任武汉市政府咨询委员会主任，向市领导推荐我。不久，市委王群书记找我谈话，要我先当市科委主任。我当时婉拒了他们的好意，说用下台干部对你们可能产生不利影响。后来，他们又两次要我去市里工作，真可谓“三顾茅庐”。我 1990 年提升教授后，当了市科委主任兼党组书记，还被选为中共武汉市委委员，兼任武汉东湖新技术开发区领导小组副组长兼办公室主任。

小荷露尖，壮志不已

1984年年底，教育部对华中工学院领导班子进行调整，在学校震动很大，它标志着一个时代的结束，一个新时代的开始。华中工学院历史并不长，是1952年全国高校院系调整时成立的。三十多年来，著名物理学家查谦教授当过几年院长，湖北省委原副书记彭天琦曾主持过一段党委工作。但学院真正的创建者是朱九思，建校时，他从湖南省教育厅副厅长任上调来筹建学院，并被任命为副院长。1961年转任党委书记，“文革”后任书记兼院长，三十多年实际上是朱九思时代。应该说，华中工学院的基础是这个时候打下的。到20世纪80年代初，华中工学院已经颇有名气，特别是在教育改革方面走在全国高校的前列。这次班子的调整幅度很大，除朱九思任常委兼名誉院长外，老班子只留下原党委副书兼副院长王树仁和原主持总务的副院长孙宝库。新任党委书记李德焕原是机械系党总支书记。院长黄树槐是机械系教授，任院长前当了半年教务处长。分管教务的副院长钟伟芳原本是力学教授。分管人事的副院长李振民是从出版社社长上来的。原秘书长姚启和当了管行政的副院长，我当分管思想工作的副书记。班子中还空缺一名，后来无线电系的朱耀庭从美国进修回来补上去了。

新班子上任后，主要着力调整中层和各系的领导班子。学校近百个中层处室和系、研究所，牵涉到几百人的安排。当然有些单位是微调，新班子成员又多数是从基层上来的，对情况不甚了解，难免有乱点鸳鸯谱的情况。老院长朱九思几十年主政，对华工的干部是了如指掌，但这个时候他还是冷静听取大家的意见，一般不谈也不坚持自己的意见，位置摆得比较正，这一段时间里班子还是和谐的。我对全院干部情况更不了解，一般不多发表意见。但为了化解自然辩证法研究室的矛盾，我提议三位室领导分别担任教务处、科研处和出版社的副职，这个意见也得到了分管领导也是原来自然辩证法研究室主任姚启和的赞同，结果自然辩证法研究室也安定了一段时间。新班子在调整中层干部的同时，也试图改革管理体制，颁布了《关于扩大系的职权，实行分级管理的改革措施》的相关意见，另外新班子确立了减少招生人数，注重提高教学质量；加快住房建设，改善工作和生活条件等工作方针。与我工作有关的是加强思想工作，重视学风建设。这方面当然有不同的理解，改革开放的大环境确实使我们要反思以往的思想工作模式。过去，社会上对华工的反映也是很形象，一方面是华工校风好，有“学在华工”的美称；另外一方面则是华工管理过严，简直就是“神学院”，据说男生不能到女生宿舍就是华工的发明。在这种情况下，我处在风口浪尖上。我不赞成用管中学生的办法来管大学生，我在国外也了解到他们在大学生中开展心理辅导并提供选修课程，并提供就业指导等活动。

这个时候，院长提出了一些自己的看法。在《缩影——华中理工大学的四十年》一书中是这样写的，“院长根据学生部长反映‘对学生管得过严不利于人才成长’的意见，提出应该让‘学生自己教育自己、自己管理自己’。在（1985 年）在 3 月 30 日召开的全校学生大会上，他宣布学生可以不听课，可以跳舞，可以谈恋爱；并宣布取消班主任制度……造成混乱，使得从 1985 年 3 月起的一段时间里，学风出现了一些情况：旷课成风，打扑克成风，早晨不起床，晚上不熄灯……以致酿成 10 月 18 日下午有少数学生在校园里游行示威的事件。这是建校 30 多年来学校从未出现过的。”我不完全同意这样的批评，据说后来院长为此事找过教育部有关负责同志，并流着眼泪说自己是冤枉的。但是，他工作中也确存在某些不严肃、随意性强等问题。

由于我调进学校时间不长，又是从讲师到院副秘书长，不到半年又提为党委副书记，学院许多人并不了解我。但我在党委的两年时间里，有几件事还是给大家留下了深刻的印象。例如，我对负责学生工作的各级领导，耐心说服，主张思想工作要多一点人情味。将多年不准“跳交谊舞”开禁，对原来“两不准（不准恋爱、不准结婚）”采取宽容、开放的态度。1985 年初冬，对学院三千学生游行的事情进行了妥善处理。我还为思想工作系统和机关干部分别进行过两次演讲，一次是如何搞好思想工作，一次是高等教育与决策科学化，均得到很好的效果。

党委书记可能觉得我有些理论功底，社会交往能力还行，因此两年中经常将到外面开会和接待的任务交给我，我曾代表学校接待过中央领导方毅、王任重、宋健和朱厚泽。主管科教的中央政治局原委员方毅温文儒雅，说话不多，我们都知道他字写得好，向他索墨宝。他欣然同意，书写了“朝气蓬勃”几个大字，确实字如其人。王任重原是湖北省委的老书记，对华工很熟悉，我当学生时，他就曾在学院文娱晚会上拉过胡琴。这次王任重是以全国人大常委会副委员长的身份来视察，除了汇报工作外，主要看看科研项目。学校安排他去看马毓义教授的燃烧试验室。马教授是我国首批博士生导师，曾任学院副院长，科研成果突出，他主持的“钝体稳燃器及燃烧理论的研究”获国家“六五”重大科技攻关奖，他主持的“劣质煤燃烧理论”在湖北、湖南、江西等 13 个省（区）推广应用，为节约能源开辟了新的途径。我后来调广东工作后，他在已望九之年还给我写信，要我回华工聚聚。后来他仙逝，我又迟迟才收到消息，不能送他一程，成为一个遗憾。接待王任重同志也很简单，他看完后也不吃饭，很快回省委去了。接待时任中共中央宣传部部长朱厚泽同志是大约在 1986 年前后，是他上任不久。我也见过一些中央领导，但朱厚泽同志是我见过的一位最朴素、最和蔼可亲的领导同志。他到学校，在参观时看得很仔细，除了问一些问题外，说话不多。我们在学校招待所请他吃饭，也有说有笑。朱厚泽同志在武汉对湖北省宣传干部进行过一次讲话，我也去听了。印象最深的是，他除了讲“宽容、宽厚和宽松”外，还讲宣传部门的工作一要为经济建设服务，二要创造一个有利于发展社会经济的良好环境。

我也代表学校参加了一些重要会议，如 1986 年的湖北省委扩大会，会议时间近10天，当时的中央领导还接见了会议代表。大约是1985年，时任罗马尼亚总统齐奥赛斯库访问武汉，时任中央总书记胡耀邦同志陪同，那天一睹耀邦同志的风采，他讲话热情洋溢，许多都是排比句，将会议的气氛推向高潮。印象最深的一次会议是1985年，参加中共中央办公厅、国务院办公厅联合召开的全国28所重点大学思想工作座谈会。会议头几天是交流工作情况和经验，当时在团中央工作的李克强同志也是我们这个小组的。会议结束前一天，在中南海召开总结会。会议由时任国务院副总理兼国家教委主任李鹏主持，时任中共中央政治局常委胡启立同志参加。参加会议的还有时任中共中央宣传部长朱厚泽、时任公安部部长阮崇武、时任北京市委副书记以及教育部全体领导。李鹏同志首先说，前四十分钟请大家发言。会议冷场了几分钟，我本来也没有准备发言，也没有稿子。一看冷场了，我就站起来发言。我发言的大意是：党中央、国务院重视学生思想工作是很必要的。但现在各方面情况发生了很大变化，要研究新形势下思想工作如何适应，不能老一套。青年学生“涉世浅心比天高”，光靠说教可能不行了。同时，我也反映了基层政治思想工作者的心声。李鹏同志看起来在做笔记，他插话说：“你讲青年人‘涉世浅心比天高’，讲得不错”。我发言后，有些领导特别是国家教委的领导们都转过头来看我，可能觉得我有勇气吧。我发言后，才有一位上海的大学党委书记起来拿着本子发言，后来这位书记当了上海市政协的主要领导。那天发言的人不多，毕竟只有四十分钟。最后，胡启立同志进行总结讲话。周而复同志的问题就是那天提出来的，气氛还是有一点紧张。其实，在中南海发言，也不表明什么。中南海，对中国老百姓而言曾经是十分神秘的地方，20世纪80年代初，中南海向公众开放，我曾经利用出差的机会，和几个同事弄到了几张票，参观游览了中南海。1983年，又和胡德平到中南海找过时任国务院副秘书长的李灏同志。后来当了武汉市科委主任，几次去过中南海，接受党和国家领导人的接见，紫光阁前照过相，后来也就不神秘了。

有封雅号，其实难副

1986 年召开全国软科学研究座谈会，我参加了筹备工作。当时由国家科委负责筹备，具体组织工作由吴明瑜同志主持。吴明瑜在科委有一批得力助手，包括笔杆子胡平，还有后来任国家海洋局局长的张登义、后来任科技日报社社长的张景安等。另外，冯之浚、刘吉和我等是外围辅助人员。筹备工作人员集中在燕京饭店，每天晚上都干到很晚，但大家讨论热烈，工作效率很高。

1986 年 7 月 31 日，全国软科学工作座谈会在北京举行，时任国务院副总理的万里同志做了题为《决策民主化和科学化是政治体制改革的一个重要课题》的重要讲话。时任国务委员宋健同志做了重要报告。丁关根、李铁映、马洪等领导以及来自国家机关和全国各研究机构、大专院校的三百多名专家和负责同志认真交流了经验，共同探讨了软科学研究的地位、作用、意义和任务等问题。这次会议的召开是我国软科学研究广泛进入各级各类决策领域的重要里程碑，也标志着我国软科学研究进入到一个新的发展阶段。那天的会议气氛很热烈，万里同志使人耳目一新的讲话让与会人员情绪激动。我记得很清楚，会议休息时间，正在和丁关根聊天的李铁映同志还和我说了几句话，主要是关于我的工作调动问题。

全国软科学工作座谈会后，一个重要的反响是几方面都想建立相应的研究机构。据我所知，钱学森同志想组建系统研究院，马洪同志想组建独立于中国科学院和中国社会科学院之外的第三科学院。而我们中国科协讲师团的同志则想建一个中国管理科学研究院。这三个想法的初衷都是想建成副部级单位，还是行政化的思维。当时赵红州同志建议，由时任中国科协书记田夫、时任民盟中央副主席冯之浚、时任上海市体制改革办副主任刘吉、时任天津《科学学与科学技术管理》杂志负责人何钟秀和我五个人，将成立中国管理科学研究院的请求上书给老一辈革命家陈云同志。陈云同志对万里的讲话很重视，据陈云同志的夫人、中共中央政策研究室的于若木同志说，陈云用放大镜分几次把万里的讲话看完了。陈云同志接到我们的报告后很慎重，派于若木找我们五个人进行调查。于若木真是沉得住气，她和我们接触了两天，几乎是一言不发，只是听我们讲，但在饭桌上还是很随便的。我知道她是营养学家，我那时刚刚看过一本有关微量元素与健康的书，有些问题向她请教，她还是乐于回答的。于若木和田夫很熟，田夫由于出身好，在“文革”中保护了一些老干部和老专家，所以组织上对田夫同志很信任。不久，陈云同志在我们的报告上做了重要批示。他是批给时任中共中央政治局委员兼组织部长宋平同志（后为中共中央政治局常委）的，认为这是一件有意义的事情，应予支持。宋平同志即批给了时任国务委员兼国家科委主任宋健同志。国家科委党组讨论后，首先请示中央领导同志，中央领导同志认为要改革现行行政体制，不同意再增加副部级单位。国家科委给了三条意见：一是挂靠中国科协；二是放在国家科委的科技促进中心内；三是成为民办研究机构。前两条，田夫同志都不同意。后来，我们经过认真讨论，决定走民办机构道路。当时，民营企业虽然异军突起，但民办研究机构在中国还是凤毛麟角，我们还是有点勇气，走上了一条改革的道路。后来又经过于若木同志的斡旋，时任国家计委副主任甘子玉同志特批了20万元作为开办费。由于当时软科学在全国很热，中国管理科学研究院在筹备过程中一直受到陈云同志的关注。陈云同志还写了朱熹的“半亩方塘一鉴开，天光云影共徘徊。问渠哪得清如许？为有源头活水来。”的条幅赠与田夫。当时，不少领导特别是一些退居二线的领导，对此事非常热情。田夫同志家里一时门庭若市，连曾任中共中央副主席的李德生将军也来过，那天正好我也在田夫家，李德生握着我的手说：“你们年轻人，大有希望啊！”当时我虽然已40多岁，但看起来还显得比较年轻。有一次在国宾馆开筹备会，来了一大批领导干部，有萧克、高扬、王忍之等几个人，田夫同志很兴奋，刚好于若木同志送来陈云同志的条幅。田夫反复看陈云题字，说会议请冯老主持，其实那时冯之浚也还不到50岁。会议还有个小插曲，龚育之同志的夫人，北京大学教授孙小礼在会上发言，说“我们北大有些老师对摸着石头过河搞改革不太理解”，我看到当时龚育之同志脸上有一惊的感觉。会后我对孙小礼同志说：“你不认识于若木吗？”因为这句话是邓小平、陈云认可的话，孙小礼说：“我认识，但这是我们北大的真实反映。”知识分子真是认真得可爱。

大的方向定下来了，但落实起来，成立这个研究院是非常艰难的。参加筹备的主要成员冯之浚、刘吉回上海去了，外地的田夫把何钟秀和我留下来。我和何钟秀的任务是完成研究院的报批手续，经常跑的地方是国家科委、国务院经济发展中心及民政等部门。为了提高效率，我们包了一部出租车，每天的费用是80元。当时还有人批评我们太奢侈了，说应该乘公共汽车去办事。其实，当时我在北京，每天的出行基本都是坐公共汽车，有一次坐车还碰到歌唱家关牧村，她那时还不是很有名。在一次去机场的大巴车上，碰到了鼎鼎大名演《杜鹃山》的杨春霞，那时没有追星的气氛，见到了也很平常。那位出租车司机很配合我们，有时一天可以找2～3个单位，效率很高。相处久了很亲切，我回武汉时，他有时还会买几斤北京的水蜜桃送给我。这些手续中最难办的就是研究院的挂靠问题，为此，我们常常到国务院经济发展中心找马洪、孙尚清等负责同志，有时候田夫同志也去。马洪同志几次提出来，我们要挂靠，除了要有章程外，研究院的院长要报他们批，而田夫同志不同意这个意见。田夫同志成立了一个由钱伟长任主席包括许多退休老干部和科学家组成的主席团，以保证田夫同志任院长的合法性，所以关于挂靠问题和马洪同志的交涉十分困难。

研究院的实质成员是赵红州、蒋国华等人。赵红州曾是北京大学物理系学生，分在中国科学院工作。他知识面宽，理论思维强。他不愿受旧体制的束缚，离开了原来的工作岗位。他也是中国科学学与政策研究会的创始者之一，而且是学会中最早有重要研究成果的学者。他运用日本“汤浅现象”提出了科学家的最佳创造年龄，他的《科学能力学》是学会最重要的研究成果。蒋国华清华大学毕业，是赵红州的追随者，蒋国华俄文基础没有忘，英文自学得也很好。他们两人合作得很好，很快和国外同行权威如马凯、普赖斯、加菲尔德、布劳温联系上了，对中国科学学的国际合作做出了重要贡献。他们俩都是脱离了“组织”，相当于科研游击队，是体制外的人，丢掉了“铁饭碗”，生活都缺乏保障。蒋国华住的真是寒舍，我去时看到他住的茅草屋，当时内心很震撼。正因为如此，他们两人都很在乎中国管理研究院，真正把这里当成自己的家。他们两人都不愿离开学问，因此请了中央党校的张永谦教授来研究院当秘书长。张永谦虽然出身高干家庭，但也一生坎坷。他曾参加过抗美援朝，“反右”时受过难，后来在中国科技大学从实验员做起，自学成才，改革开放后在中央办公厅科技组工作。后在中央党校讲授哲学，不仅有理论，而且人脉广，应该说是研究院需要的人。工作人员中还有冯之浚的学生和文汇报老社长徐铸成的孙子。这几个年轻人都很机灵敏捷，工作效率高，在张永谦的领导下，干劲都很大，也很活跃。

虽然挂靠问题没有解决，但马洪他们也没有说不管，经过努力，中国管理科学研究院还是在 1987 年 7 月 1 日在北京召开了成立大会。开会那天在友谊宾馆，属一级保卫。时任全国人大常委会副委员长费孝通、时任政协副主席钱伟长以及钱三强、高扬，萧克等 50 余位部级领导参加，加上其他来宾，接近 200 人，非常隆重。但是在开会前发生了紧急情况，当时任国务院经济发展中心主任马洪看到标有“中国管理科学研究院成立大会”横幅时，表示他不能参加。他说这个院能否成立，国务院领导还未批准，他只能同意开筹备会。而当时研究院主席团主席钱伟长说，我们大家都很忙，没有时间又参加筹备会，将来又参加正式成立会，他也表示不干。当时的场面很紧张，于若木还和马洪争执起来。面对这种情况，我们几位大会组织者都懵了。当时也没有“紧急应对突发事件机制”的概念，田夫同志更是急得满头大汗。冯之浚问我怎么办？我镇定了一下说：“这么办吧，我们把会标改一下，改成‘中国管理科学研究院大会’。马洪同志可以理解为筹备大会，钱伟长可以理解为成立大会。”说完后大家破涕为笑，说“实在是高”。于是三下五除二很快就将会标改好，终于在热烈而隆重的气氛中圆满完成了中国管理科学研究院的成立大会。这是我一生中比较满意的一次危机处理，有人由此给了我一个“小诸葛”的雅号。此后，田夫同志逢人就说我是“小诸葛”，连龚育之和吴明瑜同志也这样叫我。

研究院非正常成立后，田夫同志任院长，冯之浚、刘吉、于若琳、张碧晖、赵红州、张永谦等任副院长，张永谦兼秘书长，蒋国华为副秘书长。除了主席团以外，还有学术委员会等，其中竟然请到龚育之同志为学术委员会主任。这个学术委员会阵容强大，有许多大专家在里面。后来研究院的一些同志也真是超前，竟然评了许多人是研究员、副研究员。后来我看到许多人递上的名片，都赫然写上中国管理研究院研究员或副研究员。他们哪里知道，这种职称国家是不承认的，后来，龚育之同志任中宣部副部长，他也征求了我的意见，辞去了学术委员会主任，由大数学家乌家培接任。当时，研究院的主要成员在定位等一系列问题上还是有共识的。定位主要集中于三个目标：一是全国的讲师团，宣传管理科学；二是成为智囊机构；三是将软科学硬化，形成咨询产业。赵红州还经常强调研究院要成为“无形学院”，因此提出了许多新思维。例如要把研究院办成“小机构、大网络”，要成为“铁打的江山流水的兵”等。应该说，这些想法是好的。但是中国管理科学研究院毕竟冲不破旧体制的束缚，同时也免不了传统发展的老套路，加上长期解决不了时下必须依赖的挂靠问题。一些有志之士不可能冒不要单位的风险，投入进去。如我们几位倡导者都有自己很重要的工作，后来基本上都和研究院切断了联系。我自己在这方面是有深刻体会的，筹备研究院时，我正担任华中工学院党委副书记，分管学生思想工作，当时的华中工学院有学生13000人，人数比北大、清华还要多，可见我的工作有多繁忙。但我在北京常常一待就是十来天，刚回到武汉学校，田夫同志又打电话要我去北京。结果学校都在传我到北京讲课“捞外快”。虽然这一年在院党委换届中落选不能全怪这些，但也是一个重要原因。另外，当时研究院自己还未站住脚，经费没有固定来源，工作人员报酬也没有着落，就成立了几十个研究所，许多所甚至是光杆司令，毫无研究条件。后来，全国各省市也纷纷办起了分院，一时热闹非凡。但是在研究院，从上到下都认为这是大好形势，对冲着中国管理研究院这块牌子来的人毫不分析，一概收编。这样局面很快就失控，下面的研究所和分院做什么，都不能管控，有的违反了有关规定，因此受到有关部门的批评。从研究院到下面的研究所，分院领导和成员像走马灯似地变换，也为内耗和激化矛盾造就了条件。听说近几年，内部也是官司不断，曾经有一位在政府机关任职的同志还向我了解过一些情况，认为我讲得比较客观。我还说过，现在有人写文章说当年是200多名软科学工作者向陈云同志上书才成立的，完全是不符合历史事实的。

当然，不能以成败论英雄，中国管理科学研究院的成立确实是一次大胆的探索。二十多年后，在《科学学研究》讨论科技改革三十年的笔谈中，我写了一篇《那也是一段激情燃烧的岁月》的文章。文章说："改革开放已经三十年了，当年的弄潮儿、践行者都在说：那时我们为什么要改革？为什么有那么大的热情？……觉得管理不善、决策不当，使得我们效率低、发展慢，跟国外发达国家的差距越来越大，不改革不行。"作为改革的探索，中国管理科学研究院的成立，首先是勇敢地走了民营之路；其次触及了政治改革的重要内容，形成最高决策层和学界的良性互动；最后是提出了咨询机构和咨询产业的课题。中国管理科学研究院在求生存的困难时期，在以赵红州为代表的学者努力下，也做出了不少的成绩，如1987年利用计量科学原理对我国大学进行了初步的排名评估，是继美国、英国之后世界上第三个对大学进行评价的国家。出版了一批交叉学科学术著作，宣传了科学管理、科学精神，历史将记住这些有意义的工作。

我后来工作几次变动，但田夫、赵红州等和我常保持联系，田夫同志还曾到我工作的广州番禺职业技术学院来看过我，并和我谈过要共同把研究院办下去的意愿。赵红州和我一直有联系，他还不时给我一些条幅。他生活清苦，操劳过度，最后得肺癌住院，去世前两天，我还在广州和他通过电话。他英年早逝，我们所有和他同行的人都感到十分惋惜。

崭露头角，登上大报

《人民日报》是党中央机关报，文章要上《人民日报》，也不是一件简单的事。但在20世纪80年代，该报却登过我的两篇文章和 篇附有照片的采访。

一篇是1981年年初，我所在的大学背后山上起火，由于有关部门相互推诿，延误了救火时间，群众自己发动起来才把火灭掉。我刚上小学三年级的小儿子也参加了救火行动，回来后把这件事告诉了我。我有感而发，写了一篇只有六七百字的短文《火的考验》，登在《人民日报》的副刊上。文章登出后，单位同事还笑我又登了一个“豆腐块”文章。后来，我在上海《文汇报》工作的一位朋友告诉我，说老一辈无产阶级革命家陈云同志对我的文章有批示。我找到刊有陈云同志批示的内部刊物，原来陈云同志在这一年的一月份对《人民日报》的文章进行了仔细研究，阅读后说这个月有两篇文章很好。一篇是一位记者反映某市一个医院管理混乱，人满为患，写了一篇《病人只好住旅馆》的文章。另一篇就是我写的《火的考验》，大意说两篇文章虽然不长，但都切中了时弊。

另一篇是1987年初，当时党中央发生重大人事异动。这一天《人民日报》头版头条刊登重要报道，要求全党全国人民要和党中央保持一致。而在头版的左下角《今日谈》则刊登了我的文章《英雄和模范打架》。看了这篇文章，我差点吓出一身冷汗。文章写道，一个县委办公室里面挂满了奖旗奖状。其中两面奖旗令人啼笑皆非，一面写着“围湖造田的英雄”，一面写着“退湖还田的模范”。说造成这样的局面主要是这个县的干部跟风。这篇文章要在平日登也没有什么问题，而这一天登，对着头版头条文章对照，使人有许多想象的空间，问题就大了。当时我正好在北京，一些北京的学界朋友包括一些高层人士，都纷纷找我，问我发表这篇文章有什么来头，还说这篇文章要使我出名了。其实这篇文章是三个月前写好交《人民日报》的，三个月前的一天，我和《人民日报》驻湖北记者参加省里一个会议。会上一位领导人从头到尾念稿子，听得没劲，我们就在下面闲聊，这位记者讲了这件事。我也是有感而发，写了这篇只有500字的短文，交给了这位记者。他们早不发迟不发，选在这一天刊登出来，位置又那么特别，心里觉得很蹊跷，脑子里闪出了居心叵测的感觉。不过，毕竟党的十一届三中全会刚开不久，党内外提倡发扬民主，我并没有感到什么压力，后来的文章也没有因此被“封杀”。

1986年9月27日，《人民日报》驻湖北记者站记者龚达发同志在《人民日报》三版头条附有我的照片，写了一篇报道我的文章，题目是《不光要“诸葛亮”，还要“思想库”》，标题前面还加了小标题，“软科学专家张碧晖谈我国软科学人才培养”。文章说了我近年来的学术成果外，将我提出培养软科学人才的三个途径一一列出来：一是把软科学人才作为一种人才规划列入高等院校培养计划；二是对现有与国民经济、社会发展密切相关专业的学科结构进行改革；三是在各级领导干部特别是近几年从“硬专家”选拔上来的干部中，加紧普及软科学知识，把系统工程、决策科学、工程经济、现代管理作为必修课，提高整个决策层的决策水平。使他们尽快实现三个转变：从专家型向管理型转变，从低层次向高层次转变，从微观向宏观转变，使他们学会“懂全局、议大事、管本行”。文章还对大学管理专业的设置大胆提出了改革建议，即不同意在大学本科中招收管理专业学生。文章说：“一些大器晚成的专业如管理工程、决策经营等，应该停止招收高中毕业生，而主要通过双学位来培养。从事管理的人，经验比知识更重要。毫无实际经验的管理专业毕业生是搞不好管理的，现在大学包括众多的大专院校设了大量的管理专业，招收众多的学生，实在是误人子弟。国外为什么有MBA，就是理工科学生到社会上创业，结果缺乏管理知识，创业成功后，如美国麻省理工学院校友捐赠建了斯隆管理学院，设立了MBA（管理硕士）学位，主要进行案例教学，常常是800到上千个案例，涉及企业中决策、生产、成本、营销等所有在企业中碰到的问题。”这篇文章在社会上反响不错，但在我工作的单位上就炸开了“锅”。我们华中工学院是当时全国学生数最多的大学，还没有人的照片上过《人民日报》。我当时虽然任学院党委副书记，但职称还只是个讲师。一些人很不服气，说还只是个讲师，怎么能称为专家。现在我们知道，在一些发达国家，讲师只要有课题和经费，是可以带博士生的，怎么不是专家。我在20世纪70年代末就参与创建了科学学这门学科，80年代又参加筹备了全国软科学工作座谈会。写了不少书，有上百万字的文章和译著发表。讲来讲去，当时还是太冒尖了，到处讲课，文章不断见报，又是全国重点高校最年轻的领导干部，总会让一些人不舒服。所谓“木秀于林，风必摧之”，就是这个道理。

除了《人民日报》外，如《瞭望》杂志在刊登软科学讨论笔谈时，就将我的发言和费孝通的文稿放在一起。《光明日报》也在头版刊登过我的文章，我写的《从科学家到企业家》一文作为该报的《每周评论》刊登说的是要有懂企业的科学家和懂科技的企业家。《光明日报》也登过我的照片。有一次《光明日报》还专门登文，说“华中工学院党委副书记张碧晖说，思想工作要多一点人情味”。那是因为《科技日报》曾经刊登我的文章《洒向人间都是爱》，那是一篇反思思想工作的文章。这些在20世纪80年代的文章，在当时是耳目一新，反响很大，才有《光明日报》这样的新闻报道。《科技日报》还刊登了我的“开放呼唤技术经纪人”，类似这样的文章在《中国科技论坛》上进一步阐述过。这种思想在武汉市一次党代会上被领导采纳，《科技日报》进一步报道，说“武汉市科委关于技术经纪人的思想写进了市党代会的主报告”。上海《文汇报》也登过我一些文章，像“职业转移”等都是较新的提法。我的研究生以此作为毕业论文研究方向，获得了中国科协颁发的青年论文奖。《科技进步与马克思主义发展》在《文汇报》刊登后，被《人民日报》（海外版）转载，还是我在美国的一位学生告诉我的。1991年，我在《中国科技论坛》上发表了题为《科学活动中的越轨行为及其控制》的文章，恰逢这一年美国科学促进会（AAAS）年会的主题也是这个题目。时隔30年再次来看科研不端行为和学术诚信问题，仍有现实意义。

除了公开报刊外，一些重要内参也发表了我的一些观点。1984年3月5日，《湖北日报》“内参”刊登了我和张在元关于“建议建立珞瑜科学城”的消息。20世纪80年代初，党中央提出了新技术革命的挑战和我们的对策课题，激起了广大科技人员的积极性，也引起了政府的重视。早在1980年，北京中关村就有科技人员创办民办科技机构和企业。武汉市的院校和科研机构的科技人员特别是国外留学人员，都提出了要兴办类似美国硅谷和波士顿的开发区。我们正是归纳了这些科技人员的意见，写了上述建议。后来我到武汉科委工作时，曾经打破惯例，新华社驻湖北记者站将其写成内参，刊登在内参《动态情报》上。1992年，我参加国家科委组织的培训学习，到德国参加由马克思·普朗克研究所组织的培训。当时正值“两德统一”。来授课的女教授是原东德部长会议副主席兼经济部长，她曾经留学苏联，又有实际工作经验，讲得非常好。课后讨论时，我请她讲讲自由市场经济和社会市场经济的区别以及原东德在“两德统一”后怎样面向市场经济的问题。回国后，我写了一篇《东德从计划经济向市场经济过渡的经验教训》，被登在《内参》上发至中央各领导参阅。看来当时中央对这个问题比较重视，后来驻德国大使又就此展开，写了有关文章登在《大参考》上。

思想工作，努力创新

1986年夏天，湖北省高校工作委员会在咸宁市召开思想工作座谈会。省高校工委书记要我作一个发言，我也没有稿子，作了一个《洒向人间都是爱》的发言。发言说，为了保证改革和四化建设的顺利进行，造就良好的社会政治和心理环境，是当前思想政治工作的主要任务。思想工作要从防范纠偏到服务引导。发言说，开放、改革必然是众说纷纭，不要期望一呼百应，鸦雀无声。正如马克思所说："你们赞美大自然悦人心目的千变万化和无穷无尽的丰富宝藏，你们并不要求玫瑰花和紫罗兰散发出同样的芳香，但你们为什么却要求世界上丰富的东西——精神只能有一种存在形式呢?"思想政治工作的责任就是在众说纷纭中，择其善者而行之。发言说，缺乏民主，缺乏自由，不讲人道的"社会主义"怎么会有吸引力？这样的政治思想工作怎么会有好的形象。当时青年中流行的这个"热"、那个"热"，是他们在经历十年动乱，肆意侵犯人权和违反人道主义原则的冷酷现实后造成"情感饥饿"的结果。发展人与人之间平等、团结、友爱、互助的新型关系，应是思想政治工作的重要内容。如果人情味多一点，宽容一点，对群众多尊重，多亲近，多设身处地想想，许多事情就好办，许多消极因素就会转化为积极因素。

这篇发言稿后来登在《中国科技报》上，《高等教育研究》作了转载，影响比较大，除了《光明日报》作了报道外，北京的一些朋友认为这种提法很新颖，当时一般人是不太敢提的。我所在的大学反响强烈，许多学生说看了文章感到很亲切。一位有家庭矛盾的教师找到我，说“爱”什么时候洒到我们家。时任国家科委副主任吴明瑜在许多场合宣传我的“思想工作要多点人情味”。可是后来，这篇文章也惹来了麻烦。1989 年，有一位大学党委书记在省报上写文章，不指名地批判我的“洒向人间都是爱”的文章，说我的文章批判了所谓“左”的思想，似乎倡导不应讲阶级斗争了。后来不久，恰好上海有一部描写宋庆龄的电影，就叫《洒向人间都是爱》，片名题字还是中央主要领导。我的一位研究生看后很激动，要给党报写信，给予反击。我给拦下了，我说算了，这位党委书记实际上和我很熟，他刚从外地调到武汉，他甚至不知道这篇文章是我写的，可能听人家说了文章的观点，不过这也说明了这篇文章的影响之大。

我在分管政治思想工作时，有两个问题很棘手。一个是在我们华中工学院从 20 世纪 60 年代开始不准跳交谊舞，尤其是老领导很反对。有一次开党委常委会，气氛较好，我笑着对老领导说：“关于跳交谊舞的事，我们商榷一下。我认为跳交谊舞是个有利于身心的活动，组织得好，是社会主义精神文明的组成部分。”大家问怎么讲？我说：“你们想一想，如果哪位男生，不讲礼貌，不修边幅，不讲文明，肯定找不到舞伴。有舞场这种气氛，可以使男女学生更加文明，有风度，这种正当交流有利于学生的成长。”大家认为有道理，老领导也微笑了。我找团委准备，在一个周末开放了舞会。开放那一天，我还进了舞场，发现学生情绪很好，秩序井然。我因为不太会跳舞，没有上场跳一曲，至今仍感到遗憾。另一个问题是华中工学院在“文革”前有一个很有名的“两不准”规定，即学生在校期间，不准恋爱，不准结婚。当然也不只是在我校，其他学校也有这个规定，只不过华中工学院特别严，如违反“两不准”规定，一经发现，轻者毕业分配一南一北，重者要受到纪律处分。学生中抵触情绪较大，有的还告到了中央。应该说，过重的处罚也缺乏人情味，不能收到好的效果。物极必反，等我当党委副书记时，正是改革开放的年代，学生谈恋爱比比皆是。一些学生的亲昵表现，据南方来的人说，“超过了特区水平”。一些分管学生工作的党总支副书记纷纷到我这里来反映，强调要求进行处理，甚至要求重新规定“两不准”。对这些意见，我只是听，当时没有表态。我做了一些调查，并找一些学生谈话。有几位学生经常来找我，我特意不问他们是哪个班的，也不问他们的姓名。这使他们对我很信任，什么话都敢讲，包括他们在宿舍里的卧谈会都讲给我听。学生们都喜欢听我的课，特别是我长期兼研究生的课，他们和我较接近，反映的问题都比较客观。准备工作做好了，再召开思想工作干部大会，我专门谈了对大学生谈恋爱的看法。我说我经过调查，不能说谈恋爱的学生是不好的学生，谈恋爱的也有成绩很好的优秀学生。但学生毕竟精力有限，也有不少因谈恋爱影响学业的。青年人谈恋爱是很自然的事，规定不准是不行的。学生谈恋爱历来对我们政治思想工作是个挑战。但历史经验证明，对此事只能疏导，不能压制。棒打鸳鸯鸟，越打越坚强。我举了梁山伯、祝英台的例子，举了《九九艳阳天》里小班长和二妹子的故事，受到大多数与会者的认同，觉得讲得有道理。我还利用政治学习或团组织生活时间，下到学生班里，和他们平等地讨论和对话，大部分学生也有正确的认识。后来我落选后，听说继任领导还是采取压的做法，甚至晚上用手电筒去警示谈恋爱的学生，并未取得好的效果，相反学生们还怀念我的做法。

大学是青年学生学习知识的地方，也是塑造人格的场所。他们精力充沛，要举办丰富多彩的活动，吸引他们的精力有利于身心发展。改革开放初期，老院长朱九思将一大批国内外有名的专家聘为兼职教授，开阔人们的视野，扩大教师的知识。我自己深受教育，我当时才调入学校不久，正当壮年，也是精力充沛。我如饥似渴地游弋在知识的海洋。当时学生中也有第二课堂的提法，我主持学生工作不久，更强调了这项工作。记得 1985 年我所在的中国科学学与科技政策研究会在武汉召开年会之际，我将一些在高校任教的教授请到学校来，分别设立类似现在论坛的近 10 个会场，有近千名学生参加了讨论，几乎成了学院的学术节。平日，我们也和教务处合作，多开选修课。我自己身体力行，我自己先后在学生中开设了“管理史话”“情报检索”等选修课，深受学生欢迎。我在准备“情报检索”课时，看到前南斯拉夫教育部有个调查，发现大学生毕业论文撰写时，引用的资料有三多三少：引用书本多，引用实验报告少；引用国内的多，引用国外的少；间接引用多，直接引用少。因而决定在高等学校开展“情报检索”课。我下决心开这门课，受到高年级大学生和研究生的欢迎。后来，学校情报处将这门课坚持开了下去，对提高学生能力起了很好的作用。今天大家都知道，华中科技大学有一个很有名的人文科学讲座，该院出版社还出版了好几集《中国大学人文科学启示录》，影响很大。实际上，它的发端就是当年的第二课堂。当时我们还提出了校园文化概念，并强调要加强校园文化建设。

我在短短两年主持学生思想工作中，还抓紧做了一件培训学生干部队伍的工作。大学里的思想工作队伍除了党委学生工作部和共青团组织外，各系还有分管学生工作的党总支副书记、分团委书记和各年级的政治辅导员，队伍庞大。当时大都是“文革”中招收的工农兵大学生，这些人政治上要求进步，工作积极，但科技文化知识基础不够。他们也会想到以后的去路。因为在20世纪60年代，清华大学蒋南翔建立政治辅导员制度，我也当过，对他们的心理比较了解。用现在的话来说，要使他们能可持续发展，必须解决他们的学习提高问题。我们开放了他们学习进修的制度，他们可以根据自己专业特点和爱好，通过听课、补习等方式，进修提高。他们感到了组织的关怀，除了积极学习外，工作更认真负责了，绝大多数人可以说做到工作学习两不误。从长远角度看，他们学习进修了，各方知识更扎实了，有利于学生思想工作。同时不为将来的出路发愁，更能安心搞好工作。事实上，后来这些干部都认为我的思路是正确的，看得远。如有一对夫妻分别在两个系担任分团委书记，对学习抓得很紧，工作也负责。后来他们双双调入江西工作，男的先后担任县长和九江广电局长，女的担任省人事厅副厅长和正厅级巡视员，几年前见面时还和我谈起当年学习的必要性。

能上能下，重执教鞭

在党委选举中落选后，我婉拒了武汉市领导要调我到市政府工作的好意，选择了到学校社会学系任教。华中工学院社会学系的建立是在中国社会学学科恢复后的事。当时学校领导提出要向理工文管相结合的综合大学发展，一批文科专业如新闻、管理、社会学纷纷设立。另外，中国社会学恢复时，华中工学院曾经支持过。在老一代社会学家费孝通、王康、袁方等的帮助下，华工是全国比较早成立社会学专业的大学。我从事的科学学专业在美国又称之为科学社会学，我到社会学系也算专业对口。另外，社会学系系主任刘中荣是位非常善良、非常厚道的人。此前，我们两人在学术上有过几次合作。一次是合写一篇“科技革命下的资本主义经济”，他是学经济学出身的，我研究新技术革命，文章写得很顺利，是一次交叉科学的结合。刘老师长我 10 多岁，也算我的老师辈。但他思想很活跃，乐意接受新生事物，这对于一个长期待在马列主义教研室的教师来说是很不容易的。另外就是合编著《管理史话》和《实用企业管理手册》两本书，合作也是很愉快的。刘老师知道我的打算后，欢迎我到社会学系任教，为了加强我这个专业建设，我还调来另外一位中年教师。在社会学系近四年，刘老师不要我担任社会工作，只要完成教学任务即可，给了我充足的空间和时间。不过，系里有什么事，刘老师也会和我商量，我只是出出点子而已，但我从不出头露面，也不在系的会议上发议论，党委副书记的职务丢了我都不在乎，何况系里的位子。

社会学系给了我一个非常好的教学和研究环境。我对教学很认真，我除了带研究生外，还担任新闻系和社会学系本科生的课。此前，我的讲课在全院就很有名，一次对研究生的非正式调查中，有两位老师的授课效果最好，一位是后来到剑桥大学的物理老师陈应天，另一位就是我。记得当时全院研究生开设自然辩证法课，上的是大课，有300人左右听课。这门课分三部分，由三位教师分头讲，我讲的是中间的科学观部分。这门课安排在下午1~2节，听课的同学刚刚午睡起来，精神不佳。轮到我上课时，我不看讲稿，内容简明扼要，旁征博引，生动活泼，而且信息量大，一下子就把大家吸引住了。等到第二次上课时，大教室坐得满满的，还有人站在后面听课。由于我也是学理工科的背景，讲科学观、技术论联系实际，很容易和听课的研究生产生共鸣。在授课一段后，我布置了一个作业，但没有题目，要求大家写一篇3000字左右的文章，主要目的是两条，一是考核大家的选题能力；另一条是检验同学的文献调研能力，并承诺好的文章将推荐有关报纸、杂志发表。结果出乎我的意料，研究生们对这次作业非常认真，有的还和自己的导师商讨，结果有7篇文章被有关报刊刊载。有人说，我这种授课法正是国外著名大学的方法。此时此刻，我真正感到自己的努力没有白费，也感到了作为一个教师的欣慰。当最后一堂课我讲完结束语后，整个教室真是“暴风雨般的掌声”，长达三分钟之久。我的课结束后，还进行了严格的考试，考试是开卷形式。有20%的学生为优秀，15%为及格，良好的占65%。我上课的内容很难从教材中找到，说明85%的学生都认真听讲了，做了笔记，这样的结果我很满意。我在华中工学院除了担任领导外，在教学第一线的时间约八年左右，先后开出了“科学论”“管理史话”“科学学”“科学社会学”“情报检索”“科学教育”“教育哲学”“决策科学化”等十余门课程。老院长朱九思有一句名言：“科研要走在教学的前面。”这些开出的课程也是我的科学研究方向。我先后出版了20余部著作，还在报刊上发表了一百多篇论文。那几年，出版社催稿、报纸杂志约文章、学术会议要论文，忙得不得了，节假日都没有闲着。连大年初一，别人在串门拜年，我都关门在家里写文章。所以，我的课有观点，有见解、有创新。像科学教育、职业流动、科技经纪人、科学竞争与合作，从科学家到企业家，都是由我比较早地提出的概念，有的名词成为大百科的条目，有的受到钱伟长、宋健、龚育之等大家的肯定。

以上很多成果都是在这宽松的四年中出的。我记得党委选举落选后不久，我到了北京，民盟中央副主席冯之浚给我在国务院招待所安排了一个套房，我在里面住了半个月，将原来汇集的资料一气呵成，写出一本近20万字的《高技术与软科学》，不久就出版了。后来，我又将近年的主要论文汇集成一本《科学教育与科技进步》，作为首批交叉科学文库之一，由光明日报出版社出版。首批作者包括龚育之、夏禹龙、冯之浚、刘吉、张念椿、何钟秀、王兴成、张国玉和我等。受社会学前辈王康之邀请，我和社会学系另外一位教师合著《科学社会学》，编入由王康先生主编的社会学丛书，由人民出版社出版。这也是我国科学社会学最早的书籍之一，被多所高等学校选为研究生教材。著名理论家龚育之同志认为："这部著作论述比较系统，分析比较细致，引用了大量的事实材料、统计数字和表格图形，总之比较充实。在观点上比较稳妥，特别是在作者自己有过实践研究论文的论题（如科学教育问题），更显出有见解，论证得较深刻。"我和这位合作者还应广西人民出版社之约，编著了一部《实用决策手册》，这本书有45万字，由于有编写《实用企业管理手册》的经验，也很快完稿打印出版。此外，学术活动仍然活跃，在校外的演讲也不少。记得有一次在武汉工学院（现武汉理工大学）演讲，一个大教室座无虚席，连窗台上都挤满了人。演讲结束后，几十名学生涌上来，要求签名。除了湖北各地市讲课外，我还在地质部武汉培训中心、铁道部第四勘测设计院企业管理协会作过序列现代化管理专题讲座，都收到很好的效果。后来还把铅印的讲义发给听课的人员。除了湖北省外，还到近10个省、部委作过演讲。

四年中，我独立指导了八九名硕士研究生。这些研究生有的是本科生中的优秀学生，有的是参加工作有一定实际经验者。我第一个独立带的研究生叫蒲淳，是学生干部，我党委改选落选时他就告诉我，明年要考你的研究生。第二年考取后，他特地跑到家里告诉我这个好消息。我和这些研究生像朋友一样相处，我对他们说，作为导师，不一定什么都比你们懂得多。我主要做好两件事，一是帮助你们选好论文题目，正如爱因斯坦说的，知道做什么比怎样做更重要；二是指导看哪些参考书。如蒲淳的论文题目是《论科学家的社会职业流动》，这个题目是比较新颖的，也是国内较早提出的课题。论文做完后，获“中国科协优秀青年论文奖”，登在重要刊物上，并由出版社出版。毕业后，蒲淳被选入中央办公厅工作，曾下派到浙江某市任常务副市长，现在中央一个单位任局长。另外一位研究生的课题是研究科学活动的越轨行为，切中当时科技教育界的时弊，受到武汉市科委的重视。我还经常带研究生外出调研，有时利用我的人脉资源使他们能接触到一些有名的学者。我当时有一些课题经费，包括其他教师指导的研究生，我也赞助他们出差。不管是我的研究生还是其他教师的研究生，对我都很好。1990 年我生病住院，研究生们轮流来护理我，有的甚至端过便盆。我参加在美国召开的两次社会学会议，都是一位听过我的课后到美国工作的外语系学生联系的，由于她后来也从事社会学工作，两次会议都为我翻译。我两次到澳大利亚开会和交流也是学生帮助联系。我更欣慰的是这些学生都做出了成绩，成了有用人才。2009 年，我已届 70 岁，他们还在郑州高新开发区举办活动，庆祝我从教 50 年和 70 岁华诞，融融的师生情使我非常兴奋。

刘中荣教授人缘好，善良，在全国社会学界也有一定知名度，因此，华中工学院社会学系也有不少活动，但和科学社会学有关的活动不多，因此这些活动我也很少参加，我主要还是参加中国科学学与科技政策研究会的活动。但系里有什么大事，只要刘中荣老师找我商量，我都会认真对待。譬如后来有场风波，有人以为又要搞运动了，当时一些文科学又搞起了不是运动的运动，几乎人人过关。我要刘老师稳住，主要搞正面教育。别的系搞了两个星期的学习，社会学系两天就完成了，大家心情愉快，系里教职工关系融洽。

第四章
科技成果　重在转化

1985年，我国出台了《关于科技体制改革的决定》，提出“经济建设必须依靠科技，科技工作必须面向经济建设”的战略方针，具体要求对科技管理体制进行改革，并改革拨款制度，开拓技术市场，克服单纯依靠行政手段管理科技工作的状况，解决国家包得过多、统得过死的弊端。1983年，我国就制定了新技术革命对策。把生物技术、航天技术、信息技术、激光技术、自动化技术、能源技术、新材料技术等七个领域，作为发展高新技术的重点。积极跟踪国际高新技术发展动向，缩小同国外先进水平的差距，并力争在有优势的方面有所突破，培养和造就新一代高水平科技人才，以提高国际竞争能力。特别要注重将开发成果尽快用于国民经济建设，为改造传统产业和建立新兴产业服务。1988年8月，经党中央、国务院批准，发展高新技术的“火炬计划”出台，其宗旨是：发挥我国的科技优势，促进高新技术研究成果商品化、产业化、国际化。为了使高技术成果商品化，形成高新技术产业，当时一个重要的战略举措，就是大力发展高新技术开发区。高新技术开发区以智力密集和开放环境条件为依托，主要依靠国内的科技和经济实力，充分吸收和借鉴国外先进科技资源、资金和管理手段，是通过实施高新技术产业的优惠政策和各项改革措施，实现软硬环境的局部优化，最大限度地把科技成果转化为现实生产力而建立起来的集中区域。经过长期的努力，已经显示了改革开放的效果。截至2014年，国家高新技术区总数已达114家，实现工业总产值19.7万亿元，工业增加值占同期全国第二产业增加值比重16%，出口创汇占同期全国外资出口总额的16.9%，上交税额1.1万亿元，出口总额3700亿元。

两赴英伦，开启交流

到华中工学院自然辩证法研究室后，我和汪定国经常合作研究学问，也总想能参加国际学术会议。有一年，我们了解国际科技史会议要在罗马尼亚布加勒斯特召开。我们通过学院在罗马尼亚的访问学者进行联系，不久会议真的给我们发出了邀请。当我们拿到通知报告领导后，领导认为我们太年轻，决定要一位女副教授去。但这位女同志不敢去，接着又决定让曾经留学苏联的梁淑芬去。梁淑芬写了一篇造船史文章参加了此次国际会议，她升任副省长时，这也算一条依据。后来，我们又联系了一个在德意志联邦共和国举行的城乡建设会议，做了许多努力，也未如愿。1984 年年初，我接到英国科学促进协会（BAAS）发来的通知，邀请我到英国东部诺维奇市参加该会的第 146 次年会。据说我们学会有好几位同志和会议都联系了，但不知为什么只邀请了我，此外就是邀请中国科学技术协会主席、北京大学校长周培源参加。当时邀请参加国际学术会议的人还不多，加上我又当了院副秘书长，由院外事办公室和科协经办，国内的手续很快办好了。但国内没有同行者，需要我一人独闯英伦。我从初中到大学学的本是俄语，参加工作后还有译著发表，但也差不多忘了，英文就更不懂了。我正为参加这次会议因语言不通犯难时，我的一位学生张立中正好要去伦敦留学，决定和他同行。但临到开会时，学生的签证下来了，我的却没有到，他只好先去了英国。我到北京后，了解到有几位也要参加一个去英国举行建筑方面的会议，我们结成了联盟。当时等签证的紧张气氛至今记忆犹新。英国驻华使馆每天下午四点送一次签证到外交部，我们会跑去等，但签证还没有下来，然后又一起跑到民航售票处改签机票。几天下来，大家都焦急不安。我目睹了一位上海中年女同志都快要坚持不住了。她是上海一家工厂的技术人员，得到参加一个国际会议的通知并经上级部门批准后，厂里张贴了大红喜报，赫然写着“热烈祝贺×××冲出亚洲，走向世界”。她也不知道光有护照还要等签证，买了几套衣服，装进了两个大皮箱，直寄北京首都机场。她说要是签证不下来，怎么去见工厂的兄弟姐妹们。毫不夸张，她几天紧张下来，白头发都急出来了。当时我太太要去哈尔滨出差，在北京陪着我等，我们一起做这位女同志的思想工作。我说不要急，签证下来了，就是会议开始了，咱们照样去英国，因为“责任不在我方”。当时有一位第二汽车制造厂的工程师，特别有闯劲，他不顾外交部的规定，自己跑到英国使馆，把我们的签证拿到了，争取了宝贵的时间。当晚，我们终于登上了到英国的飞机，那天好像是中秋节。登机前，同伴为了庆祝胜利，都饱饱地美餐一顿，我没有吃。飞机开了几个小时，开始用餐，丰盛得不得了，他们怎么也吃不下，而我却美美地享用了，还要了一瓶葡萄酒。这是我第一次出国，大概学生张立中也没有钱打出租车，到了伦敦机场，并未见他来接我，于是不知所措。倒是有一个煤炭工业部代表团的翻译非常好，他让出租车司机把我送到中国使馆教育处。中国使馆几个处都很分散，教育处更远，出租车司机一边看地图一边打电话，到傍晚才送到。

我在大使馆教育处看到了先期到达的同学，我们在使馆吃了一顿丰盛的晚餐。由于学术年会第二天就要举行，我们决定当晚从伦敦乘火车去诺维奇市。到达会议地点东英吉利大学时，已是当地深夜两点了。校园是开放式的，门房处有一名黑人保安，正在听音乐，问了我的姓名后，发给我一个简易文件包，里面有住房锁匙、早餐票和会议指南等文件。几分钟后，我们就入住到自己住的房间了。BAAS 学术年会都是每年暑假在各地高校举行，会议代表都住在空出来的学生宿舍。学生住的都是单人房间，房间不大，但有简易的洗脸设备和卫生间，还是很方便的。东英吉利大学是一所较老的大学，校园风景很美丽，全校的建筑物按地形走向，用不同的连廊连起来，两旁是草坪和树木。在到餐厅吃早餐的路上，行人都微笑地向你问早安，彬彬有礼。早餐是自助餐，非常丰盛。据说欧洲早餐很有名，一个早餐的热量是2000大卡，有煎蛋、鱼和煮蛋，有午餐肉或香肠，各式面包、果酱、黄油、牛奶和加的各式膨化食物，还有水果和水果汁、蔬菜等。我发现老头们还挺能吃，我的学生张立中也很能吃，我就不行。不过吃了热量充足的早餐后，中午确实没有饿的感觉，这也许是欧洲人中餐很简单和不睡午觉的秘密。

英国科学促进协会从英国皇家学会分裂出来，当时皇家学会成员老化，安于现状，创新乏善可陈。以苏格兰戴维·布鲁斯特为代表的一些青年科学家于1831年在约克创办。它的主要活动是每年轮流在英国的中心城市举办年会，除两次世界大战外，每年都办，直到现在。除了学术交流外，还注意对青少年进行科学普及，并有青年会员。其财务收入不是来自会员会费，而是公司企业的捐助，像壳牌石油、英荷财团、英国钢铁公司和韦茨基金会都是它最主要的捐助单位。在这次年会上，中国科协派出以刘东生教授为团长，包括曹天钦、沈元、王大衍教授在内的代表团，并安排了中英科学合作讨论会。当时在我国中央电视台《跟我学》节目中授课的英国女教师也参加了会议，她看到中国代表非常高兴，不断向我们打招呼。参加这次学术年会，我的收获很大。我当时正在研究科学教育问题，在国内当时还很少有人涉及，而这次年会恰好有这个专题。这个专题的分会主席就是东英吉利大学化学院院长费雷泽教授，除了听他的报告外，我还依靠学生和他进行了讨论。他对我说，在今天这样快节奏的社会里，不能只传授学生知识，而必须着重进行方法、技巧的教育，要注重提高学生的创新能力。二十多年前这次交流，也是我后来投入职业技术教育的缘由。

会后，我专门去剑桥大学看望在这里攻读博士学位的陈应天教授和他的太太。陈应天毕业于中国科技大学，学习成绩十分优秀，据说是严济慈教授的五个得意弟子之一。"文革"中毕业分配到山东聊城一个县级机械厂，被华中工学院老院长朱九思调到大学后，希望能得到一次出国进修的机会。朱院长派他去英国剑桥大学卡文迪许实验室攻读博士学位，在导师库克教授指导下，陈应天只用了一年半时间，自己设计实验设备，解决了物理学中的一个难题，这些设备后来全部带回学校，建了一个自己的实验室。后来他离开学校到美国工作，又解决了美国激光领域的一个难题，并获奖励。在学校时我们就比较熟，他们夫妇知识面宽，还在我编辑的《自然辩证法学习通讯》上发表文章，学院研究生认为他和我的课讲得好，是最受欢迎的两位教师。他们对我的来访很高兴，陪我参观剑桥大学，非常热情。陈应天很有个性，是位非常直爽的人。他跟我说，我们夫妻是老院长朱九思引进来的，我们报他几年恩，三年后我们是要离开华中工学院的。我当然清楚，因为就是这一年，学院免去了他物理系主任的职务，而任命他为学院研究生院副院长。我当时是院党委副书记，我问过物理系党总支书记，陈应天对这样的安排很有意见。因为在英国，系主任是非常重要的职位。回国后，我曾将陈应天的意思告诉了老院长和学校主要领导，他们都不相信。几年后，陈应天夫妇果然离开了华中工学院，到美国加州理工学院任教，干得也是有声有色。两年前，我在北京中国科学院物理所招待所见到了他，二十多年过去了，他似乎变化不大，他说他被中科院聘为兼职教授了。

在英国开会期间，我还碰到了学院电力系的程良骏教授。他就住在我们旅馆附近，但他参加的会议在南部海滨城市布莱顿召开，他住在这里每天需早出晚归，我估计是会议的酒店住宿费太高。我们两人曾相约到伦敦北部去拜谒马克思墓，墓地属中等规模，也没有什么特别的地方。我们在墓前深深一躬，说对不起，也没有带来鲜花，然后每人放了一张名片。我们十多人住在一个香港人开的私人旅馆里，周围也不繁华，煤炭代表团的成员都不懂英语，每天只是围着旅馆转。我想邀几位同住的人去参观伦敦蜡像馆，但没有一人响应。因为这次出国，每人的零花钱只有 19 英镑，许多人都是第一次出国，想买点纪念品回去。我用 9 英镑买了一个吹风机送给太太。吹风机质量确实好，二十多年过去了，现在还在用。后来，我决定独自一人去看蜡像馆，我临时准备了几个单词，一路问去，连警察都听不懂，但一位小店的印度人说听懂了，帮我指了路，花了 3 英镑，终于参观了举世闻名的伦敦蜡像馆。

一年后，我又参加了苏格兰格拉斯哥市举行的 BAAS 第 147 次年会，同行的还有已调省政府的汪定国和吉林的两位朋友。其中一位是“文革”前解放军翻译学院的毕业生，他可能胆小，也不敢开口讲英语。可能老在那里考虑主语、谓语，我说我来问路，不管主语谓语，有单词就行。会议期间，张立中还是来帮忙，他在英国已学习一年，语言熟练多了，会议的交流比较顺利。这次年会，我仍把注意点放在科学教育上，除了和费雷泽教授交流外，还利用大学图书馆拷贝了一本《科学教育概念》的书。

会后另外一个主要收获，是通过赵红州、蒋国华的介绍，去马凯教授家里做客。马凯是科学学创始人贝尔纳的学生，李约瑟的朋友。他知识面十分广泛，对非结晶物理学有突出贡献，理论由他提出，但由做实验者获得了诺贝尔奖。此外，他还有大量科技史著述，对中国文化也很熟悉，后来还被选为英国皇家学会会员。他的家住在伦敦北部的富人区，是一幢三层楼的小别墅，他们的几个儿女在国外工作，别墅里就他们夫妇住。一楼是客厅、书房、厨房和餐厅，二楼是他夫人夏娜的卧室，三楼是马凯的卧室。他卧室的房门上有一张侧身的日本少女裸体画，后面跟着一条狗，画面很美，看到我们驻足时，夏娜莞尔一笑。在会客室里，马凯拿出到他家的中国客人签名给我们看，有很多中国有名的科学家。他很高兴，还到花园里摘下苹果给我们吃。夏娜则为我们做了正式的法式西餐，餐器就换了四次。那年马凯已经60岁了，他驾着车陪我们游览伦敦市容。到达大英博物馆时，作为这里的工作人员，夏娜为我们讲解，她的业务很熟，知识素养很高。我记得我看到有几个头发很怪的“朋克”时，问她是怎么回事，她说这是表现他们的信仰，说他们工作学习有的也很优秀，表示了英国人对多元选择的宽容。马凯夫妻还带我们到伦敦大学伯贝克学院，参观贝尔纳的工作室，曾在这里工作过的马凯旧地重游，和夏娜一起，回忆了贝尔纳的许多往事。我本来要马凯帮我拷贝一本《剑桥现象》的书，但马凯特意从书店买了一本送给我。这本书的信息是我从国家科委得来的，1984年前后，国家科委领导曾陪同国家领导人访问英国参观剑桥科技园，发现这里的高新技术企业发展很快。国家科委领导知道有一本总结这里科技人员创业的书，叫《剑桥现象》，并指示驻英使馆科技处要购到这本书，但一直未能拿到。我将这本书带回国，组织华中工学院几位老师将其翻译，由科学技术文献出版社出版。这是剑桥大学15年来关于教学、科研、开发关系辩论的总结，是一本很有参考价值的书。可惜，我估计当时国内大部分大学校长都没有读过这本书。

这次，我们又参观了剑桥大学，华中工学院有两位教师陪我们参观，其中一位老师后来到澳大利亚悉尼的一个大学里任教，一直干到系主任。回国后，我还专门写了一篇《牛津和剑桥为何在发展高技术方面大相径庭》的文章。在英国，我还为学生联系认识了著名作家叶君健的儿子，他也是《林海雪原》作者曲波的女婿，是留英学生中的成功者，他帮助我的学生找了一些兼职工作。我还劝学生不要选科学哲学方向，而选科学教育方向，后来在我的推荐下，我的学生到悉尼大学攻读教育，获得博士学位后留在澳洲一所大学里工作，也是颇有成就。

科学园区，赴美取经

科学园区是工业和大学联系紧密的结果，最早的科学园区在20世纪50年代就在美国出现了。1986年4月在美国亚利桑那州召开的首届国际科学园区大会上，专家们公认科学园区应具备的条件是：已经规划或建成了一定区域和建筑，专门用于科学研究、发展研究的机构；同大学建立了联系和正式合作；这种大学和工业界的合作研究能促进风险产业的开发和经济发展；能促进大学与工业界间的技术转移和产品的商业化。武汉东湖新技术开发区是全国最早成立的开发区之一，在研究和筹建过程中，人们都会讲到美国的硅谷。我在一些文章里也多次引用有关硅谷的资料，硅谷到底是怎么回事，很想亲身去了解一下。1989年5月初在美国旧金山举行的国际科学园区第4次年会是一个很好的机会。在湖北省政府和武汉科委的支持下，决定派我和省人民政府副秘书长汪定国、武汉东湖开发区处长杨新年组团去参加会议。我当时是华中工学院的普通教师，但他们知道我一直在研究科技园区，上述两位同志也是我研究的合作者。所以，我们这次出访参加国际会议，既不是一般官员的考察，更不是游山玩水，是真正进行学术交流。尽管开会通知收到较迟，但在有关部门的帮助下，不到10天，国内所有的手续都办好了。关于办事效率有一个著名的“蝴蝶效应”，意思是一点小事未抓紧，会酿成大后果。拿到各种办齐的手续，下面就是等美国大使馆的签证。我们在星期五中午赶到北京后，饭也顾不得吃，直奔外交部签证处，一定要在这一天交到美国驻华使馆，否则就要等到下周一了，那就意味着有效工作日推迟了三天，这就是特区说的“时间就是金钱”。我们的劲头感动了签证处的同志，他当着我们的面把我们的护照挪在一位领导人护照的前面，他说反正美国使馆不会延误这位领导人的签证。

赴美签证在会议开幕前两天下来了，我们整装出发，但一到机场就被告之由于学生游行，飞机不能按时起飞。一直延误了七个小时，才说可以起飞。飞机原来的航线是先飞东京再到旧金山，后来飞机又接到命令，途经上海直飞旧金山，听说在我们这架飞机上的还有时任国家副主席荣毅仁。到美国出访最辛苦，美国西部和中国有 10 个小时时差，美国国内东西部还有 4 个小时时差。我们早上到的旧金山，到了中午非常想睡，但刚到又不能睡，到了晚上，正是我们国家的白天，时差未倒过来，又睡不着。会议在豪华的希尔顿饭店举行，但房价太贵了，所以我们报到后到一位华人私人旅馆住下来。这位华人原是浙江人，新中国成立前夕随国民党去了台湾，20 世纪 50 年代来到美国打拼，从小生意做起，慢慢积累，买了一栋比较好的房子。太太有工作，他自己的房子作为私人旅馆，专门接待华人来美国旅游住宿，收入还是不错的。住所也算是个富人区，平日人很少，星期天就更看不到人了。我这是第三次出国，不像 1984 年到英国开会时，看到台湾人不自然，总把他们和国民党联系起来。这次开会，有从台湾新竹科技园来的代表，我们共进早餐。他们都很年轻，而且都有在美国学习过的经历。在饭桌上我们询问新竹科技园的情况，资料显示这个园区办得还是不错的，但这几位年轻人很谦虚，说按照通行的评价标准，也刚好是 60 分左右，及格而已。开会前，我们还担心会出现“两个中国”问题，我还和在美国讲学又被邀请列席会议的南京工学院院长韦钰教授（她后来担任教育部副部长）商量了一下，后来好像也没有这个问题。开幕式完成后，会议就转到斯坦福大学召开。这个大学是硅谷的发源地，当年这个学校为了吸引毕业生留在较为不发达的西部工作，划出一片土地，营造良好的创业环境，让年轻人在这里大显身手创业，然后有了闻名的硅谷科技园。在斯坦福大学召开的会议上，主要演讲人就是该校科技园的土地管理主任。我们开始很奇怪，怎么大学会有这样一个职务？看了学校后，我们才搞清楚其中的道理。我们参观研究生的住处，条件真是很好，家家都有一个小别墅的住所，住所旁边简易的儿童乐园、游泳池等设施一应俱全。大学办科技园，就是利用一块地方，提供良好的工作、生活环境，让他们无忧无虑地进行创业。开会期间，有一对中国留学生夫妇在斯坦福大学学习，他们的父亲也在湖北省政府工作，受他们父亲的委托，专门来看我们。他们陪我们参观了斯坦福大学系统研究所，其中男生在这里从事研究，他说他做的平行系统计算机课题，在全美也只有三四人在做，是很前沿的研究课题。从系统研究所外墙上的铜牌来看，这是一些企业捐赠建成的，一些企业还把最好的设备放到了这个所。系统所除了进行科学研究外，也是对企业人员进行培训的场所，这也是斯坦福大学和企业紧密联系的传统。会议还组织我们到硅谷的高新企业进行参观，并在一家公司的餐厅就餐。这些公司的环境都十分优雅，完全没有国内一般工厂的感觉，在公司里，我们看到多数是华人和印度人。参观结束后，我还抽空到圣荷塞去找了一下我的表兄陈龙，他应该是我的姑表兄，比我大二三十岁。新中国成立前到了台湾，后来儿子到美国留学，也在硅谷工作。还是十多年前联系上的，我和陈龙开始通信，他在信中写了我父亲和奶奶的一些事，我都没有什么印象。我好不容易找到了他的家，但听邻居说，表兄半年前已经去世，那天是星期天，表嫂也到儿子家去了。看了一眼他们的房子，我只有遗憾离开了。

会议期间，我们邀请国际科技园区协会负责人共进午餐，韦钰同志也参加了。她邀请我们访问设在亚利桑那州凤凰城的科技园区总部，会议结束后，我们来自武汉的三位同志如约前往。五月的旧金山，鲜花盛开，气候宜人。但一到凤凰城，这里的地面上除了仙人掌之外，就是沙漠和刺人的太阳，室外50多度，我们看了一下亚利桑那州立大学外，就躲到酒店了。第二天，总部来车接我们到位于坦布市的科技园区，却有另外一片天地。米黄色的建筑和沙漠很和谐，栽在木桶里的树木长得郁郁葱葱，入口处还有人造小瀑布，小沟里的流水清澈见底，别是一种风景。这里的土地很便宜，有越来越多的公司要搬到这里发展，应该有较大的前途，科技园区负责人还要我帮他找企业管理人员。

会议期间，我们仔细参观了斯坦福大学。这所1885年由铁路大王利兰·斯坦福创办的男女合校高等学府，6年以后开学。开学两年后，斯坦福去世，他的妻子后来为此倾注了心血，经过100多年的经营，成为美国名列前茅的名校。学校范围很大，里面还有高尔夫球场，建筑都是低矮但有特色的楼房。美国第31任总统胡佛17岁时即成为该校的首届学生，并于1895年毕业。为了纪念他，校内最高的胡佛塔也只有几层而已，研究战争、革命与和平问题的胡佛研究所是校内的图书馆之一。学校里有一个建筑很漂亮的教堂，这座为追思斯坦福本人所建的斯坦福纪念堂，外墙金碧辉煌，浮雕精美，教堂正面镶嵌着四幅精美而感人的壁画，并附书："爱心、信念、希望、慈善"，古典主义和浪漫气息相结合。那天正好是星期天，去做礼拜的信徒不少。据说，斯坦福大学较为开明、开放，有一个同性恋塑像，很多地方都不愿意接收，最后也放到了斯坦福大学。我们也去看了一下，其实就是两个男的在一起站着、两个女的在一起坐着，稍有点亲昵的塑像。我在上海交通大学读研究生时，有位要好的同学叫董伟民，后来到斯坦福大学攻读博士学位。我多方打听，后来才听说已毕业到外面工作去了，这次未能见面。董伟民比我大两岁，给人稳健的感觉，想不到很快就到美国，成为较早的留学生。无论在旧金山还是凤凰城，我们除了开会就是参观。连离凤凰城较近的世界最大赌城拉斯维加斯都没有去，我美国的一些朋友说我们是否有点太"左"。

在斯坦福大学开会期间，国内来的一些所谓民主人士如戈阳、王若水、阮铭等，都在校园内活动，也举办演讲报告，有些人我们也见到了。旧金山的华人报纸和电视也把这时国内的形势渲染得沸沸扬扬。我认识一位《星岛日报》的编辑，他在请我喝茶时就给了一些报纸给我看。在旧金山访问的团体也人心思动，说一些文艺演出团和商务团表示暂时不打算回国。而且他们说，只要不回去，就能拿到绿卡。我们三个人什么也没有想，一到时间就登机返回。我记得，5月15日，我们乘坐的飞机到北京是深夜一点钟。那时候，北京机场海关一个人也没有，我们后来开玩笑，当时连机关枪都可以带回来。

到了北京，我们仍旧住在白石桥的湖北驻京办事处，我即把小晖接来，当时有不少大学生正在天安门绝食，我要他什么活动都不要参加。我们也不出去，倒是有些朋友来看我。我记得曾在体改委下面工作的冯仑来过一两次。我们是开会时认识的，他也曾下到武汉去锻炼过，就这样熟了。冯仑似乎对当时的形势有自己的见解，他说他不参加这次活动，要搞点经济活动。后来他在海南创业时，我在“鹿回头”匆匆见过他一次。不想后来，他杀回北京，经营万通房地产公司，成为第一代房地产大鳄。在北京期间，将小晖嘱咐好后，不久，我们就回武汉了。

东渡日本，厘清市场

1992 年年底，我率领由北京工业大学、北京市科委和武汉市科委组成的机电代表团，赴日本东京、横滨进行考察和交流。此次出访是执行我们与日本东京大学、大东文化大学国际关系学院的合作研究任务，分别与日本著名学者斋滕优、林武、小岛丽逸、横田正治等讨论了中国工业现代化以及传统产业等改造问题。此外，我们还重点了解了日本技术市场，所见所闻，感受颇多。

我们如约来到了东京大学，也许我在大学待的时间较长，每次出国，只要有机会，我都要看看大学。东京大学古朴典雅，深咖啡色的建筑物给人凝重的感觉。东京大学原名东京帝国大学，是东京 50 余所大专院校中规模最大的大学，开办于 1877 年，是以西方办学方式在日本开设的第一所高等学校。1923 年强烈地震加大火灾之后，该校重建。第二次世界大战后又重新改组，并于 1949 年重新命名为东京大学。东京大学的斋滕优教授，是学术界公认的技术转移理论权威，他和我国科学学界的好几位学者是老朋友。他对我们的来访十分高兴，毫无保留地把自己的新作及研究报告分送给我们。斋滕优教授刚从越南、柬埔寨回来，不久还要到泰国去访问。为招待中国朋友，他特意买了一瓶好酒，请我们到大学的教师餐厅共进午餐。他的学生对我们说，你们不用客气，教授很好客，另外他的工资高得很。在东京做访问学者，我以前就认识的国家科委管理学院一位老师也在场，她也为我们做翻译。斋滕优教授对我们说，他除教学外，差不多每个月都要写一篇研究报告，这些研究报告受到企业、公司和政府部门的重视。例如他从越南回国后撰写的报告，介绍了越南的投资环境、市场需求和有关政策，成为政府制定政策和企业经营决策的依据。斋滕优教授关心地对我们说："我估计，越南对你们中国引进外资会产生冲击，他们的政策很开放，而且劳动力比你们中国便宜。"市场经济就是竞争经济，日本的企业从自己的发展中，深刻认识到技术进步是竞争的主要力量。他们渴求科学技术知识，日本的出版物数量之多是当时世界之最，我们逛了一家书店，真是琳琅满目，什么书都有。书店里还有若干读书或学习班，其中一个大教室里，就有许多人对着一个模特在素描。许多人告诉我们，在日本碰到问题，不论是政府部门还是企业，都要找教授，找咨询部门，这就是斋滕优为什么那么忙的原因。在我们访日期间，正值亚洲经济论坛开会，讨论亚洲经济发展问题，世界著名智囊机构如英国伦敦战略研究所、美国布鲁金斯学会都派人参加讨论。新加坡的李光耀、我国著名经济学家童大林等在会上发了言。也是来参加会议的时任国务院经济发展中心副总干部吴明瑜请我到他们下榻的大仑酒店吃饭。他说，在四个小时的讨论中，3000 名听众聚精会神，无一人中途退场。日本学者告诉我们，未来几年，亚洲经济将有更快的发展，中国经济行情看好。日本企业很关心中国状况和发展趋势，在神户，就有专门向日本人介绍中国市场的出版物。日本大东文化大学的小岛丽逸教授也是我国北京大学的兼职教授，就专门向日本读者介绍了武汉技术市场的情况。

市场经济必须靠不断创新，创新是一种思维方式。如我国南方流行乌龙茶，日本人则搞出了乌龙酒，和果汁一样用纸杯包装，深受消费者欢迎。甲鱼是我们中国人餐桌上的佳肴，当时在中国大约 150 元一斤。而在东京，我们看到日本人把甲鱼烘干、捣碎，作为高级补品，一只半斤的甲鱼磨出的粉可卖 10000 日元（约合 470 元人民币）。中医认为，甲鱼最有药用价值的是骨板，我们中国的吃法恰恰是把它丢掉了。我还在东京参观了一个粮食深加工展览，他们不仅把粮食做成各种食品、点心，还用粮食做成菜汤、米茶、稻花茶，口感很好。这种返璞归真、回归自然的产品也深受消费者的欢迎。我在日本的一位朋友带我到处看日本用金铂做的一些食物，如金铂糖、金铂茶，还有金铂酒。汉方说，金铂有排泄肠胃中坏离子保留好物质的作用，可以强身。日本人的一种金铂酒，看起来，铂中金光灿灿，是送礼的高档品。这位朋友建议我在武汉市推销，于是我自费购了两瓶。后来我送了一瓶给武汉市的酒厂，他们通过再包装，将原来10元一瓶的酒做成金铂酒，最高卖过几百元一瓶，当然，我那位朋友在供应金铂中也赚了不少钱。市场经济主要靠质量取胜，这在日本也有体验。我曾在江西景德镇工作十年，这次我看到日本的瓷器，不说他们的工艺瓷品，就是一般的日用瓷也好像是工艺品，质量上无可挑剔。据说英国前首相丘吉尔20世纪50年代访问日本时，开始看不起这个国家，因为那个时候日本刚刚从战败国走来，还在进行经济恢复。后来丘吉尔在市场上买了一个茶杯，对陪同他参观的日本首相吉田茂说，日本这个民族以后会不得了。吉田茂后来写了一本叫《激荡百年史》的书，说了这个故事，胡耀邦同志在20世纪80年代曾向中、高级干部推荐了这本书。

总部设在东京银座的大仑公司是和三菱、三井齐名的大公司，该公司与香港远东系统公司和武汉东湖新技术开发区在武汉有合作项目，我也曾在武汉会见过他们公司的成员。我到东京后，该公司很快通过远东系统公司的人员和我联系。本来从我们驻地坐地铁到公司也只要不到10分钟，但大仑公司还是派来最好的车接我，说我是公司的重要客人。我们到大仑公司总部时，公司第13代传人及公司领导人都出面接待。大仑公司原来主要经营冶金设备，现在业务范围扩大。和我们交谈中，对武汉基础设施建设甚至三峡工程都有兴趣。他们对武汉的情况了解很多，这当然与香港远东系统公司有关，此前，远东系统公司和武汉市政府有过长时间的谈判，已经承接了武汉东湖新技术开发区的建设项目。接送我们的是公司中国课的一名科员，小伙子的父亲是中国人，母亲是日本人。他生在中国，刚刚从日本一个大学毕业，才参加工作不久，很喜欢讲话。在送我们回旅馆的路上，车水马龙，车走得较慢，此时街上已是华灯初上。面对灯红酒绿的夜景，小伙子说："日本人的友情是靠喝酒发展起来的，公司的男人们下了班不是先回家，而是到酒店喝酒。"他看到我们不解的眼光，补充说："日本人在技术上很保守，但是如果喝喝酒，就会酒后吐真言，容易得到信息。"下班到酒店去，一方面也许是消除由于一天紧张工作带来的疲劳，另一方面也是交流经验和信息。市场经济，特别是在东京这样激烈竞争的环境下，不进则退，迫使他们要不断去获取信息，因此，居酒屋作为交流信息的平台，也就应运而生。据说，当时东京有 17 万家餐馆酒楼。眼下在中国，喝早茶、上饭馆，人们也比较认同，知道那是在谈生意、交流信息。但是在 20 世纪 80 年代末 90 年代初，有资料显示北京的第三产业在全世界大城市中排最后一名，确是令人吃惊。在东京这个城市里，你会觉得很方便。我们和大东文化大学的林武教授会面，林武教授考虑得很实际，他怕我们对交通不熟悉，就把见面约在地铁口出口站的小咖啡店里，谈话也很舒适安静。现在，从硬件上看，我们国家的城市也越来越方便了，但我们的主要差距还是在信息收集、咨询以及金融服务等产业上，也就是说，软件不行。到了东京以后，才觉得市场经济不是几句话可以讲清楚的，还有软实力方面的问题。

我还抽空去拜访了日本科技厅的横田正治，他现在是科技政策官员，又是研究科技园的专家。我将我们武汉东湖新技术开发区碰到的问题和他开展了讨论，他说，日本的科技园他都去考察过，并写成了报告。令我奇怪的是，他将报告复印出来，送了我一本。我带回去后，布置我们科委的年轻人翻译出来。后来由于工作调动，不仅没有译成中文，连底稿都找不到了。

这是我第一次到日本，来之前，我想日本是弹丸之国，人口又多，肯定是乱哄哄的。到了之后，才发现并不是如此。虽然这次只到了东京和横滨，但是，东京街上的银杏树、幽静的上野公园、横滨的整齐街道都给我留下了深刻的印象。

德国掠影，异彩纷呈

我曾先后两次去过德国，特别是1993年秋天，我随国家科委组织的培训考察团，到德国杜塞尔多夫、科隆、慕尼黑、莱比锡以及柏林等地参观了几个大型博览会，并与德国有关公司进行了贸易项目洽谈。当时，正值东西德合并不久，还邀请了原民主德国部长会议副主席卢福特进行演讲，感受到东德从计划经济向市场经济过渡的境况。虽然浮光掠影，但收获不小。

每年9月是德国许多城市举办世界博览会的季节，这也是德国的传统。早在15世纪，莱比锡就是世界出版印刷的博览中心。参观大型国际博览会，是了解有关行业技术的国际最新水平和选择引进工艺技术和设备的最好场所。我们参观了在科隆举办的国际服装机械博览会，20多个国际驰名的多头绣花机厂家和10多所计算机服装设计制版公司的产品展示，使博览会异彩纷呈。在中国馆内，武汉美佳服装机械公司的总经理对我说，参加这样的博览会大开眼界，直接接触到服装机械的前沿水平。在慕尼黑国际饮料博览会上，展示了几十条饮料瓶装线和罐装线设备，它们的规格、功能各具优势，提供了"货比多家"的机会，各国的厂商都很重视这样的博览会。我们碰到不少港、台商人，他们正是利用一些国家和地区不开放，特别是不会利用博览会机会，充当中介而从中获利。在慕尼黑期间，正值举办"啤酒节"，整座城市热闹非凡。硕大的啤酒棚，能容几千人同时饮酒。酒后的外国人尽情高兴。热情的巴伐

1993年访德期间，在马克思、恩格斯纪念碑前。

克姑娘为客人倒酒和照相，忙得不亦乐乎，而我们这些刚走出国门不久的中国人则十分拘谨。

德国作为第二次世界大战的战败国，曾经遭受很大的破坏。但是，联邦德国却发展很快。我们住在东柏林，一到晚上，灯光稀疏，毫无生气。而到了西柏林，灯火辉煌，街上人头攒动，热闹非凡。是什么原因呢？我问过几家公司的经理，他们毫不思索地说，靠的是市场和新技术。我们看到西柏林的服装机械，由于渗透了许多新技术，如计算机仿真、图像识别、计算机辅助设计，使老的纺织机械焕然一新。通过图像识别，显示屏上针对你的体型就裁好了衣服，然后变换着不同颜色的搭配让你选择。在一部机器面前，一件牛仔裤几分钟就完成了。我们还在东柏林参观了一家饮料厂，几百人的工厂过去人浮于事，生产效率很低。现在被西柏林一家厂主收购，建立了全自动化生产线，工厂只有 9 个人，每分钟可生产几十瓶碳酸汽水。从旧瓶回收、清洗、高温消毒、装饮料、检验、包装，最后进仓库，全部实现自动化。德国的工业产品价格高，但质量也好。德国的奔驰、宝马汽车，曾领导世界汽车新潮流。走在路上的各式汽车造型都很好看，为什么我们引进的车如桑塔纳却那么难看。柏林东西部合并时，东部新五洲的托管局为了使其企业有竞争力，举办了一个工业设计展览会。我们去参加时，对那些造型美观有如艺术品的产品流连忘返。新五洲托管局的负责人说，我们就用工业设计来改造东德的新五洲。由于前一年，我们武汉市科委组织过一次工业设计国际学术会议，因此这次到德国，我对工业设计特别有兴趣。我专门访问了柏林工业设计所，一进研究所，所有的家具都充满了工业设计的气息，如挂衣架就是把三根棍棒用一根绳子捆起来，这我在自己的家乡农村看到过，但他们放在那里，就很协调和有美感。工业设计所的负责人向我介绍，德国的工业部门非常重视工业设计，有全国和地方性的工业设计组织，每年要举行最佳设计评比活动，获奖者的作品一定会被企业采用。工业设计使产品外形更加美观，结构更加合理，功能更加适用。工业设计并不都是外形设计，更主要是考虑功能要求，例如火柴棒到底多长多粗，这必须满足点火和手拿方便的要求，按照这种功能设计，可以节省大量的原料。据说，工业设计的投入产出比是 1∶1500。不仅德国，其他国家也都很重视。

撒切尔夫人退休后，原有的兼职只保留了英国工业设计理事会理事长一职。在德国，过去只听说法制健全，公民行为严谨，这次亲身经历了。夜深人静，人们照样遵守红灯规定。我们这次在德国的主要交通工具是包租的一部大客车。我们的客车司机是位年轻人，在宽敞的高速公路上，不论前面有无汽车，他都不慌不忙，始终保持着每小时 100 公里的速度。一到晚上 8 点，司机就开始睡觉休息。陪同我们的接待人员说，在联邦德国，规定长途汽车在高速公路上的速度每小时不能超过 100 公里，长途汽车司机每天要保持连续 13 个小时的休息时间。这一切，都是由汽车方向盘安装的计数器来控制。

这次国家科委组织的考察团，学习方面的事是由德国马克思·普朗克学会安排的，这是德国一个很重要的科技政策研究机构。他们将柏林国际教育研究所教授卢福特女士请来，为我们做了题为《德国社会市场经济及东德从计划经济向市场经济过渡的经验教训》的报告。卢福特女士曾任民主德国主管经济的部长会议副主席，即副总理。她自己领导过计划经济，又亲历了从计划经济向市场经济转变的过程，她的报告较有说服力。卢福特指出，所谓社会市场经济，是一种以自由市场为主，与国家行政措施相结合，以分工为依据的货币经济。它和欧美的自由市场经济有两个差别：一是社会市场经济要顾及公众利益，国家要有一些限制性措施，如将一部分税收用来补助收入低的人。联邦德国很早就完善了医疗、失业、退休三大保险系统。二是社会市场条件下，工人可以参加工厂的部分管理工作，因而在德国，工会组织有一定的力量，起着一定的作用。但是，社会市场经济和自由市场经济都是以私有制为基础，不能保证每个社会成员都有工作职位。德国的失业率在那几年里年年都在增长。特别是原民主德国的新五洲，失业率高达 15% ~16%，加上 55 岁提前退休和正在接受培训的，实际失业率达到 35%。谈到原民主德国从计划经济向市场经济过渡的经验教训，卢福特说，两德统一前，原联邦德国的企业 90% 是私有制，而民主德国 90% 是公有制。两德统一三年来，原民主德国的 90% 企业已私有化，剩下的 10%，也很快要实行私有化。与此相适应，经济体制也由计划经济向市场经济过渡。卢福特认为，主要的经验教训，一是私有化进程不能太快，太快必然使失业率上升，加重国家负担。在德国，新增设一个工作岗位大致需要20万马克。当时，德国至少要解决300万个工作岗位。二是过渡时不能简单化。因为，计划经济和市场经济是两个不同的逻辑系统，过渡时，不能一个法令就完事。东德原来在中央计划经济部门的工作人员，由于不懂市场经济管理，联邦德国不用他们，加上农民失业也在增多，这必然要引起社会不稳定。三是不能忽视贫富差距加大的问题。民主德国有8000家国有企业，变为私有制，本来有两种办法，一是给企业职工股票，二是把企业卖给职工。联邦政府反对第一个办法，结果80%的企业由联邦德国私人购买，6%的企业由外国人购买。所以，私有化实际上是社会资本大拍卖。资本逐渐向富人转移，以致贫富差距不断扩大。卢福特不仅有领导经济工作的经验，而且20世纪50年代还曾在苏联留学，有理论功底。我被代表团推举和她作了深入的研讨。回国后我写了她的这些观点，被中央财经领导小组印发送中央领导参阅。

和以往出国一样，我总要设法看看大学。我去大学工作时，曾在有关的报刊上介绍过德国洪堡大学，这次有机会能亲自看看，我很兴奋。我找了一个自由活动的下午，一个人在翻译狄匹先生的陪同下来到在东德的洪堡大学。坐落在亚历山大广场的洪堡大学，门口矗立着威廉·洪堡和亚历山大皇帝的塑像。这是德国语言学家、哲学家、外交家兼教育改革家威廉·洪堡1809年任普鲁士教育大臣时创办的大学。校门不远处就是闻名遐迩的菩提树大街。接待我们的是历史系教授哈莫尔博士，他向我们介绍了洪堡大学的历史和教育改革状况。创建之初的洪堡大学，聘请高水平的教授和科学家，开展教学和科学研究，提倡学术自由，独立的管理体制和较早从事教育与研究相结合，影响了后来欧美大学的发展，可以说，它是第一个现代化的大学。1870年在德国帝国时代，洪堡大学的自然科学研究有了很大的发展，特别是医学和物理学领域。普朗克、劳尔·赫姆霍兹等知名科学家都曾在这里任教。后来，有好几位洪堡大学教授获得了诺贝尔奖。洪堡大学自然科学的发展，一时使德国成为世界的科学中心。1911年，大学成立了威廉皇帝学会，后改名为马克思·普朗克学会。19世纪30年代，洪堡大学和哥廷根大学成为欧洲最著名的大学。第二次世界大战时，大学的建筑受到严重破坏，普朗克的儿子被法西斯杀害，许多教学科研仪器被运走。哈莫尔博士说，后来大学又学习苏联经验，教学管理比较呆板，加上缺少普朗克、爱因斯坦这样有名的教授，大学已经失去了往日的光辉。两德统一后，又按照西方的经验进行了大的改革，这次改革取消了许多社会科学专业，这当然与市场经济有关，也与意识形态有关。哈莫尔博士不无感触地说，两德统一后，东德实际上受到不平等的待遇，许多人实际上处在失业状态。翻译狄匹曾在我国北京大学进修过，现在东亚研究所，也是个临时工。他和哈莫尔有同感，他认为，东德出现这种情况，主要是经济上没有搞上去造成的。

历史系就在洪堡大学的主楼上，这个 1963 年重建的大楼的正厅里仍然保留着卡尔·马克思的名言："哲学家们可以用各种方法解释世界，但是更重要的是改造世界。"在刻有名言的墙壁前，我对狄匹说："打娃里什奇（俄文同志的意思）狄匹，我是马克思主义的追随者，请给我留个影。"狄匹笑着按了一下照相机快门。

1993年考察美国通用汽车公司。

“通用”谈判，步履维艰

在美国，除了同学和朋友外，还有两位学生对我很好。一位叫吴剑，她原是华中工学院外语系学生，对社会学有兴趣，后来到美国留学。由于外文好，能力强，不仅在美国拿到学位，而且和美国社会学会搞得很熟。由于她的推荐，美国社会学会和北美华人社会学会先后两次资助我参加会议。吴剑的一位姐姐在广州，她徒步走遍全国，在广州还小有名气。吴剑也曾来过广州，还带着她的美国夫君参观了我在番禺的学校。1993 年 8 月，我到美国迈阿密参加北美华人社会学年会，同去参加会议的有北京大学、上海社会科学院、云南省妇联等地的学者，北大的女教授是英语系的，每次过关被问的时间最长。从北京起飞经东京到纽约，再转到迈阿密，入住希尔顿饭店，这次会议的所有费用都是会议举办方资助。同行的人相处都很愉快，我们还要云南妇联的同志帮助我们了解云南少数民族的“阿注婚”。会议结束前，我就中国老年妇女问题作了一个发言。我根据华中工学院社会学系关于妇女老年问题 9 个省、市的调查情况，认为中国老年妇女有三大问题：一是经济不独立，过得没有尊严；二是家务太重，生活不够幸福；三是老年单身妇女再婚难。会议主席对我的发言给予了较高的评价。迈阿密是一个很有特色的城市，阳光灿烂，类似于我国的海南岛。据说冬天会有很多美国人到这里度假。我们在这里的几天，天气较热，晚上去海滨，有许多人在这里纳凉，在平民区，许多人也是赤膊上阵。吴剑也参加了会议，会后她还陪我去看望了原来也是华中工学院的学生，现在迈阿密大学任教的校友。

离开迈阿密，我又一次到了旧金山，是原武汉东湖开发区一对夫妇来接我的，住也住在他们家。男的是东湖新技术开发公司的一家民营企业主，他从搞交通信息开始，赚了第一桶金。此人特聪明，他观察到一些货车，装货到目的地后往往是空车返回，浪费资源，就利用信息发布让空车能装货物返回，从中获利。有了钱以后，又让妻子到美国投资移民。女士刚到旧金山办公司时基本上没有业务，男的则从国内不断给公司打款，算是经营。女士也是位聪明能干的人，很快在当地站住了脚，还请了原上海一大学教授做她的兼职会计师。这位大学教授我也认识，在国内是模糊数学的带头人。他和做医生的太太到美国后，太太和他离了婚。他也没有正式工作，就帮别人记记账，找了一位在当地的台湾女士结婚，吃住在女士家。我们到他们家吃饭时，明显感觉到这位数学教授活得没有尊严，使人唏嘘不已。在旧金山，我又一次去找了研究生期间的同学董伟民，他这一次搬了更大的别墅。他们夫妇二人还带我到离旧金山约100多公里的一个被称为“世界上最大的小城市”，这里也有赌场，当然还是一个休闲城市，董伟民带我去高尔夫练习场打高尔夫，这些高档的活动我在国内从来没有光顾过。

在旧金山待了几天后，我就飞到底特律，去这个著名的汽车城是我到美国的一个重要任务。这要从另外一位对我好的学生也是同事说起，她就是牟丽亚。牟丽亚的父亲是“文革”前浙江省副省长，和大多数大院出身的年轻人一样，她看起来比较外向，但本质较传统。她是早期工农兵学员，毕业留校后到外事处工作，后来也到美国留学去了。她到底特律通用汽车公司工作后，把先生也接去了，他们有一个可爱的女儿。由于人际关系好，能力又强，后来成了通用公司对华贸易委员会的成员。通用公司的销售总裁杨雪兰女士是位名人，其父亲曾为我国驻菲律宾大使，在抗日战争中被日本人炸死，算是抗日烈士，后来随母去了美国，继父曾任国民党高官。杨雪兰非常优秀，还任过美国华人百人会的主席。牟丽亚和她较熟，之前曾经随杨雪兰访问过武汉。牟丽亚说杨女士要求会见湖北省委书记贾志杰，要和二汽谈合作。我通过湖北省委一位副秘书长联系到了贾志杰书记，贾书记也知道我的名字。据原民盟中央副主席冯之浚对我讲，他和贾书记较熟，贾志杰到湖北履新前在北京见过冯之浚，冯之浚对贾志杰说，“我武汉有位朋友叫张碧晖，你去湖北后可找张碧晖。”但是，贾志杰没有找过我，其实冯之浚也是客气话，一位省委书记也没有必要找我。不过那天他接见杨雪兰一行时，对我倒是挺客气。参加接见的省、市领导都来表示要让武汉、湖北的汽车产业和通用公司探索合作之路，当时的二汽要寻找合作方，在武汉建设新的汽车厂，因此省、市都很积极。杨雪兰还有一个爱好，就是关注音乐事业，她参观了武汉音乐学院后就离开了武汉回美国去了。我这次到美国开会，因为我当时任武汉市科委主任，因此还有一个任务，就是考察通用公司，寻求合作，但这只是一个软任务，市政府并没有给我们下指标。

我一个人从旧金山飞抵底特律机场时，牟丽亚和先生来接我，很快入住一个旅店。我先和他们讨论了一下会谈计划，他们也是按发达国家的常规计划，请了一个中介公司，叫太平洋技术集团的雷曼小姐和华人赵先生来商量，并准备材料。第二天在太平洋技术集团销售部主任和雷曼小姐陪同下，先和通用公司副总裁共进早餐，参观该公司的样品陈列馆，重点看了各式机器设备，从这里可以看到通用汽车公司也是多种经营的。接着参观汽车座椅厂，我看得很仔细。据说座椅是通用的一个拳头产品，他们在这方面拥有许多专利。我有意向他们建议，这个产品可否放在武汉生产。后来又参观了钣金厂，也看了通用装汽车的装备车间。还参观了它们的设计公司，据说10年后的波音飞机一些零配件也是由它们设计的。

从他们对我的接待看，好像也不是敷衍我，规格都比较高。他们显然知道二汽要迁武汉，正在寻找国外合作伙伴。太平洋技术集团也是很认真的，他们的头儿除了请我吃美国最有名的牛排外，还真是做了一些事。临走前，赵先生还对我说，汽车座椅厂要一个中等质量的座椅给我，要我到武汉去领取。我也对太平洋技术集团表示，希望争取座椅到武汉生产。

离开底特律前，牟丽亚和先生带我参观了底特律市，城中心几乎是一座空城，看不到多少行人，有许多空着的楼房，墙上画满了涂鸦。市中心还有一条很长的玻璃走廊，据说我们国家在“文化大革命”时，底特律也发生了大规模的打、砸、抢，社会治安很差。在汽车厂工作的人或者是政府机关工作人员，要走这条玻璃走廊，才比较安全。我们也不敢走太复杂的地方，只是在河边转了一下，河对面就是加拿大，没想到，若干年后，这座城市会申请破产保护。

回到武汉不久，太平洋集团就派人到武汉来，我们和市政府有关部门作了联系，我也礼节性地接待了他们，他们这个小组中还有一位泰国女士，这个时候，他们大概也已经知道二汽正在和法国进行洽谈，而且也谈得差不多了。后来，那个座椅厂落户到了泰国。1994 年 4 月，我到泰国洽谈科技合作时，那位到武汉访问过的泰国女士还在曼谷请我吃了饭。我也没有向他们谈起赵先生说的座椅厂送我座椅的事。因为，我回到武汉后，海关曾通知我，说有我一件东西在海关，要我去交关税。我真是哭笑不得，我要座椅干什么。但人家只能送给个人，不会送给政府部门，这就是国情不同。

牟丽亚后来也回国了，她还是利用她的优势，致力于促进中外合作。

三顾茅庐，进入科委

前面说过，我在1986年冬天党委换届落选后，原武汉大学校长刘道玉向武汉市推荐了我。真是应了一句话，“冬天到了，春天还会远吗？”1987年的春天，湖北省委常委、武汉市委书记王群、武汉市市长赵宝江找我谈话，希望我能到市政府工作。当时我和赵宝江同志不太熟悉，他也没有说什么话。王群同志因为常到市政府咨询委员会来听意见，早就熟了。他礼贤下士、重视知识分子的名声我有深切的感觉。吴官正从葛店化工厂的一名工程师升至武汉市科委副主任再到市长，据说就是王群同志发现并提拔的。我对王群、赵宝江说，我很感谢你们的关心，但我现在不愿意出来工作，免得人家会说你们用一个下台干部。二位领导也理解我，不过要求保持联系，说反正你也是市政府咨询委员会的老委员，合作的机会很多。

党委选举落选后，我虽然也有失落感，但很快我的心态就调整好了。我本来就是一名普通教师，而且是中级职称，机遇让我走上了领导岗位，得来比较容易，失去也无所谓。市政府的显赫地位，我也看得很淡。落选后，我到社会学系任教，系主任刘中荣教授给我提供了宽松的环境。我发奋读书写作，连大年初一都关在家里写东西，不断参加相关的学术讨论会。短短的几年里，我的较为重要的著述，如《科学教育与科技进步》（光明日报出版社）、《实用决策手册》（广西人民出版社）、《科学社会学》（人民出版社）先后出版，奠定了

1990年在武汉市科委工作。

我的学术地位。除了带研究生外，我还给社会学系、新闻系本科生开课，受到学生的欢迎。1987 年，我顺利晋升了副教授。

这个时候，武汉市委组织部长正好在北京碰到我，又征求我的意见，说现在可不可以到市里来工作。我还是谢绝了，我说我现在做学问已经到了关键时刻，手头还有许多事情要做，再等一段时间，可以考虑。实际上我是一定要升了教授才甘心。1990 年，职称晋升工作又开始了。这一次，我作了充分的准备，顺利被评为教授。

1990 年春天，在母亲病逝前，我也病倒了。这是特殊情况下生的病。我到北京出差，去北京大学看小晖，天气很冷，住在 8341 部队招待所，在国家科委工作的年轻人带着酒和花生米来看我，一聊就聊到凌晨两点，累得感冒了。回到武汉，又去参加市政府咨询委员会会议，还在大会上发言，当时又在终结一个课题，人累得不行，终于发烧住进了校医院。本来我睡眠很好，但是那天同一病房的病友咳了一个晚上，我也没有睡好。我因为急于要出院回家照顾母亲，就要求办出院手续。出院时，我又犯了一个常识性错误，拔了一颗牙。结果一回到家感觉不对头，心脏一分钟停跳 25 次，非常严重的频发早搏。尹静华在厨房忙，我侧身躺在床上不敢出声，明显感到血到不了头，也到不了脚，好像马上就要昏过去。老实说，这个时候我什么也没有想，就是一种濒临死亡的感觉。处理了母亲的后事，当时找了武汉协和医院内科主任给我检查，每分钟早搏仍有 19 次，医生要我立即入院。心内科的几位教授都来看过我，各人的治疗方案不同。经过全面检查，所有教授都认为是功能性问题，而不是器质性问题。后来，由专门负责老年病的主任负责。她很认真，又给我做了不少检查。我前后在协和医院差不多待了八个多月，早搏基本上得到了控制。这八个月，我和医生、护士的关系处理得很好，和病友的关系也处理得很好。我精神状态也不错，不像有的病友成天愁眉苦脸，对身体康复没有信心。有一位省计委的副主任，心情特别沉重，主任还要我做做他的思想工作。经过多次接触，还真有些效果。我出院时，所有的病友都从房间出来，把我送到电梯口。

这个时候，市领导又来找我，要求我去市科委工作。据说此前，市长还专门找了几个我的朋友，要求他们一起做我的工作。20 世纪 80 年代初，正是改革开放的激情岁月。我和湖北省社科院副院长张思平，《光明日报》湖北记者站站长樊云芳，副站长丁炳昌夫妇，武汉大学伍新木、李光教授，湖北省政府副秘书长汪定国，由于志趣相投，基本上每个月都要小聚一次，主要是交谈对改革、开放的看法，因而我们成了朋友。此前，市委书记王群同志调内蒙古任自治区党委书记，他曾对武汉市委组织部领导说，你们不调张碧晖到市里来，是个失误。总之，这已经是第三次请我出山，古人云，“士为知己者死”，市领导这么看得起我，我也只好答应了。

当时的市科委主任，由副市长兼任，是中科院武汉分院的数学教授，系统专家。他知识面很宽，在省、市的一些学术会上，我们早就认识。分管市委组织部的市委副书记找我谈话，说市里已经等你很久了，现在很高兴你同意来科委工作。相信你会把科委的工作搞好的。副书记还对我说，科委党组只有你是书记，不设党组副书记。我知道，这是市委支持我的工作，科委副主任中，原来有一位是党组副书记。副市长是民主党派，兼科委主任时，党组副书记的位置很重要。市科委四位副主任中，只有一位从大学来的比我年轻，其余年龄都比我大，资格也比我老，这种安排，有利于我大胆工作。我在华中工学院当教师时，和省、市科委就很熟悉。虽然市科委不少人都认识我，但他们背后说：“张碧晖能写会讲，是教授，只是不知道管理能力行不行。”我自己评估了一下，自己虽然是改行学科技管理、科技政策专业，但当过一个中等城市的领导秘书，在大学当过党委副书记，面对新的工作基本上算是胸有成竹。果然，很快就打开了局面，得到科委绝大多数人的认可。

脚踏实地，先做实事

我到市科委上任不久，许多机关干部向我反映，科委的办公条件太差，地处汉口沿江大道的科委大楼，虽然位置优越，是20世纪初外国租界的老房子，但年久失修，还查出白蚁，是个危房。每次上楼梯时，总有点摇摇欲坠的感觉，十分危险。我向市长和分管市长多次反映，但由于当时财政拮据，根本不可能重建办公大楼，我后来又找时任国家科委常务副主任李绪鄂同志，他曾到过我们科委办公室，觉得办公条件确实太差，决定由国家科委拨款20万元，作为引导资金，重修科委大楼。不要小看这20万元，这可是从国家科委事业费拨出来的。国家科委的款项到达后，武汉市长常务会议决定，由市政府和市房管局配套资金，重修市科委大楼。资金凑齐后，由上一任主任找人设计，由另一位副主任负责抓基建。我除了看看进度外，其他事就没有管了。还真险，老办公楼拆到第二层时，一个办公室就整体塌陷下来，市长听到后都后怕了。我说："是啊，把第一生产力压死了，怎么得了。"

大楼修建期间，科委在通信学院借了一层楼临时办公，虽然条件更差，但大家都觉得有盼头，机关人员情绪未受影响，工作如常开展。一年以后，新办公大楼落成，总共花了210万元，这已经是相当节俭了。搬家那一天，几乎是静悄悄的。没有鲜花，没有鼓声，更没有贺篮和贺礼，没有举行搬家仪式。科委支持的单位多得不得了，但我们没有收任何一家的赠品和贺礼。只有科委下属的一个单位，即和平公司的老总黄崇胜，从他出租门面的一家具公司，送来一套会议桌。他可能要的是广告效应，在会议桌写上“武汉和平公司赠”字样。整个办公楼很简单，都是一些面积较小的办公室。我自己的办公室也不大，朝北向，常年见不到阳光，也没有洗手间，只是旁边有一个几平方米的简易休息室，刚好能放一张小床，中午可以休息一下。比起时下一些领导的办公室，有客厅，有休息室，有洗手间，有的还有桑拿房或麻将室，我们当时真是土得不得了。有一年我们科委到美国宾夕法尼亚州参加科技博览会，我参观了与武汉结为友好城市的匹兹堡市，在那里我受到一些启发，如他们市政府的一楼有婚姻介绍所，大门口有铜铸的匹兹堡交通图。我们科委大楼的一楼，一边是信用社，一边是小餐厅。我们也在墙上镶了一块标有武汉市大专院校、科研院所的铜板地图，挂了几天，就被人偷去了，可能可以卖废铜。

另一件事就是为机关干部职工解决住房问题。由于长期积累的矛盾，科委机关干部特别是一般干部和职工的住房问题一直没有解决好。我未到任前，曾经为几套住房，科委领导还开过“庐山会议”，就是利用开会到江西庐山封闭讨论住房分配问题。我的司机，是位非常敬业和守纪律的职工，平时话不多，但说起房子问题也很激动。科委下属物资公司有块地，在主任办公会上很快达成共识，决定在这里建职工宿舍楼。关键问题又是钱，又是国家科委，特别是李绪鄂同志，决定将给市科委的有偿使用经费免还，加上东拼西凑，总算初步解决了建房资金问题。在讨论房型设计方案时，有人主张多建一室一厅房，可以多解决几户的住房问题，有人则主张大一些，各说各的理。最后，考虑到一室一厅太小，三口之家都很难转过来，太大了又不切实际。决定多数为二室一厅，少数三室一厅。全部准备工作做好后，1994 年上半年才开工。我当时已经知道自己的工作要变动了，但我还是参加了奠基仪式，科委不少人因解决了办公条件又接着解决住房问题，心情很愉快。等到 1995 年我调走后的一年，科委机关宿舍落成，一些人盼了多年的愿望终于实现了，他们对我办的实事感到由衷的高兴。也有人告诉我，在分房时，有的领导把自己原有的房子给了子女，又在科委分了一套房子。他们还说，有的科委领导，人从武汉调走了，在科委分到的房子仍留着，不像我，我离开华中工学院时，把房子交学校了。调离武汉后，我又将市政府分给我的房子交出去了，虽然我在武汉待了20多年。我爱人在武汉市建设银行工作，银行要给她房子，她也不要。我走之后，我的小儿子户口还在武汉，由于我们没有了房子，小儿的户口只能落在同事的家里。退休后，我每年一般要去武汉几次，许多原来的同事和朋友总觉得我们如果在武汉有房子会方便很多，对我们当年不在武汉留房子不理解。

本来还想做一件事，就是科委下面有一个二级单位，有几亩地空闲着，想着做点什么事。当时市科委下属二级单位有10多家，大都租房办公，办公条件也比较差。而市政府有的委办，不仅办公大楼好，而且有招待宾馆。我当时想用这几亩地招商，即我们出地，投资方出资金，做完大楼后分成使用。这样科委下属二级单位不仅解决了办公用房问题，而且能搬到一起，有利于加强联系和提高办事效率。而且可以做些客房，作为招待所。我觉得如果有个招待所，开会或培训要方便和节省多了。上海市科委主任是我的同学，他们市科委有一个科技宾馆，搞得很红火，我到上海开会时，住过那里，对我吸引力很大。我将上述这些想法向有关方面透露后，还真有人响应。最积极的是我的一个大学同学，他是东湖开发区下属一个高新技术开发区的老总，他很快拿出了一个大楼设计方案，有20多层，在当时也算气派。但是，当时这种想法也是相当超前的，属于房地产开发，不容易得到有关方面特别是主管部门的认同。加上同学当时的公司也还刚刚起步，一下筹集较多的资金也有困难。我当时不仅要理顺科委的各项工作，又兼东湖新技术开发区的主任，精力也顾不过来，这件事始终没有做成。但是，这件事情的提出，给后来一些人有启示作用。就在这个二级单位旁边，由科委代管的工程研究院，是个有名的老大难单位，所属的几个研究所大都运作困难，不仅不能使科研成果产业化，连自己的生计都很难。院内矛盾既多又复杂，几次调整班子也没有彻底解决问题。由于是市科委的代管单位，市领导和院内职工对我们的压力也很大。我认为研究院要向企业化转制，希望能调一位懂企业的人来当领导，市委市政府主要领导采纳了我的意见，后来这位领导就是用研究院土地置换方式与投资方合作，解决了研究所的科研经费和发展问题，较彻底地改变了研究院的面貌。

只要你是干实事的，自然就会得到群众的认同。我刚到科委一两年，就办了几件实事，得到科委职工包括离退休人员的好评。许多人感叹说，多年积累的问题，张主任一来就解决了。我不回避矛盾，只要是群众特别是多数群众关心的问题，我就认真调查，搞清真相，下决心去解决。不回避矛盾，有做实事的行动，就容易得到群众的理解和支持，解决起来阻力也就少了。像职工的午餐补贴，老干部的工作，子女的就业，职工的一些后顾之忧，二级单位的发展，我们都是不回避矛盾，从实事做起，得到了很好的效果。

由于体制原因，省、市矛盾几乎是中国一大特色。全国一些大城市变为“计划单列市”后，这种矛盾更突出。我到市科委之前，和省科委就很熟，有一位省科委主任还曾想调我到省科委任职。我当市科委主任后，我说不管上面有什么矛盾，我们省、市科委先协调起来。我主动拜访省科委领导，提出省、市科委每年联欢一次。第一次联欢正好我们办公楼落成，由我们主办。通过联欢，互相交流，相互理解和支持。特别是对口处的关系融洽了，气氛好了。虽然财政口子不同，但有些方面，如共建开发区的项目，省科委也乐意支持。这件事费力不大，但效果很好，许多同志认为我做了一件实实在在的好事。

结合经济，突出改革

武汉市科技体制改革是从20世纪80年代中期开始的，几届老主任、老领导做了大量的工作。改革的核心是要解决科技与经济两张皮的问题，科技要为经济、社会发展服务。我到市科委时，社会大环境很好，邓小平同志南行，各级政府都很重视“科教立市”“科技兴国”，科技体制改革措施一经提出，总能得到上面的支持。

武汉市是大型工业城市，有许多大、中型企业，我曾在国有企业工作过，科技和经济的结合，是我常常考虑的，我认为这是科技改革的大问题。在和经济结合改革中，我们科委积极主动，和经委、计委的合作关系很好。科委和经委联合到汉阳客车厂调研，主动提出将有关费用用于制造新的客车。我到日本考察时，曾自费购买一种金箔酒，我无偿提供给黄鹤楼酒厂进行试验和试制，生产了价格更高的礼品酒，经委主要领导非常感谢。技术市场在武汉市开展得比较早，曾在20世纪80年代初举办过全国第二届技术市场交易会，老一辈革命家彭真还莅临指导。但规模不大，我到科委时，全市的技术市场交易额才几千万。我们意识到，科技和经济的结合，技术市场是很好的切入点。当时的武汉市每年轮流举办渡江节和杂技节，在“文艺搭台、经贸唱戏”的流行口号中，我们除了举办技术商品拍卖会外，更使技术市场交易常态化。我曾在《科技日报》上发表了《开放呼唤技术经纪人》的文章，在社会上引起较大反

1991 年到武汉汉阳汽车厂调研。

响。科委上下很快达成共识，把活跃技术市场作为经常性的工作，使之非常活跃。这也引起了市委领导的重视，在市党代会的主报告中，还专门提了“技术经济人”的思想，《科技日报》在头版专门做了报道。经过一两年的努力，武汉市技术市场额较快增长到1.4亿。和技术市场配套的科技贷款也连年成倍增长，在市政府的支持下，我们与建设银行设立了科技贷款，支持有创新的大项目，并成立了科技投资公司。当时还有人说市科委将国有资本变成了科委的法人资本。实际上，市科委作为市政府的一个职能部门，支持上大项目并不是为科委谋利益。

民营科技企业异军突起，后来成了半壁江山，我曾经为民营科技企业“鼓”与“呼”过，还曾经实践过。中国管理科学研究院就是在我们的坚持下，走的民营道路。1987年，我和《光明日报》湖北记者站原站长樊云芳，曾任武汉汽轮机厂厂长、全国“五一劳动奖章”获得者于志安，酝酿成立民营咨询企业，只是于志安心不在焉，未能办下去。后来于志安携款外逃菲律宾，由于他是以改革者的面貌出现，外逃事件在全国影响较大。由于有这些经历，我一到市科委上任，就非常重视支持民营科技企业的发展，武汉康卓公司是一名科技专家兴办的民营科技企业，该公司有一灭害虫的产品，有可能销到香港去，说比英国同类产品还要好。但该企业资金缺乏，而在当时的金融体制下是得不到贷款的。我们当时打破禁界，将三项经费支持这个有希望的企业。这可能在全国是没有先例的，为此，新华社记者还专门写了文章，给予肯定。后来的事实证明，这个公司在市科委的支持下，一直发展很好，在抗非典的时候还作过贡献。针对武汉市民营科技企业的兴起，我们还在江岸区建立了民营科技园，把为民营科技企业的服务纳入到科委的重要工作，科委所属的民营科技企业管理办公室为许多民营科技企业起到了孵化和服务的功能。我自己还具体深入到企业中去，帮助解决企业的困难。武汉大学艾路明博士和几位年轻人下海创办企业，在一个破落的厂房里搞汽车用的原子灰，很不起眼。我看了以后，跑国家科委为他们争取项目，在国家、省、市多方支持下，他们后来成为上市公司。武汉市红桃K公司是武汉几个大学青年教师创办的公司，我几次带科委有关处室现场解决他们的发展问题，并跟踪服务，使他们十分感动。他们的老总一谈到科委，总是说“滴水之恩，涌泉相报”，我真是连饭都没有吃过一次。我调广州后，他们公司一位副总带着一套《二十四史》（白话本）送来，说你如果不收下，我们的心是不会安的。

武汉地区的大专院校很多，在全国排第三位，但和地方经济结合得不好，用原武汉市委书记王群的话说，“没有破题”。我在大学工作多年，又看过国外一些大学科技园区，对大学促进工业发展的症结看得比较清楚。大学的科技成果，没有经过中试，是不可能在工业中推广的，经过中试的有希望的产品，大学又不肯拿出来，自己想走产业化道路，不仅大学如此，研究所也是这样。如武汉市一轻局研究所有一个双叉杆菌科研成果，有很好的市场前景，日本有关部门都知道，很重视。但该所不具备产业化条件，我曾多次找该所所长谈话，希望他和企业结合，并提出几种方案，他就是不接受。结果该项成果束之高阁，该所的经费却相当困难。我们不去简单说教，而是采取服务的态度。1993 年，科委拨出 100 万设立旨在支持大专院校、科研院所年轻人科研的“晨光计划”（上海市类似计划是 150 万），重点支持 30 岁左右的青年科技骨干，支持的强度超过了当时的国家自然科学基金项目，对结合武汉市经济、社会发展的科研项目，更是从快支持。这个计划，很快将整个武汉高校、部属科研院所的积极性调动了起来。出现了许多感人的事。例如华中科技大学的一名金属材料的博士生导师得了癌症，必须立即住院治疗。这时，他的研究生申请了“晨光计划”项目，为了应对项目评审，他毫不犹豫推迟了住院时间。华中农业大学有位博士生本来准备出国深造，他得到了“晨光计划”项目，决定暂时放弃出国机会。中科院武汉分院水生所的一位博士生，曾得到过“晨光计划”的资助，后来到日本、英国进修。他回国后到广东创业，时间已过去快十年了，听说我也到了广州，给我打来电话，说“我到处打听你的去处，非常感谢当年关键的时候支持了我”。和其他科研计划一样，“晨光计划”执行过程中完全按公开、公正、公平的原则，实行专家同行评议，择优支持，科委领导从不插手搞暗箱操作，受到青年科技人员的好评。我们还抓了计算机辅助设计（CAD）普及工作，把 1993 年称为武汉市的“CAD 年”，使企业的产品设计和技术开发实现了跨越式发展。后来任国家教育部长的周济教授当年就是在华中科技大学从事CAD教学工作的，他认为市科委搞“CAD年”是有远见的。在给高校和科研院所下达项目时，不允许科委人员参与课题挂名或出国考察。我离开武汉前，一位大学的科研处长登门送别时，非常感谢市科委在下达科研计划时不以权谋私，出于公正支持高校的科研工作。

我对武汉郊区的科技工作比较重视，我自己出生在农村，知道农村缺科技的状况。由于国家对科技的投入不足，分到郊区、县的经费是办不了什么事的，科委加大了对农村科技的投入，除了改进区、县科委的办公条件外，也使他们有能力开展一些科技活动，对能列入“星火计划”的项目更是重点支持。我自己抓了两件事，一是支持市蔬菜公司、东西湖区和以色列莫哈夫集团合作，拟建当时亚洲最大的脱水蔬菜工厂。莫哈夫集团是以色列的一个大公司，公司的高管乘着私人飞机来中国的，他们对这个合作项目也很重视。后来只是因为原材料标准和基地建设方面的问题，合作未能进行下去。但这是开了武汉市科研所、区、县通过国际合作发展产业的先例。此外，也开阔了我们对农业深加工认识的思路。第二，武汉市当时的农业方面的研究所困难重重，有的生计都难以维持。我经过调研，反复向农科所及相关所的领导讲明，并用文件的形式指出，要走出困境，唯有走企业化，科技成果产业化的路子，和其他部门一样，科委也有扶贫任务，我要求下去扶贫的人员要多做实事，少来虚的。包括要他们不要去张贴大标语，而是真正帮助农村改善饮水卫生、修建道路、搞好小学教育。

科委机关内部的改革力度也比较大。最大的改革就是要科学管理、民主管理，使科委的重要决策都要科学化、民主化，并在阳光下进行。我对机关人员说，我们从基层科技人员上来，论资历，长征路上没有我们的脚印，抗日战场没有我们的烽火，渡江南下没有我们的硝烟。我们凭什么当领导，凭什么在政府部门工作，就是靠决策科学化、民主化。科委虽然权不大，但它有三项费用，炙手可热，这些费用都是经科委作为项目分拨下去，责任不小。我坚持民主决策，我们每周的主任办公会，扩大到各处处长，主要内容是集体讨论项目立项问题。集体讨论，可以对项目看得比较准，更重要的是防止暗箱操作，避免腐败。根据规定，当时的计划中还设有主任机动费，就是一些小的项目，不需要经过讨论，主任批了就可以。但几年中我从未批过一个项目，而是将这笔费用交由计划处研究决定，这使许多人都不好理解。在我的任上，科委从未出过事。我离开后，科委有多位局长和处长都因经济问题受到法律制裁。我们还建立了几千人的专家库，依靠专家同行评议来立项。对一些重大项目，则实行招投制等规范做法，做到公正、公平、公开。在制定武汉市地铁项目时，中标的并不是武汉市单位，而是成都的一个设计院。对市属研究所，我们鼓励他们面向市场，走企业化道路，如市属天线所按照这个思路，较快走出困境。科委所属的二级单位，也是要求这样做，分别成立了投资公司、软件公司、物资公司、科技进出口公司，摆脱靠吃财政饭的思路，有的公司很快取得了收益。在科委机关只满80%的编制情况，进一步精简机构，动员有闯劲的年轻人到民营企业管理办公室、技术市场办公室和科技发明办公室任职，摸索科技人员投入经济、社会发展的经验。为了使这些人无后顾之忧，我提出科委对下海的人员要给“救生圈”。由于我们改革力度大，国家科委后来将武汉市列为全国科技体制改革的试点城市。湖北省《科技进步与对策》杂志以《直挂云帆济沧海》为题，赞扬了当时武汉市科委改革、开放的新风貌。

思想解放，拒绝陈腐

我没有固定的座右铭，参加工作后，我要求自己做到“豁达而不狂妄，谨慎而不拘泥，灵活而不圆滑，稳健而不僵化”。如果我这个人有优点的话，那就是我一生不狂妄、不拘泥、不圆滑、不僵化、不抱残守缺。思想解放更是我的一个特点，思想解放并不是乱想，是“不唯上，不唯书”，是实事求是地处理问题。

在我上任不久，国务委员兼国家科委主任宋健同志视察武汉时，曾问过武汉科委，有多少科技人员出国参加学术交流。我说从 1988 ~ 1991 年有 180 人左右，宋健同志说太少了。在一些软科学的全国会议上，我和国务委员兼国家科委主任宋健偶有接触，原国家科委副主任吴明瑜也曾向宋健同志介绍过我们这些软科学的积极分子，所以，他对我应该有印象。1991 年春天，我当武汉市科委主任不久，宋健同志到武汉视察工作，在有湖北省、武汉市政府领导的小型汇报会上，宋健同志一落座，就一见如故地问我：“碧晖，什么时候到科委的?”等我回答后，又说：“好好干。”寥寥数语，使在座的省、市领导惊讶。我在佩服宋健同志的记忆力时，也感到这是对我日后工作的支持。

1992 年 1 月 18 日，这是中国人不会忘记的一个日子，这一天，邓小平同志南行，从北京到达第一站武昌。说来也巧，这一天，我也在武昌车站，只不过我不可能见到小平同志。那天上午，我按照市领导的指示，驱车去武昌车站接国务委员宋健同志。后来才知道，小平同志的专列离开武昌后，宋健同志乘坐火车挂的专车就到了。在车站迎候小平同志的湖北省党政领导，顺便也迎接了一下宋健同志，这里包括原国家科委副主任、现任湖北省省长郭树言同志。据说，原来通知，小平同志在武昌东站只是停留休息一下。省领导都在南站购物亭旁边等着，没想到小平同志招手让他们过来，一谈就是半小时多。当我把宋健同志送到洪山宾馆后，刚一到房间，宋健同志就对我说："小平同志刚刚离开武昌南站，对你们省领导说，基本路线管 100 年，不要管姓'资'还是姓'社'，要发展经济。"宋健同志显得很兴奋，他说："我们今后可以大胆干工作了。"我当时没有意识到，这就是改变中国面貌的"南方谈话"。

武汉市，无论是大专院校、科研院所或是科技人员总量，在全国都是名列前茅，参加国际学术交流人员如此之少，是很不相称的。这与武汉市经济情况固然有关，最主要的原因是思想解放不够，还有就是手续繁杂，主管部门官僚主义作风严重。各单位对科研人员出国学术交流，有很多顾虑，最主要是怕科技人员出去后不回来。针对这种思想，我在一次科技人员对外学术交流的会上说："不要怕科技人员出国后不回来。好人出去后一定会回来，窝囊废出去后不回来卸了包袱，坏人出去不回来清除了隐患。"此话一出，举座皆惊，不久成了武汉市议论的名言之一。很多年以后，还有人说这个讲话使人耳目一新，科委历任外事处长都牢牢记住了我这句话。除了解放思想外，在办理手续方面特别抓紧。市科委是主管科技人员出国的一个口，凡是报请出国学术交流或合作的文件，在我办公桌上从不过夜。我还说，对这类材料的审查重点一看出国目的，二看经费来源。结果，在我到市科委的一年多时间里，武汉市科技人员出国学术交流和国际合作的科技人员就达 200 人。光外事部门的人思想通了还不行，有关方面的人员包括负责政治审查的人都要通。我有意识组织科委负责人事、思想工作、机关党委的人到特区考察学习，根据外出考察的任务，也组织他们中的人到国外去学习、考察，这样，在这个问题上，科委方方面面达成了共识。

思想解放必然会接受新生事物。大约 1991 年春天，有人向我介绍工业设计的国际动向。我很快就听懂了，而且我在大学工作时，即 20 世纪 80 年代有本澳大利亚的教材《工程设计导论》，我曾经翻阅过。我不仅向学校推荐这门课，还自己作了准备，想开这门课。1991 年 10 月，中国国际工业设计研讨会在武汉举行，由武汉市科委对外科技交流中心、中国工业设计学会共同主办。世界著名工业设计大师、前国际工业设计学会主席鲍涵斯，另一前主席荣久庵宪司及另一位主席，德国著名设计大师乔治·伯登约 150 人到会。工业设计是对所有工业产品设计的总称，20 世纪 90 年代初，我国还处在装潢和商标广告设计的初级阶段。这次会议规模虽然不大，但在当时国人还不知道何谓工业设计时，引进了这个概念，这次会议无疑具有里程碑的意义。多年之后，深圳市政府每年举办“市长杯”工业设计比赛，受到广泛的重视。大概也是 1991 年，我在报刊上看到有关多媒体的介绍，我虽然不懂计算机，但我意识到这是一个值得关注的领域，当时科委计划处、工业处的同志告诉我，华中师范大学计算机系主任对此有研究，这位女教授很认真，将详尽的申报材料交到我们科委。当时申报的科研项目基本都定好了，我和计划处商量决定用主任机动费支持这个项目。半年多以后，我看到了这位教授将多媒体用到房地产推销项目上的展示，房地产与周边环境、房屋结构和装饰一目了然，使人耳目一新。这在现在真是小菜一碟，但在 20 年前，也是新生事物。我在华中工学院任院党委领导时，认识了许多武汉高校的领导。我很喜欢和他们交流，他们也觉得和我好相处，中国地质大学（武汉）的常务副校长来科委时，我们一起谈到要创办珠宝专业。我对这位副校长说，我虽然离开了学校，但我可以找下面的二级单位和你们合作办学，争取拿英国的证书。也许这件事有些超前，这位副校长也定不了。20 年后，该大学是珠宝专业的权威，就连我所在的番禺都有他们的培训点，我所在的职业技术学院也在 10 年前设立了珠宝专业。

记得有一次，广东珠海唐家镇镇长带了几个人，到市科委办公室找我，说珠海是特区，唐家镇是珠海一个很有潜力的镇（现在全国 10 多所名牌大学在该镇办了分校和软件园）要求从我们武汉引进技术和人才。据科委一个二级单位说，陈镇长先去华东一大城市，该市科委的人说，你们有没有搞错，我们怎么能和你一个镇合作，吃了闭门羹，才气得来找我们。我安排一个二级单位，用科委的车，送他们到各研究所参观、洽谈。后来虽然只签了一些意向合同，但他们非常感动，后来我和陈镇长还成了朋友，10 多年过去了，陈镇长也升到副区长，还记得我们武汉市科委。挂靠科委一二级单位的武汉和平集团公司，长期和广东惠州市科委、工厂合作。我还给和平集团公司疏通和洪山区的合作。现任武汉市政协副主席李传德，当年是著名的洪山区和平乡乡长。我们两人都是湖北省人大代表，有一年开会，我们正好住在一起，他问我和平集团公司的老总黄崇胜怎么样？我说此人是老红军的后代，思想解放，改革精神强，有魄力，你们乡可以支持一下。后来和平乡出地，由和平公司建市场，将广东顺德的家具商引进来，办成了武汉最大的家具市场。我要黄崇胜从提高家庭生活质量角度搞服务业，现在和平集团公司成为武汉家庭服务和农业新技术推广很有名的公司，在解决三农问题上进行了很多有益的探索，在湖北省有很大影响。黄崇胜租了农民一块土地，他很早提出了“土地变股权，农民变股东”的口号，现在在一些省市实现了。全国人大原副委员长陈慕华和原湖北省委书记俞正声等中央、省、市领导都曾视察过该公司。除了对内开放外，对外开放也做了不少工作。我们将市科委与科技公司开发的先进豆浆机，选送参加了国家科委在香港举办的展销会。将武汉纺织机械厂带到德国的展销会，了解到国际纺织机械的发展状况。1991 年，我带领武汉市几个企业参加了在美国匹兹堡市举办的美国宾夕法尼亚技术贸易展销会，该州州长来到我市展台，在酒会上把我和当时的美国商务部长（就是那位和我国进行 WTO 谈判的著名女部长）称为会议最受欢迎的两位客人。

思想解放，我当时把它作为搞好科技工作一个重要选项，我也认为这在当时的武汉市是一个没有解决好的问题。可是，它也给我带来不少的麻烦。有一次，武昌区区长请我到该区干部大会上去作一个报告。我结合武汉市的实际情况，讲了一个观点：“武汉市的改革开放可以概括为‘醒得早，起得晚’。”就是说，武汉市的工作对开放认识得很早，讲得头头是道，但行动却慢一拍。第二天，武汉市委机关报《长江日报》还作了报导，把这个观点的文章放在报纸的头版，并加了边框，说明报纸是赞成这个观点的。这个观点受到许多市民特别是知识分子的认同，认为讲得既符合事实又生动，后来成了武汉市的“口头禅”。但有的领导听了就不高兴，认为否定了武汉的成绩。20 年之后，新一任的武汉市委书记也有同感，他在一次会议上说：当年的市科委主任讲武汉改革开放“醒得早，起得晚”，说得对，我还要加一条，“又睡了一个回笼觉”。影响更大的是，武汉东湖新技术开发区曾经办过一份报纸，在创刊号的第一版，登了三篇文章，一篇是市政府主要领导的，另一篇是开发区领导的，他们的文章都是讲大好形势的美好前程的。另外一篇就是一位记者采访我的文章，文章开宗明义，指日前武汉市科委主任张碧晖批评说，武汉市总是吹嘘自己的科技力量全国第三，但市场经济不相信这一套，而是要看你对经济发展的贡献率，看你的科研成果能否转化为生产力。新药“丽珠得乐”本来是武汉研制的，但由于投资环境不好，在武汉不能产业化，到了广东珠海成为品牌，获得了很大的经济效益。武汉为何不得“乐”，要深刻反思。文章还说，在举出许多例子后，张碧晖得出结论：现在的形势是“武汉科技支援沿海，沿海产品占领武汉”。这些话我确实都讲过，但这是我分别在科委、科协会议上讲的，我还兼任武汉市科学技术协会副主席。主要是我作为武汉科技部门的领导，从自己的工作来反思和检讨，并说我自己要负很大的责任。这些分别在一些场合的讲话，被这位我不认识的记者一串起来，就成了批评武汉市，否定武汉大好形势的文章，而且和同一版面两位领导的观点形成了鲜明的对比。这篇文章在全市反响很大，不少人认为我讲的是实话，符合武汉市的状况，切中了问题的要害。但是市里个别领导看了，很不高兴。市委领导的秘书曾打电话给科委办公室主任，要他转告我，写文章和讲话要注意影响。

但是，你只要做了好事，人们总会记得你的。正直的领导也会给予肯定的。我从小喜欢看京剧，念书时，我就曾看过著名京剧演员关正明演的《蔡文姬》。我也知道，在大专院校、科研院所，对京剧这种“国粹”，有许多爱好者。华中工学院有一批爱好者，经常在一起吹拉弹唱，我一位同学还做京胡，并送我一把。他还用计算机软件，改进电子琴弹奏京曲。我决定搞一次振兴京剧的活动，将武汉市的京剧名家请来，和大专院校、科研院所的京剧票友联欢。结果活动搞得相当成功，一位人大代表就是著名演员，她将关正明、李蔷华等名家都请来了，活动在武汉市电视播出后，引起很大轰动，受到主管思想的副书记赞扬。他还对人说，科委张主任还是有思想、有见地的。

1993 年在市科委招待老同志的联欢会上。

尊重历史，饮水思源

市科委新办公大楼落成后，我选了一间最大的房间作为老干部活动室。除了配齐各种电器设备和家具外，在墙上把历届科委主任、副主任的肖像挂上。这在国外特别是一些城市的办公室，是通常的做法。如我在美国匹兹堡市参观时，市政厅会议室里就挂满了历届市长的照片。我体会，这就是尊重历史的体现，就是不忘记历届政府和市长的功绩。尊重历史，是为政者的必备素质，没有前人打下的基础，何来谈发展。正如现在经常讲到的，一个不尊重历史的民族，是没有希望的民族。还要加上两条：一个不尊重历史的班子，是很可怕的班子。一个不尊重历史的领导，必定是有野心的领导。尊重历史，也不是抽象地肯定一下前任的成绩。从我们国家的实际情况来看，尊重离退休老同志，就是尊重历史的重要体现。

1992年，《老年文汇报》长篇报道了武汉市科委的老干部工作，题目是《“四两”与“千斤”》，文章说：“老干部在长期的革命斗争和社会主义事业中为党和人民做出过不可磨灭的贡献，尊重关心老干部就是尊重党的历史。如今，他们老了，不依靠组织依靠谁？这是党组书记、主任张碧晖的一句口头禅。”武汉市科委机关人数不多，但老干部比例不少。有老红军，有抗战解放战争时期的老干部，有享受副省级、副市级待遇的，资格都很老。他们先后担任过市科委主任、副主任或处级干部，为武汉市的科技事业付出了辛勤的汗水，是值得尊敬的。更难能可贵的是，他们离退休后，仍然关心和支持科委的工作。老主任肖望同志，是抗战时期的老革命，工作有魄力，对工业熟悉，对市属科委研究所的情况很了解，他离开领导岗位后，许多科技人员都怀念他的工作作风，我曾多次上门请教。老主任邓南生是有名的化工专家，思想活跃，为人低调，我到科委之前和他就很熟悉。原科委副主任张斧同志，是副省级干部，德高望重，党性很强。这些老主任，都很顾全大局，从不干扰现任领导的工作，对自己退下来的生活也不提过高要求。

我到任后，首先落实有关老干部的政策，从小事抓起，特别是老干部的交通费、公用经费、特殊经费，都要求有关部门留足留够。有些事情虽小，但处理不好，也会闹出不愉快的事端。例如，老干部离退休后，不再交工会会费了，因而不享受工会的有关福利待遇。其实也不是什么了不起的福利，只是发点卫生纸以及端午节、中秋节的粽子和月饼之类。我找到工会负责人商量，能否灵活一点。后来，他们在这些福利上将离退休干部和现职干部一视同仁。钱花得不多，但老同志非常高兴。机关有个老干部办公室，只有两位工作人员。他们兢兢业业，任劳任怨，承担了大量工作。市科委有 11 位离休干部，工作人员每人每年要跑许多次，工作量很大。所有的琐事都认真对待，不让矛盾扩大，例如有位老同志为房屋维修的事情，多次与房管所发生冲突，有一次还被房管所封了门。问题反映到科委后，老干部办公室与房管所的领导多次交换意见，并要求先打开封条，让这位老同志先住进去，然后由科委代交了该老干部所欠的房租，缓和了这位老干部与房管所的矛盾。房管所领导也及时对房屋进行了维修。该老同志也表示今后将按时交纳房租，一场“干戈”很快化成了“玉帛”。其他诸如看病、交通等琐碎问题，老干办的同志都想得很周到。有一次，一位离休干部外出，途中不慎被盗。老干办的同志反映到我这里来，我怕老同志一时想不通，怄气伤了身体。采取特事特办，给这位老同志进行补助，避免小事变大事。对医疗问题，也是从方便老同志出发。一位离休干部丈夫去世后，她经常住在青山区女儿家。而她的对口医院是汉口的二医院，看病要搭船转车，很不方便。科委老干办及时给她办理了转对口医院手续，使她能就近看病。

老同志退下来以后，心理要做调适，对现职干部，只要你尊重他，他就容易得到满足。我去科委工作虽然很忙，对一些退下来的主要领导，每年都要登门拜访一至二次。主要向他们请教，并询问他们在生活中有什么困难和要求。你越关心，老同志倒很少谈自己的困难，他们总是希望科委的工作越来越好。当然，也有个别老同志，由于这样那样原因，心里也有怨气。有位老同志，资格很老，担任过武汉市的重要职务，让老干办带话要见我，我先后多次登门，听取他的诉求。第一次登门时，他首先指着贴在墙上他的任命书说："张主任，你是市人大任命的，我的职务是中央人民政府政务院总理周恩来任命的。"我知道这话的分量，笑着对他说："向老革命致敬!"坐下来后，他又说，张主任你要解放思想，胆子要大一点，步子要快一点。我们老同志支持你，不要怕。譬如说，我儿子在科委下面一个单位工作，你把他提拔成办公室主任，我看也不会有什么问题。还讲了许多，我耐心让他讲完。我说："你是老革命，提拔干部不是我一个人说了算，要科委党组集体讨论。"离开的时候，我表示还会来看他，请他保重身体。同时我要老干办特别注意，凡是他提出的具体困难和要求，只要合理又办得到的事情，尽量给予解决。这位老同志，过去由于个人问题受过处分，所以心里有怨气。我们不计较这些，对他仍很尊重，后来我又登门几次，他态度就好多了。对待老干部工作，我们还本着实事求是的精神，在方法上做了许多改进。譬如每年春节，我们根据老同志的意见，改走访为集体团拜，包括省、市科委联欢，也把老同志请来参加。由于老干办工作效率不断提高，一些具体问题，平时就解决了，老干部发牢骚的也少了。见面后互通信息，互致问候，气氛十分融洽。科委新大楼建成后，为使老干部有一个集中学习、交流活动的场所，特地安排了一个最大的房间，配备了柜式空调、大彩电、真皮沙发，还铺上了地毯。这在当时是很好的条件，老同志看到我的办公室，水泥地，连个卫生间都没有，他们很感慨。老干部活动室根据我的意见，将历届副主任以上的离退休、现职干部的肖像挂在墙上。我说，这就是武汉市科委的历史，老同志看了后都很欣慰。其实，老同志最怕继任者否定历史，否定他们为之奋斗的历史。

老同志退休了，并不能一下就适应起退休的生活。过去门庭若市，忙得不可开交，现在门可罗雀，冷清得不得了。我对有关部门说，凡是有可能，都要考虑让老同志多参加一些活动。我们每年都会组织老同志外出参观和旅游，这在当时是很少机关能做到的。省、市科委联欢，在我们市科委主办时，我们就把省、市科委的老同志也请来。省科委一些退休的老厅长们，很多过去对我帮助很大，我还抽空去看过他们。在联欢会上，省、市科委老同志过去工作上都有许多联系。有的说，省、市有矛盾，像这样相处，什么矛盾都可以解决。

我在市科委工作将近四年，和老同志的关系比较融洽。他们平日都很支持我的工作。例如武汉市科委代管的武汉工程研究院，是一个矛盾突出、关系复杂的地方。我尽管花了很多工夫去解决矛盾，但上面对我仍有微词。有几位老同志用切身的体会，为我讲话，邓南生主任就是为我挺身讲话的一位老同志。1994 年秋天，我奉调广州番禺负责筹建一所大学。当时在武汉，什么传说都有，其中就有说我在南边如何困难，如何不顺等。市科委的老同志都很关心我，一年多以后，我的工作有了头绪，请老同志到广州番禺我工作的地方看看。他们看到我只用了一年时间，就初步建起了一所大学，还招收了学生，各项工作开展有序。他们非常高兴，说现实和原来的传说并不一致，真是百闻不如一见，也就放心了。我让学校安排他们到深圳、肇庆游览，之后老同志高高兴兴回去了。有这么多老同志关心你，爱护你，这实际上是一种难得的感情，它不是一朝一夕形成的，是我们重视老干部工作的结果。

告别科委，心向教育

我当了两年科委主任，后来在市党代会上还被选为市委委员，也当上了省人大代表。市委委员只有 20 人左右，历届科委主任中据说也少有当市委委员的。但我并不看重这些，我本来就是从教师岗位上来的，觉得虽然职务变了，但人还是那个人。办公室靠北边，没有阳光，更没有厕所。我也没有秘书，甚至到北京开会，也没有随从。记得有一次从北京开会回来，睡在普通卧铺里，见到了市委副书记在电视台工作的儿子。他十分惊奇，问我为什么没有人跟着，并要为我打水。20 世纪 90 年代初期，改革开放带来的生活方式，在武汉也兴起了，但这些场所，我从来不涉足。科委有一位研究生，在社会上比较活跃。他对我说，从来你都不去歌厅、舞厅，甚至领导也去的室内游泳池，你也从来不去，你是不是太保守了。我听后，一笑了之。

我到科委后，真是一心扑在工作上。自己的问题很少考虑。我当时坐的汽车是老式上海牌汽车，据说是仓库里最后一部，是黄颜色，人们戏称“黄包车”。有一次参加一位老副市长的追悼会，因为那天的领导很多，我的车被撵在外面不让进，经交涉说明是市科委主任的车，这才让进。

后来，市政府领导要我搬到汉口来住，开始分给我一位秘书长曾经住过的大房子，是一层两套在一起的，有四个阳台，四个厕所。我爱人看过后，说太大了，打扫卫生太花时间了，结果没要。市计委有位干部很奇怪，说还有不要大房子的。后来主管市长对房管局的人说，越是像张碧晖这样不挑剔的人，我们越要抓紧分房。后来倒是很快分了一套三室一厅的旧房子给我们。我爱人在市建设银行工作，单位也要给她房子，她说我们有住处，要房子干什么。

除了正常工作外，我从不到领导面前套近乎，没有给任何领导送过礼。有一次，武汉电视台一位主持人对我说，据他们了解，唯一没有到书记、市长家的委办主任，就是我一个人。我刚当市科委主任不久，有一位领导要率一科技代表团访问英国，随团人员中有我，我考虑刚上任不久，很多工作要熟悉。我找这位领导表示，这次出访我就不去了，但我为他找了几位得力的处长陪同。这位领导听了后为之一怔，似乎很难理解。后来跟这位领导出去的处长都提到了局一级领导，有一位在开发区工作的还当上了全国人大代表。后来有人说，因为这位领导后来是主管干部工作的，我倒不这样认为，这三位处长当时都表现不错，且有能力。1992 年，市政府班子微调，内定我任副市长。几位领导和我打招呼，组织部负责人也特别关照，我听后很淡定，顺其自然。后来省委讨论时，说我已经 51 岁了，年龄偏大，要选 40 岁以下的人。其实，我也认识省委主要领导，也没有去跑官要官。在选举前，有两个代表团都有 10 人以上提名，仍要我作为副市长候选人。组织部找我谈话时，我坚持要求去掉我的候选人资格。有意思的是几年以后，一位副市长候选人已经 55 岁了，省委讨论时也说年龄偏大。但听说有一位省委常委说，大什么，还可以干一届，结果这位同志就当了一届副市长。

在武汉市政府 4 年，加上在中共景德镇市委 7 年，总计 10 年多，我真的感到，不喜欢在行政部门工作。

首先，人说“性格决定命运”，我的性格不适合在行政部门工作。我崇尚自由，喜欢独立思考。我清高傲气，不喜欢随风附和。我眼睛里掺不得半点沙子，很难伸屈自如。这在我国的体制下，是从事行政工作的大忌。从政 10 年多，我碰到过许多好的领导，他们一般都事业心强，重视人才，能够听取意见和建议，能够发挥下属的积极性和能动精神。但也碰到过难弄的领导，这些人一般心胸狭窄，私心重，玩弄权术，以势压人，喜欢整人。碰到这样的领导，你是毫无办法，自认倒霉。但我也决不卑躬，决不妥协，最后也只有“三十六计，走为上”。

其次，我对行政操作愈来愈感到不耐烦了。我们有的机构臃肿，人浮于事，每天下来，不知道自己干了什么事。在计划经济体制下，部门之间，行业之间，都互相牵制。就拿科委的工作来说，最大的一件事就是管理财政给的三项费，即支持基础研究、开发研究和成果转化的无偿拨款资助。武汉市这种费用当时很少，我到任后有较大增长，也就是 2000 万。几年后，我后来工作的县级番禺市，差不多 1 个亿，这让特大城市的武汉情何以堪？这点经费根本支持不了什么项目，而且方方面面都要照顾到，武汉地区的大专院校、市属科研院所、市属大中型企业，各区县科委机关，等等。所以，我们全国大城市的科委主任开会，都在讲存在撒胡椒面现象，就是现在讲的“碎片化”，最后，什么成果也看不到。一些发达国家的做法，我们也知道。例如，他们的主要经费支持重点基础研究项目，企业追求技术进步，成为开发研究的主力，各种各样繁多的基金会包括慈善基金，支持不同的创新项目。这些做法，在我们这里就不能实现。究其原因，就是政府部门不肯放权，正如有的领导说的，我们管一些管不好、管不了的事情。这种体制问题解决不了，行政就不可能有效率。政企分开，党政分开，说起来很重要，做起来很难。在这种框架下，要做成一件事真是很难。长此下去，要想不官僚主义也很难。为此，我萌生了离开行政部门的念头。

我最想去的地方还是大学，这不仅到了“学术养老”的年龄，也是我熟悉的地方。我经历了大学的全过程，包括读过研究生。我除了在华中工学院本科毕业外，还在上海交通大学读了研究生，并在湖北省委党校进修过。我在华中工学院工作了 13 年，11 年做学生、教师，2 年当校领导。在华中工学院任两年党委副书记时，虽然当时的领导对我多有限制，我基本上是有职无权。但我当时可以说是崭露头角，在全院师生中留下了深刻的印象。我主管学生思想工作，想了许多办法，工作有声有色，深受学生欢迎。两年的时间，对我太短了，还只能说小露锋芒。所以，我很想再做一次大学的管理工作，但不是原来的大学。如果是原来的大学，也有体制束缚，也很难施展拳脚。这个时候，华中工学院（这时已改名华中理工大学）书记也到了年龄，正在物色党委书记人选。后来我才知道，当时的校长杨叔子（中科院院士）提出要我去当党委书记，并请老院长朱九思来做我的工作。杨叔子及夫人和我较熟，当年我们同时是江西九江市政府的顾问。我记得他当校长时，要发表就职演说，问我讲些什么？我说我建议讲三点：一是对历任领导的成绩要充分肯定，这是历史；二是要表一下决心，准备牺牲做学问，专心行政管理，我还帮他设计了一个口号："我当院士为人民，我当校长也是为人民"。三是对如何搞好学校，要讲一些看法，既不要讲大话，也不要讲得太具体。他肯定了我的看法。老院长还向他核实，是否有此事？老院长核实后，先找我爱人做工作，因为老院长和我爱人是老乡，我表示不能同意，一方面我能不能回学校，要教育部党组决定。此外，即使我回去，在老的体制下，也不太可能有大的作为。在这之前，原国家科委副主任吴明瑜、原中国社科院副院长刘吉还联名写信给当时的海南省委书记阮崇武，推荐我去海南工作，后来因为阮崇武调至北京而作罢。

第五章
大学教育　回归理性

2005年，著名科学家钱学森向国务院总理提出："我们的学校为什么总培养不出杰出的创新人才？"著名的"钱学森之问"震惊了国人。人们自然要思考教育的制度设计，究竟出了什么问题。当然，不同的角度，会有不同的答案，我首先想到的是，教育结构有问题。据国家统计局公布数字显示，2009年，我国中等教育以上毕业生总计3808.8万人，其中研究生、本专科学生、普通高中毕业生3189.6万人，占83.7%，而各类职业教育，包括中等职业教育人才匮乏。而德国，近6成学生选择职业院校或专科学校。美国类似职业技术学院的社区学院也占半壁河山，克林顿认为"社区学院是美国的最佳特色"。比尔·盖茨则认为"社区学院使企业能抓住数字化时代的机遇"。改革开放以来，我国的大学教育有很大的发展，但是问题也不少，稍微有点规模的都要成为研究型大学，还要成为第一流，非常盲目。即使像美国这样发达的国家，研究型大学占整个大学的比例也不到2%。德国应用技术型大学占的比例更大，德国2/3的工程师都是应用型技术大学培养出来的。大学的发展，必须回归理性，要把结构调整好，着重发展职业技术教育。改革开放以来，国务院先后召开或批准召开了六次全国职业教育工作会议，全面部署职业教育改革破解经济转型、就业等难题。中央领导指出，要鼓励社会力量，共同办好职业教育，增加就业，不断释放“人才红利”。

1994年，我辞去一个大城市政府部门工作，来到改革开放前沿，在当地政府和港澳乡亲的支持下，我们创办的番禺职业技术学院成为全国最早的一批职业技术学院，并在“职业性、大众化、开放式”的办学理念下，创新体制，办出特色，进行了有益的探索。

南下开拓，追梦之旅

说实在话，过去我对广州并无特别的好感。我第一次到广州，是1966年9月，文化大革命“串联”来的，当时住在暨南大学。也参观了许多地方，除了华南植物园和中山大学、华南工学院外，其他都没有什么印象。但是，到了1987年，武汉情报所在深圳举办学习班，让我去讲课时，我被特区开发的气氛吸引了，原本一个小镇，竟然发展那么快，被誉为“深圳速度”。到了武汉市科委后，到南方出差的机会多了，除了广州、深圳外，还到了海南、珠海和顺德。海南，20世纪90年代初，那真是一个激情燃烧的岁月。成千上万的淘金者，都涌到这个岛来打拼，个个都是精神抖擞，像打了鸡血一样。有一次在三亚“鹿回头”，还看到了后来成为地产大鳄的冯仑，他实现了1989年时立下的搞经济的愿望。华中工学院毕业的学生廉弘，在校当学生干部时认识我。他1988年毕业时本来分在广州番禺，看了一下当年的县级市番禺，报到证都未拿出来，就跑到海南了。他热情地接待我，除了白天宴请外，凌晨二三点还要到狮子楼吃夜宵。这个狮子楼是江西人开的，晚上灯火辉煌，人声鼎沸，热闹非凡。廉弘在去海南的大潮中，算是最早的一批，他放过牛，运过沙子，什么都干过。以他的智慧和胆量，应该早就成功了，当年仰慕他的小学弟，亿万富翁现在就有好几位。但他就是成功不了。海南许多大项目，他都参与了策划。海南观音寺，做之前，他就带我看过地。他和在国防工办工作的校友，筹组过海南航天发射中心。他总是想做大的项目，对容易赚钱的这类工程，都不屑一顾。我也很关心他，因为学生对我都很好，但几十年来一直对我好的学生，他算是一个代表。我曾将武汉一高科技公司介绍和他进行合作，都差一点包装上市，最后也还是差一口气，功亏一篑。不过我相信，他这样不屈不挠，总有一天会成功。但是，热火朝天的海南，我还真是有点喜欢它。在顺德北滘镇，有一位校友是这里人，他在学校业务不错，后来回来做了镇长，干得也是轰轰烈烈的，让我们开阔了眼界。最让我喜欢的，是珠海。珠海是广东的一个地级市，位于珠江三角洲西岸，地接澳门，也是经济特区。改革开放以来，由一个小渔镇迅速变成花园式的海滨城市。四季鲜花盛开，满目苍翠，浪漫无比。珠海市依山傍海，奇峰异石随处可见，海湾沙滩连绵不断，自然风光优美，空气清新，城市建筑风格独特，是风景秀丽的旅游度假胜地。每次到珠海，我都流连忘返。早在20世纪90年代初，我和武汉大学的李光就在琢磨珠海应该有一所大学，并且着手起草方案。后来珠海真是要建大学，和我们的设想不谋而合。只是珠海要高起点，说校长要请类似钱伟长式的人物来但当。使我们望而却步。1995年秋，我已经到了番禺。珠海市委书记梁广大委托珠海西区负责人钟华生，邀请国家科委在南京挂职副市长的肖调禄、深圳商会会长马福元和我，为珠海西区发展提供咨询意见。梁广大请我们吃饭时，我还和他说，我本来是想到珠海大学的。梁广大表示，他们没有钱。后来将由法国人规划的校园给了中山大学。但这位钟华生确给我留下了深刻的印象。这位农民出身的官员，讲出来的话充满哲理。“今日借你一碗水，明日还你一桶油”，就是他说出来的。总之，广东和沿海特区，这片热土，深深地吸引着我。当时我虽然已是中年，而且到了知天命的时候，但我仍有激情。我想换一种活法，自己做一回主。

这个时候，已经先前到广东的一位大学校长，经常向广东省高教厅推荐我。而改革开放后，广东的高等教育有较大发展，要建教育大省，也缺人才，包括能当大学校长的人。当时广东省委高教工委书记庞正也很谨慎。不过他对早先从武汉调来的校院长均很满意，他向时任教育部高教司长陈小娅（后来当了教育部副部长、科技部副部长）求证，陈小娅说，张碧晖比他们还要强。

陈小娅曾在华中工学院党委办公室工作过，后来调到教育部。1994 年春，我到泰国参加一个科技贸易活动，回到广州后，曾到番禺转了一下。此前，虽然到顺德、珠海也曾经路过番禺，但完全没有印象。这次还专门到要建校的地方看了一下。觉得还是个不错的地方。不久，国家科委在深圳召开会议，会后，我和庞正见面了。庞正同志正在医院住院治疗，但无大碍。我们谈得非常好，他应该对我很满意。说实在的，我最想去的大学还是珠海大学或深圳大学。当时刚刚退休的原国家科委常务副主任李绪鄂也知道我想去南方，在退休前他还活动要调我到澳门大学。但是，人退休了就不一样了，说话的分量就不够。庞正同志对我说，珠海大学一时还建不起来，深圳大学较复杂，番禺已经有钱了，可以去做。这次谈话，我基本上拿定了主意，决定到南方去。

广东方面抓得也较紧，不久即派高教工委人事处长和省委组织部一同志到武汉来商调我。与此同时，也找武汉市委组织部、市科委以及华中科技大学了解我的情况，当然得到的反映都非常好。当时，市委、市政府主要领导都不在武汉，一向较为谨慎临时主持工作的一位市委副书记很快就批准我同意调广州。后来有人说，我是他当市长的竞争对手。我倒不太同意这种说法，这位领导比较厚道，和我关系也不错。但是，一位市委委员，科委主任要离开这个城市，倒也不是一件小事。本来，就有“孔雀东南飞”的说法。我的一位学生，在市政府机关工作，他曾提醒我要注意，他是怕我万一调不成，会有不好的结果。科委机关和市政府一些熟悉的同志也不理解，干得好好的，为什么要调走？按照正常思维，似乎是没有理由要走。在市科委三四年，我工作已经得心应手，各方面反映都不错，一年多前就已经酝酿我当副市长，虽然因为年龄关系搁置下来，但一直被放在市领导的视野。爱人在市建设银行投资公司工作，还评为劳动模范，收入比我还高。而且去的地方是一个县级市，办的是一所小型的大学。特别是我当时已经 54 岁了，正如前面说的，我是去栽树，将来别人乘凉。我当时也确实没有想这么多，这和我的年龄也不相称，我不去瞻前顾后，考虑这些后果。我说我学的模具热处理，在洛阳拖拉机厂时，还“偷”了一个专利，不行我就去模具厂打工。和以往的几次变动一样，家里总是支持的，他们连疑问都未提一个。这时，番禺市也派教育局长、市委组织部副部长等来外调。他们还特意到家里来看，他们大概也在疑问，工作这么好，家里条件也不错，为什么要调动？总之，我主意已定，坚持要调动。我向武汉市委、市政府提出报告，辞去一切职务，要求调动。在意料之中，报告很快批了，广东的调动令也来了。

离开工作了近四年的科委，还是有那么一丝丝的留恋。四年来，在科委机关同仁的共同努力下，科委发生了很大变化，上下更加团结了，对我提出的“发挥整体功能”有共识。科委的决策程序更加科学和民主，党组主任办公会制度健全，有利于发挥全委机关人员的积极性，遵从科学管理，提倡职业道德。四年中，机关未出现过违纪违法事件，秉公办事得到科研机构、大专院校科研人员的好评。临走前，一位大学的科研处长来与我告别，说他们学校要到几个领导机关申请课题，只有市科委是真正秉公为他们办事的，不要回扣，不要搭车参加对外考察，评价客观公正，也从没有给科委领导送过礼。各种评奖我都让分管主任参加，严格按同行评议原则，从未到会场施加“影响”。当时的科委，在全市影响较大，有效地参与了市里重大课题，例如现在竣工通车的地铁，就是科委在20世纪90年代初论证的项目。过去市科委和经委在工作中有不协调的矛盾，但通过大型客车研究、黄鹤楼酒厂产品升级以及水泥厂的技术改造等项目，双方合作得很好，市经委领导专门向我表示谢意。市委书记钱运录（后任全国政协副主席兼秘书长）到武汉履新时，在听到各委办汇报时，对科委的汇报非常满意，说科委的视野很宽，改革措施很到位，工作很有创造性。应该说，这几年，市科委的工作是很有成效的，全委干部的心情也是愉快的。看得出来，大家觉得我的调动有点突然。但我去意已定，也顾不得这么多了。临走之前，也没有搞什么仪式，只是大家在一起照了个相。我也没有告别辞，只是讲了两个具体问题。一是希望把机关食堂办好，另一是帮助一些有具体困难的同志，对他们多关心。临走的那天，市科委中层以上干部都到火车站来送别，大家对我依依不舍。

目标番禺，重回教育

我选的到番禺的日子是1994年9月10日，尹静华陪我来的。这一天刚好是第10个教师节的日子。新中国成立前，教师节最早由国立中央大学在1931年发起建立，日期为6月6日，1932年这一天被国民政府确定为全国教师节。1939年改定为孔子诞辰日8月27日为教师节，后来经历数次专家推演将孔子诞辰换算为阳历9月28日。新中国成立后，1951年取消教师节。1985年重建教师节，定为秋季新学年之初的9月10日。

我过去对番禺，并没有什么印象。还是1965年我考到上海交通大学读研究生时，学校的西门有一条番禺路，才知道番禺是广州的一个县。其实，历史上，是先有番禺，再有广州，番禺有2000多年的历史。秦始皇33年，即公元前214年，新设南海郡，番禺为南海郡属下的首县，并为南海郡治所在地。由秦至汉，番禺是南方重要的港市，列为全国九大都会之一。当时县境范围很广，从汉到清，先后直接或间接为今珠江三角洲主要县市和香港、澳门地区。在历史上，番禺曾为南越、南汉、南明的小朝廷之都，三朝十主计148年。明朝至民国前期，番禺与南海分东西两半管治广州。1921年广州正式建市，番禺划为县。

具有2000多年悠久历史的番禺，人文郁盛，代有精英。东汉杨孚，被誉为粤诗始祖，首开南人著述的篇章；南宋探花李昴英，文章道望，名重南粤；

1994 年和太太在南方。

宋末，状元张镇孙，忧国忧民，抗击元军南侵；明朝才子黎遂球，诗冠群英，后率军抗击南下清兵，阵亡江西赣州；爱国文人屈大均，是“岭南三大家”中最为人推崇的诗人；清初，状元庄有恭，历任江浙巡抚，疏河筑堤，开拓航运，誉满江南；近代诗坛张维屏、陈澧，佳作谓不朽史诗，名闻全国；晚清第一代海军将领邓世昌，在中日黄海之战中，英勇作战，壮烈牺牲。由唐至清的历代科举考试中，广东籍人考中状元、榜眼、探花的共17人，其中番禺籍的就有6人。辛亥革命前，番禺胡汉民、朱执信、高剑文等，追随孙中山发难广州，推翻了满清王朝。番禺素为通商口岸，邻近港澳，较早接触西方的文化科学，得开风气之先。民国以来，学者名流出类拔萃者，如繁星璀璨。音乐家冼星海，奏出国难时期人民抗争的最强音；画坛三杰的高剑父、高奇峰、陈树人，开创岭南画派；诗书画名家如叶恭绰、赵少昂、李天马、麦华三、周千秋等，知名海内外；建筑工程界泰斗罗明、地质学的开拓者何杰、享誉海内外的物理学家吴大猷，生物学家彭加木、高分子化学家何炳林、农学家黄继芳、林学家沈鹏飞、中医名宿黄省三、古文字学家商承祚、教育家许崇清和张瑞权等，不胜枚举。

改革开放后，番禺和顺德、东莞、南海被誉为珠江三角洲“四小龙”，经济发展突飞猛进。1992年5月，经国务院批准，番禺撤县设市。建县2205年的番禺，从此揭开了历史的新页。后来改为广州一个区，成为广州人口最多，面积最大，经济总量最大的一个区。

随着经济的发展，珠江三角洲原本一些发达的县，先后变成了市，如东莞、中山、顺德、南海、番禺等。而且有的升格为地级市，如东莞、中山等。番禺当然也想成为地级市，据说，当时用地级市的标准进行评估，番禺基本上都达到或超过了，只差一所大学。

经过酝酿，1993年3月3日，中共番禺市第八届党代会和番禺第十二届人代会决定创办番禺理工学院。同年6月，番禺市政府行文，成立以副市长冯润玲为主任的番禺理工学院筹建委员会，下设办公室。番禺市委、市政府等领导班子到沙湾召开现场会议，将校址确定在沙湾青山湖农场，占地面积2179.86亩。在市桥南郊划29亩为教工宿舍。同年9月1日，广州市人民政府以穗函〔1993〕154 号文上报省政府，同意筹建番禺理工学院，同年 9 月 29 日，广东省人民政府下发《关于同意筹建番禺理工学院的复函》（粤办函〔1993〕532 号），正式批准筹建番禺理工学院。同年 12 月 3 日，学院东部基建开始施工。筹备的速度体现了特区精神，是非常快的。

当时，番禺市领导将创办理工学院作为当年全市五大任务之一，为此做了一系列工作。1993 年 10 月，由香港知名人士，全国政协委员陈瑞球先生提议，番禺市党政领导同香港科技大学、香港理工学院、香港中文大学等五所大学校长进行座谈，就理工学院的建设和办学问题征求这些校长意见。例如，番禺理工学院这个名字是香港校长们的意见。

市政府还委托清华大学设计学院对番禺理工学院进行规划，这主要是清华大学下派到番禺市当副市长的王蒙徽的关系。王蒙徽原是清华大学建筑设计学院的党支部副书记，下派到番禺市挂职副市长，同行的还有一位从国家体改委调来的当市长助理。王蒙徽分管规划，也是番禺理工学院筹建委员会成员，就从清华大学请来一位博士，担当了理工学院的总体规划工作。王蒙徽在挂职副市长期间并未受到重视，平时似乎也不忙。开始住在老农委的办公楼上，条件简单，和我们筹建办公室比邻。他为人随和，有时还到我们筹建办的食堂吃饭。王梦徽后来升任广州市规划局长，后还返回番禺区任区长，以后在几个地市任职，前不久升任福建省副省长、省委常委和厦门市委书记。

番禺理工学院所在地又称青箩嶂，海拔约 180 多米，风景秀丽，山旁有番禺小鸟天堂的滴水岩，前面有沙湾水道。规划分东西两区，先建东区。番禺人信风水，还曾到香港请了大师。大师讲了一个放置四海面皆准的意见，说这个学校会很复杂，山上应多修几条路，后来还真的修了几条路。青箩嶂是个好地方，整个地形就像传说中的“前有照，后有靠，左青龙，右白虎”，风水很好。难怪在山脚下，还有一座国民党大官的墓穴。这里空气很好，有一年全沙湾都出现“登革热”，唯独这里没问题。整个规划做得不错，依山而设建筑物，原本还有条水道将东、西两边连起来。主楼和教学楼呈井字结构，又有高低错落，十分大气。

另外一个重要任务就是遴选校长，他们知道，这是办好大学的关键。他们毕竟是特区，又征求了香港几位大学校长的意见，采取的是类似现在海选的办法。候选人中有清华大学的教授，有广西某学院的副院长，有华南理工大学的学院院长，也有番禺党校的副校长，包括我在内，共有6位人选。番禺市多次派出调查组，对上述6人作了详细调查。如对我的调查，分别由广东省委组织部、广东高校工委以及番禺市组织部、教育局派出调查组，先后找到武汉市委组织部副部长以及武汉市科委几位领导和华中科技大学进行了详细调查，得到的结果当然是好评如潮。武汉市委组织部副部长说，我们舍不得放张碧晖同志，我们市也缺这种人，不然的话，我们怎么会到华中科技大学要来。番禺方面对院长人选十分重视，还将我的材料传到香港五个大学校长手里请他们对我进行评估，得到的评语也是很好，但香港科技大学校长吴家玮提出，说张教授是通过做实验的成果来的，还是怎么评的。吴校长是著名的物理学教授，他从专业角度提问题是很自然的。香港理工大学潘宗光校长认为，张教授各方面都很好，但不知英语水平如何？作为国际交流活跃的香港大学校长，提这个问题也是很自然的。番禺市领导曾反复与省高校工委商量，并提出了院领导组成的第一方案、第二方案，但每个方案中，都排我为院长。最后就选定了我为院长。

才到番禺几天，尹静华陪着我，住在市招待所。市教育局局长，也是番禺理工学院原筹建办公室主任，他也曾到武汉去调查过我，可能也是市领导的交代，主要由他陪我熟悉番禺的情况。他陪我们看了番禺许多地方，包括一些镇和南沙开发区，使我初步了解了番禺的一些情况。番禺是座古老的城市，有22个镇，中心城区市桥，说它小吧，又比内地一般的县城要大。规划较乱，由北向南有大北路和光明路两条主干道，但光明路并不光明，不仅不直，还不宽，也就是4车道的样子。番禺的领导说，车人涌动，显得有人气。东西则有条清河路。番禺也是个水乡，过去河网纵横密布，到广州的交通主要靠摆渡。现在到广州只需半个多小时的车程，过去要到广州办事，起早摸黑，至少一整天。后来，就在我们学院的教工宿舍附近修了一座市桥大桥，通车那天，市桥镇万人空巷，包括附近镇的人都涌到桥两头，据说有10多万人。其实这个市桥大桥是座小桥，只有两车道，但它的作用却很大。大概是20世纪90年代初，一直关心家乡发展的霍英东先生，用一个项目启动，修了一座连接广州城区和番禺的洛溪大桥，从此番禺到广州的交通就很方便了。大概是从那个时候起，就开创了汽车过桥收费的先河。番禺有几十万港澳乡亲，改革开放后，大批港澳乡亲回番禺省亲，捐资建设家乡，更有到番禺投资建厂的。所以，番禺面貌也有很大的变化。如霍英东以及澳门侨领何贤（澳门首届特首何厚铧的父亲）捐资建的番禺宾馆，达到4星级水平。大北路各种商铺鳞次栉比，晚上灯火辉煌，这里是打工族看热闹的地方，人们熙熙攘攘，内地就算大城市，这种气氛也是很难看到的。当时，番禺最亮的一道风景线是闻名全国的电器水货市场。这个名叫易发市场的步行街有一百多米长，有数百家摆满电视、冰箱、音响设备、收录放机等种类繁多的电器商铺，吸引了成千上万的客人。这些商品大都是走私进来的，价格比国营商场同类型产品有很大的优势，且质量有保证。他们的服务也很周到，商品购好后，会有专门的地方给你包装、托运到你指定的地方。因此，吸引了全国的客户来这里购买电器。我来的时候，就听当时的市长说，电器在全国有“番禺价格”之说。这里也是造就了成千上万个富翁的地方，有的人运气好，真可以一夜暴富。有一位内地来的美术教师，不知什么机遇，做上了“三星”品牌电器的代理，不长的时间，就有了几千万的身价，据说还娶了一个香港女人做老婆。但也听说，这里也是富豪颓落的地方。一些人发财了，找不着北，或到澳门豪赌，或吸毒，牺牲了不少。繁华的地方，也是坏分子关注的地方。我到了不久，位于易发市场的一个信用社，一天上午被歹徒抢走1500万现金。我上车往学院工地走时，警车一直在后面跟着，很快超过了我们的车，警察包围了我们学院，因为这里有山，警方推测歹徒藏在我们青箩嶂山上。其实，当时匪徒确实从我们学院方向逃到顺德，再乘船到了广西。这样特大抢劫案引起各方面的重视，很快就破了案，抓捕了歹徒。不久，还出了一个电视剧，由于歹徒中有人在广州某大学读过书，电视剧还以我院为背景拍了画面，给人印象好像歹徒在这里学习过。我本想通过法律去理论下，但当时太忙了，也顾不了这许多。

尹静华待了几天就回武汉建设银行上班去了，武汉市科委的司机将我的东西也拖了过来。除了衣物等日常用品外，我主要的物品就是近2000册书。我做了一些清理，后来将其中约800册书捐给了筹备中的图书馆。

平地创业，做开荒牛

学院平地起家，从无到有，工作是十分艰苦的，番禺的各级领导，称呼我们是“开荒牛”。

到番禺几天后，番禺市委、市政府任命我为番禺理工学院筹建委员会副主任兼筹建办公室主任。教育局一位副局长是筹建办副主任，他带了三个人，主要负责基建工作。他们还把番禺中学的办公室主任借调到筹建办负责办公室工作，这位老师是学中文出身，后来还曾出版过小说。他工作很细致，记录做得很好，他不仅将约400位求职人员的信息详细列表，还把我的基本情况及主要著述和科研成果复印装订成册。

我的住处安排在原市机关的一所将要废弃的宿舍里，因为条件太差，整个楼除了下面的门面外，已经没有几户人家了。这是一个小两居室的房间，屋内阴暗，蚊子丛生。晚上要点上几盘蚊香才能看看电视、新闻。他们给我买了最简单的家具，室内倒是有电视、冰箱。吃饭是在附近的机关食堂搭伙，倒也方便，偶尔自己也在家里煮煮面条之类。总之，当时的境况，最多算一个条件较好的“打工仔”。我的大儿子当时在深圳工作，看到我这里的境况，对比武汉的条件，不知道我为什么要到这个地方来。来了不久，就是中秋节。中秋那天，先期到达的一对青年夫妇请我吃饭。他们住在教育局的招待所，条件也很一般，旧家具堆满了房间，就在自己简易的厨房里做了几个菜。吃完饭，我往

1995 年在番禺创业，在技术学院工地。

住处走的路上，人流熙熙攘攘，灯火五彩斑斓，听着扩音机里播出的流行歌曲《走四方》，真有一种“打工仔”的感觉。在有点失落的同时，我心中暗暗想，一定要把番禺理工学院的住宅建设好，建造一个环境好的外地人集中居住小区。

番禺理工学院筹建办公室设在老政府的一个旧办公楼里，给我们的房子是一大两小，大的作为会议室兼接待室，里面除了一个大大的学院规划沙盘外，就是其他单位不要的桌椅。两个小房间，一个是财务室，另外就是我们几个人合用的办公室。从 1994 年年底到 1995 年年初，又先后从各地调来了几位教师，这就是传说中的“九个人建理工学院”的元老们。这个时候，原来由教育局兼任的筹建办公室移交给了我们，除了我任主任外，还有两位副主任。摆在 9 个人前面的任务繁多，主要有如下几项：

一、申报成立番禺职业技术学院

番禺的一些领导后来也知道，不是想建大学就能建大学。国家规定，高等院校的设立有 6 个条件。例如校园占地要 150 亩以上，专任教师要 60 人以上，要有一名合格的院长，财政要承诺足够的办学经费，要有足够的实验室和设备，要有一定数量的图书等。包括我们在内，大家都对当时国内办大学的形势并不清楚。当时教育部已经停止批准新办高等院校，原来给广东审批大专层次高校的权利也收回了。后来，番禺理工学院的申办，真是经历了千辛万苦。我到番禺后的第一个主要任务，就是修改原拟定的《创办番禺理工学院的可行性论证》报告。以及与教育部、广东省、广州市联系批准学院成立事宜。

二、基本建设

我到番禺的时候，部分基建已经开始了，已经动工的有主楼、教学及实验楼，教师小区的宿舍也开始动工了。番禺市政府要求在 1995 年内要完成约 6 万平方米的建筑。基建方面花的时间最多。我们一方面要修改原来规划考虑不周全的问题，又要监督质量和进度。市政府抓得也很紧，冯润玲副市长几乎每周要开一次现场办公会。学院占地面积虽然有 2000 多亩，但大部分是山地，可用面积却只有 300 多亩，要移平一些山头。但这里是番禺生态保护区，不能随意平整。为了建学生宿舍，当时有一个山头大概在大修水利时已经被破坏，只好将错就错，在那里平整。当时有一个部门说可以施工，但要价3000万元，这几乎占了首期基建费的一半。后来我们找到当地一个挖土方能手，只花了不到300万就搞定了。不建房子，真是不知道基建的复杂性。我们作为首批建设者，也要考虑百年大计。虽然有两人是学土建的，但他们的专业比较窄，我是个外行，所以来校的前两年，花在基建的时间很多。我们首先是抓紧学习，边学边干。我带他们先就近在广东参观一些高校，像深圳大学、汕头大学，它们的建筑风格给我们留下了很深的印象。香港、澳门的大学也是我们参照学习的地方，香港科技大学吴家玮校长对我说，他来科技大学时，曾带一个小组跑了35个国家。我们没有这个条件，就近学习，如香港理工大学的主体色对我们就有很大启发。我们对番禺理工学院原有的规划也作了一些修改，主楼和宿舍区中间有一片空地，我们请广州美术学院的一些年青设计师做了一个类似罗马广场的设计。这些年轻人思想解放，也做过一些大的设计项目。但是番禺市委领导不愿意出设计费，可我们还是按罗马广场的设想开工了。基建工作非常琐碎，大家都是边学边干，许多建筑材料，如地砖、墙面砖都要亲自去看货，我们到佛山一些建筑陶瓷厂跑了不下10次。除了要规划好以外，外墙颜色，又叫主体色，也很重要。例如日本东京，受汉文化影响，主体色是青灰色。法国巴黎，主体色是深黄色。一般吃不准的，比较保险就选白色。但我们学校周围树木很多，颜色偏冷，如果选白色，就不协调。我们决定选偏暖的颜色，我个人比较倾向亚光的浅咖啡色。我在国外看到的这种主体色的学校显得很庄重。香港理工大学就是这种颜色，他的外墙砖是德国一个瓷厂专门为它烧制的。上海交通大学的新校区也是咖啡色，后来当了教育部副部长的陈小娅也建议我们去参观。为了说服当地领导，我们选择类似颜色的番禺一个镇政府大楼，陪领导分别在晴天和阴天两种光线不同的日子去看效果。后来由于佛山陶瓷厂不能满足我们主体色的设计要求，建成效果我不是十分满意，但从整体冷暖协调来看，还是不错的，也受到国内环境专家的赞许。等我下来后，不知谁提出了“一个院长一个颜色”，把原有的主体色破坏了，显得十分零乱。对于一个学校的建设，要把握一些要害问题，尽量避免出现败笔。譬如，番禺也是一座古城，领导希望学校的校门建一个古牌坊。我认为这和我开放式办学理念不协调，况且我在国外见过许多著名大学，都没有校门，像地形和我们相似的新加坡南洋理工大学，香港中文大学也没有校门。在我的坚持下，现在的校门很自然、大方。又如罗马广场，原来要在中央花不少钱建一个大型不锈钢雕塑，地基都已经动工，我依旧坚持撤销这个项目，避免了罗马广场一个不协调的败笔。不仅如此，我对校园的雕塑也持有十分谨慎的态度，我带人专门到雕塑搞得好的西安交通大学参观，该校有一雕塑广场，参观后我们认识到雕塑必须大气、有寓意才行。对校园的绿化，我也仔细研究，做到树种多样化，四季有花，在学生宿舍旁边的坡上，种了100多棵桃花，寓意“桃李不言，下自成蹊”，可惜后来这片桃林也被毁掉了。基建工作也十分辛苦，两位基建负责人每天骑摩托车跑几公里从宿舍到工地。工地上成天尘土飞扬，他们在工棚中架了一口锅，有时就在工地上随便吃一顿充饥。主管市领导也觉得筹建办的人太辛苦，于是决定给每人每月500元补助。

三、添置设备

学校平地起家，和其他工作一样，各种设备都要添置。由于当地政府对建大学的条件认识不足，设备费给得很少，当时不到1000万。我们学院工科专业还不少。为此，我们想了不少办法。根据我在工科大学的经验，至少要有一个实习工厂，也就是后来职业技术院校的实训中心。当时我们了解到，深圳一台资厂厂长是我的校友，该厂生产5.5寸小电视机，包括多种监控、学习等用途很广。该厂长想自己出来干，但缺乏场地和资金。我和他谈判，我们将实验楼下隔空层的1000平方米隔成厂房，由他帮助建成电视机生产线，设备费学校出，他可以租下厂房，结果仅花了20万就建成了一条电视机组装线。原中山大学校长口头要购1000台5.5寸电视机，供学生学英语用，我们按当时银行利率给工厂贷款20万，一个月后，即装备出1000台电视机。前来参加评估的广州大学副校长说：“你们太厉害了。”我们对采购高度负责任，瞻前顾后。按照高校设备的条件，像图书、实验设备有一定数量要求，但当时的专业尚未完全定下来，稍不注意，就要变成浪费。例如，当时拟定要开设建工专业，结果一下买了10万元的建筑设计图书。我知道后，认为将来我们的建工专业应该是建筑施工方向，在资金紧缺的情况下，不能采购离专业太远的书籍。于是决定，在专业方向尚未决定、学科带头人尚未到位的情况下，专业图书暂缓购进，这就减少了损失和浪费。设备费少，购置上既要节约，又不能降低要求。负责购置图书馆阅览桌的筹建办副主任，是东北调来的，对珠三角根本不熟悉。但他到处打听，找到设在新会的专业厂家，保证了设备的质量。我在考察北京大学、清华大学、上海交通大学、西安交通大学图书馆时，发现这几所大学图书馆的座椅均不理想。后来我根据我自己在美国参加学术讨论会拍到的美国大学图书馆的照片，与设在南海的著名联邦家私设计人员洽谈，终于造出了价廉物美的阅读椅。文化部有关负责人看了我们的图书馆，觉得简约、美观。霍英东先生看了以后，觉得“有文化”。购置设备的数量大，规章制度尚未完全建立，为了避免出问题，我们采取了一些制约措施，如，有人购置设备，另外有人验收。但是，久了还是觉得有漏洞，例如有一次两位教师购买了相当数量的宿舍家具，这两位老师很负责，货比三家，拒绝回扣，价廉物美。可是，验收的人硬说不行，家具店的老板给了几千元钱，才算通过了，而我们正式去核实时，老板又不肯提交书面材料。我们选了两位负责、廉洁的老师负责设备，又采用招投标、政府采购等措施，既为学院节省了费用，又保证了设备采购。

四、选配教工

高校设置要求中，有一条刚性要求，就是专任教师不能少于 60 人，要想早日批复番禺理工学院成立，选配教职工的工作刻不容缓，而到 1995 年年初，正式调进人员还不到 10 人。我进来时，多地闻讯要建番禺理工学院时，大约有 400 人曾联系要求调入。我仔细看了这 400 人的资料，发现大部分都不合适，有的专业不对口，有的年龄偏大，有的学历、职称不够。我从武汉到番禺后，一些闻讯认识的人也有不少来求职，特别是华中科技大学的一些人。首先来的是原华中科技大学的科技处长，他是海归，业务也很好，我说我这里是小学院，而且能否办成，还不好说，不能影响你的前途。果然几年后，他成了一个拥有几万人的大学校长。此外，还有二三位非常有潜力的，也跑到我这里来考察，我都说这里有风险，他们后来都成了武汉一些大学的领导。但是，我也选了一位系总支书记，他和太太跟我都很熟，在华中科技大学口碑也好。当然，很快就办好了调动手续，这位总支书记来了几天，也觉得条件很差，困难重重。这时我正好应珠海政府要求，去参加珠海西部发展论证，等我返回番禺时，这位总支书记已返回武汉去了。后来我才搞清楚了，先来的个别人觉得这位总支书记潜力大，故意说了许多复杂情况，把他吓跑了。另外，武汉华中科技大学领导看到不少人往我这里跑，有点不舒服，就打电话给这位总支书记，说你回来，学校给你安排担任校领导。后来，这个承诺并没有兑现，他也后悔没有坚持留在番禺。对于教师的调入，我们还是注意程序的，除了调查以外，还要进行试讲。当时我请了一位东北某大学的退休教授给我把关。这位教授大学本科学的是工科专业，后来又搞自然科技史和技术哲学，知识面非常宽，由他把关，我比较放心。考虑到我们是培养学生实际工作能力的学院，特别是定位职业技术学院以后，注重从工厂企业选调教师。当时提出要既懂授课、又懂操作的“双师型”教师，我觉得从工程师过渡到教师相对容易，从教师过渡到工程师相对较难。我们从企业调来了一些厂长、工程师，他们虽然年龄偏大，但经验丰富，为学院的创办做出了很好的贡献。在进人问题上，我还是书生气太浓。建校之初，我主要精力放在基建和报批学院上，将进人的权力交给了另一筹建办副主任，这位副主任太有心计，很快将其同学、老乡、亲戚调来不少，且有的人品很差。后来这个学校不得安宁，这个小圈子是个很重要的因素。这时，番禺市领导也发现了这个问题，学校规模很小，到 1998 年，正式教职工也不到 100 人，有这样的小圈子是多么可怕。后来，学院和番禺市委组织部、市政府人事局订了一个协议，教职工直系亲属包括夫妻都不能同时调入学院。我爱人尹静华原来在武汉市建设银行投资公司，她有大型企业和高校科研处工作的背景，她在投资公司的工作很顺手，且是单位的劳动模范。原单位不想放她，她是看到我年龄大，要来照顾我，才调到番禺来。市领导开始也不同意到学院，结果有两位领导分别与番禺的建设银行联系，可是银行是垂直系统领导，由广州市管，加上番禺的建设银行也没有投资公司，没有办法，才同意调到学校来，但特别提出不能到办公室、人事处和财务处，结果就到了只有两个编制的成人教育办公室。当时，学院还在申报过程中，也没有什么名气，老实说，高素质的人员较难引进。而申报学院又要有一定数量的教师，这样，引进了滥竽充数的人，而且有的人品就很差，毕竟了解的过程比较仓促。后来，我们也采取登报招聘，比较重要的一次是集中招聘处级以上干部，请了全省几所分管教务、学生和后勤的校领导做评委，请这些评委把关。

五、招生和管理

学院筹建伊始，就挂靠广州大学招了两个班的学生，不到 100 人。学院尚未建好，学生的吃、住、上课都放在番禺中学，由筹建办同志和聘请番禺中学的退休教师管理。授课由广州大学派教师，管理工作也很繁琐。广州大学只是把这里当成一个很小的办学点，教学计划常常打乱，临时调课的情况时有发生。但广州大学还是很负责任的，从校领导，到教务处、学生处，都到番禺来指导工作，后来搬到新建的学院后，他们每学期还都来检查教学计划执行情况。在学院正式批复前，挂靠广州大学的学生有三四届，和他们的合作还是不错的。这些学生，特别是前两届学生，学习条件是很艰苦的，使他们觉得，好像上的不是大学，还是中学的环境，没有大学的氛围。但是，他们体谅学院新建的状况，也把自己当成了开荒牛。除了学生的自我管理外，学院的一些建设，如实训场所、文艺活动场所建设，都在课余时间尽量组织学生参加。为了加强与社会联系，也注意发挥当地学生的社会关系资源优势，让他们积极参与进来，例如始于 1988 年的工商模拟市场，学生的功劳就很大，一些企业的赞助不少是由学生拉来的。学生的一些活动，不但锻炼了他们的能力，也扩大了学校的影响。如我们当时为了锻炼旅游系学生的能力，曾经组建了一个礼仪队，并让他们经常出席社会上的一些庆典，成了番禺当时的一道风景线。这批学生受到建校的锻炼，这对他们的成长非常有好处。建校 15 周年时，他们绝大部分都重新返校，我参加了他们的座谈会，了解到他们的就业情况较好，前三届 400 多名毕业生，就业率达 100%。他们中有的成为党政干部，有的成为企业高管，还有不少人自己创业，一些同学至今和我还有联系。

上述这些工作还不是全部工作内容，在那样一段时间，只有 10 多名职工参与建设，工作量之大，困难之多，真是难以言表的。

筑防火墙，经受考验

我到番禺一年多的时间里，筹建办的10多位教工，应该说都是全身心、超负荷地工作，例如，教务准备、学生工作、设备购置、图书馆筹备、人员招聘、总务后勤、食堂管理、工资、实训室建设等，几乎都是职工单枪匹马在做。有时，他们还要兼顾其他方面的工作，这就是后来我们常说的要“一专多能，一人数岗”。我也知道这不符合学校管理规律，但当时就只有这么点人在建一所大学，更何况当时还有巨大的基建工作和非常难办的学院申报工作。当地政府的领导倒是非常赏识我们的工作，经常夸奖我们是“开荒牛”，因为他们认为这才是特区的工作方式。当时的生活、工作环境十分艰苦，先来的几位教师没有住的地方，就住在番禺中学的学生宿舍，吃饭虽然联系到政府食堂搭伙，但因为工作经常加班加点，吃饭很不规律。他们有时候在我的宿舍做点面条，但更多的时间是到大排档凑合一顿。当时职工的待遇很差，一般教师都是1500元左右，据说我的档案工资是全番禺最高的，也只有2000多元。后来发现，我们的平均工资只有中、小学教师的一半左右，因为我们没有岗位津贴。那时，大家不叫苦、不叫累，一心一意要把学院建成。大概是1995年春夏之交，大家为我过生日，人虽然不多，但热闹非凡，都表示要在我的领导下，把学校建起来。有一位教师，还把整个过程用录像机录了下来。番禺的领导也很人性化，除了每周来研究工作之外，还经常让我们参加一些当地的活动。如每年端午节前后，番禺农村有一种吃“龙船”饭的习俗，那段时间农村家家户户都敞开大门，摆上几桌甚至十几桌大鱼大肉，什么人都可以随便登门吃饭，去的人愈多，主人愈高兴。通过参加活动，我们也更进一步了解了番禺。番禺是一个有着悠久历史的城市，我们学校所在的沙湾镇，有始建于南宋，扩建于清康熙年间的留耕堂。这个当地何氏家族的祠堂，是广州地区年代久远，规模宏大、布局严谨、造工精巧、格调高雅的岭南古建筑。这里还是岭南音乐的发源地，特有的飘色使人眼花缭乱。通过陪港澳乡亲，我们游历过与佛山梁园、顺德清晖园、东莞可园齐名的番禺余荫山房，以及后来成了羊城八景之一的莲花山。总之，来番禺的半年多里，工作是辛苦的，生活是艰难的，但心情是愉快的。

就在学院筹建工作紧张而有序地进行中，矛盾出现了。市领导并未征求我的意见就定下了两位筹建办副主任。这时，其他一些人就有意见了。我想，这个学院建成后还要有一段时间，将来谁当领导，也不要太着急了吧。这是我有一个失误，我当时的主要精力都放在基建和申报学院上，对人事疏于过问。这里，还有一个不为人知的情况，就是根据当时的形势，番禺市升格为地级市的希望已经没有了，番禺市委主要领导感到办大学就没有那么迫切了。而且觉得一个大学要维持运转对番禺来说也是一个不小的负担。在比较小的范围内，领导提出停办番禺理工学院，并准备改为一个技工学校。上级领导也在为我的出路作准备，广州市委书记高祀仁因为从中央办公厅我的一位学生那里了解了我的情况，表示要安排我到广州大学当主要领导，并已派人进行了解。省教育厅也觉得要妥善安排我，拟派我去一个由四五个大学合并的大学去当党委书记。我当时也是很忐忑，对学院筹备工作也有影响。正是在这个时候，我对进人就不那么认真了，因而被钻了空子。一些人彼此不合作，还经常互相看笑话。还有人策划煽动一些人实名签名举报，番禺市委十分重视，专门组成工作组进驻学校核查。核查结果，所举报的问题完全子虚乌有，后来市纪委书记亲自在学院全体教工会上指出，要提高举报水平。这次举报带来了两个意想不到的结果，一是将我批报的权限从 1 万元调整到 2 万元。二是调查组发现，学校教工的平均工资只有 1500 元左右，大大低于中小学教师工资水平。后来我和市政府领导商量，政府决定每招一位番禺考生，除正常收费外，每人补助 8000 元，其中 1000 元可以作为教师奖励。加上我空出约一半多的编制，配合人事改革，尽量招聘外聘人员，到我退下来之时，教工的平均工资达到 6000 多元。

当时的番禺理工学院气氛十分紧张，一些人天天造谣生事。当时被我请来帮忙的做了省一个重点大学 13 年教务处长的教授说："张碧晖天天要和'妖魔鬼怪'做斗争，还要搞工作，真有点难为他。"虽然经过好几次的审计审查，都没有查出我的任何问题，但在市和上级领导那里，总有一个问题，"为什么这么多人联合签名告发?"害了我一世英名，但上级哪里知道，这些人采取非组织手段，绑架、恐吓、代签名都用上了。我在获取一些证据后，也曾想请律师通过法律解决，但我当时确实没有时间和精力去做，我也不想将一些被蒙骗者告上法庭。这可能就是所谓"多数人的暴力"吧。

其实，我来了之后，就筑起了"防火墙"。我向市领导提出要求，不管基建经费，所以包工头都不会请我吃饭。我两个儿子都是我当院长时结婚的，一桌酒席都没办过，非常低调。经过几次审计、查证，我都经受住了考验。

筚路蓝缕，酸甜苦辣

番禺理工学院的筹建，十分艰苦，时刻充满变数。先是筹建一年多，番禺市领导改变主意。一方面因为申报地级市无望，建一个大学已不是迫切需要，另外觉得将来维持一个大学的运转，是个沉重的包袱。因而提出停止申报理工学院，改为技工学校，致使学院筹办面临夭折的局面。好在当时番禺市面临班子调整，主政新班子的领导仍坚持要筹办番禺理工学院，才使局面扭转。此前，也有领导劝我放弃，并表示省教育厅也会对我重新安排。

虽然这个小插曲过去了，但更大的难题还在后面。当时，全国的高校已处在调整期，下放给上海、广东等地审批高校设立的权限已收回，全国已经停止批新的高校。当时的国家教委规划司司长徐敦煌曾两次到我们学院考察，回北京后不久，他和我通电话说："你那个学院批准的可能性几乎等于零。"他说他也努力了，后来他被派到中国驻美国使馆当教育参赞。我在华中工学院任职时，曾接待过原国家教委主任朱开轩，他以全国第一所县级市办的江苏沙洲工学院为例，认为办好一两个专业有可能，但一个学院总不能只有一两个专业吧，专业办多了，招生和毕业生分配都会有很大的困难，他也不同意县级市办大学。大形势对我们的筹建工作非常不利，我自己倒也不怕。老实说，我当时也有思想波动。我是省教育厅作为人才引进调入广东的。省教育厅人事处长曾对我说，广东许多高校你都可以去。但是我想，我一走，不仅这个学院很难办成，我一手调来的几十号人就惨了。

我们的坚持是非常艰难的，在“成功几乎等于零”的状态下挣扎，是何等痛苦，需要多大的毅力和韧劲，还要对付那些烦人的内斗，天天过的日子是多么纠结？但是，成功就在坚持一下之中。1990 年，国家教委批准邢台职业技术学院成立，后来又有深圳职业技术学院，这为中国的职业技术教育带来了曙光。我们不管前途如何，依旧加倍努力，争分夺秒，加快基建和申报工作。这种精神确也感动了各级领导，真所谓得道多助。

首先，省教育厅、广州市教育局非常重视，省教育厅厅长许学强及多位副厅长、广州市教育局局长叶世雄及多位副局长多次到学院指导、检查工作，许学强厅长一再要求把理工学院办成全省高职教育的龙头。省教育厅老厅长李修宏等一批省厅、市局老领导也多次来院指导。省教育厅、广州市教育局和番禺市共同努力，使省、市领导也重视理工学院的筹建工作。前后任省长的朱森林、黄华华、朱小丹，省人大常委会主任欧广源，副省长卢钟鹤、王屏山，民革中央副主席、省人大常委会副主任程誌青，省人大常委会副主任谢颂凯、韩大壮，省政协副主席张展霞、陈坚等，广州市委书记、后任中央驻港联络办主任高祀仁及市委、市政府领导来学院指导工作，有的还不只一次。教育部也很重视，前后有教育部副部长周远清，原任高教司司长后任教育部副部长陈小娅，原任高教司司长后任北京师范大学校长钟秉林，原任规划司司长后任中国驻美大使馆教育参赞徐敦煌等近 20 名司局长曾来院指导工作。中央部委一些老领导及我的朋友，原国家科技部常务副部长、全国人大教科文副主任李绪鄂，国家科技部副部长韩德乾，国务院经济发展中心副主任吴明瑜，中国科学院副院长严玉埙，中国科学院党组副书记方新，全国人大常委、民盟中央副主席冯之浚，中国科学技术协会书记处书记李宝恒、田夫，中葡联络小组过家鼎大使等，也曾来院参观并指导工作。数十名高校领导，前来参观、指导工作，其中有著名教育家，原华中工学院老院长朱九思、原武汉大学校长刘道玉、武汉大学党委书记任心廉，全国政协委员、大力提倡高职教育的北京理工大学校长王浒，华南理工大学书记刘道树、校长刘增义，中山大学党委常务副书记郑永廷、华南师范大学校长颜泽贤、武汉水运工程学院党委书记黎德扬，以及厦门大学副校长、著名高等教育理论家潘懋元等。潘懋元和原国家教育部研究中心主任蔡志勇还亲自到校讲课和指导。中科院不少院士也前来参观指导，他们中有中科院资深院士、上海市政协主席、原同济大学校长李国豪，中科院院士、中国地震局局长陈顒，原华中科技大学校长杨叔子，原广州医学院院长钟南山等。武汉市多位副市长、人大常委会副主任、政协副主席也来了。

港澳乡亲对学院筹建十分关心，他们以家乡有大学为荣，出谋划策，慷慨捐款。上百乡亲捐款6000多万港元，捐1000万元的有霍英东、何添、何善衡先生，何厚铧先生捐500万元，陈瑞球先生捐300万元。霍英东、何添、何贤夫人陈琼女士、陈瑞球、梁国贞小姐、香港科技大学校长吴家玮、香港理工大学校长潘宗光等多次到校参观指导。陈瑞球先生、梁国贞小姐等更是十分关心，穿针引线，联系香港多所大学领导，关心帮助我们。建校期间，正值1997年香港回归祖国，在他们的带领下，一次来了香港各界人士300余人参观学院，累积来校参观的港澳人士超过千人。我到番禺不久，就率团到香港拜访各大学，期间受到科技大学、理工大学、中文大学领导的热情接待。香港科技大学的校长吴家玮先生是美国著名物理学家，是在美国担任校长的三个华人之一。他将刚刚创办科技大学的经验告诉我，使我受益匪浅。香港理工大学潘宗光校长祖籍番禺，十分热心接待。

多级领导、各界包括港澳人士的支持，使我们对筹建工作充满了信心。我们一心一意抓紧筹建的基础性工作。在基建方面，不到一年的时间，建起主楼和3栋教学楼群，建成了2栋学生宿舍和一些辅助设施，如食堂、变压站等。在市区的教师宿舍也建成了3栋，约100套住房。1997年又建成了1万平方米的图书馆，学院总计建筑面积6万多平方米，基本符合了开学的条件。其他如设备、实验室、图书购置也都抓紧进行。但是经费非常有限，我们十分节俭，严把各项关口。有一次，广东商学院的党委书记来院参观，了解到我们学生宿舍的建筑成本，他在学校食堂和我吃饭时说："你们真不简单，我们在三水那样的贫困地区，学生宿舍的建筑成本是每平方米1300元，而你们在珠三角富裕地区却只有900元，真是佩服。"我们在初步建成学校时，总计只花了1亿元，临近一个市的同样学校，却花了10亿元，当然他们的建筑面积大一些。

可以毫不夸张地说，我们的建筑成本是广东高校中最低的。

1995 年 9 月，两届学生搬入新校区，与此同时，经市教育局组织的广州各高校领导和专家的评估组评定，由市教育局批准我们有权办学。同年 12 月中旬，由省教育厅厅长许学强组织的中山大学、华南理工大学、华南农业大学、广东工业大学、广东仲恺农业经济学院、广州大学领导和专家组成的评估组，同意建校、招生。国家教委规划司先后两次派专家，包括复旦大学前党委书记林克、上海教育研究院院长、上海第二工业大学校长等在内的专家组进行评定。特别是国家教委派出的专家组，不仅由规划司负责同志带队，而且专家的级别很高。例如复旦大学院党委书记林克，是抗战时期新四军的老革命，新中国成立后曾在江苏做过地方工作。后来担任南京工学院（今东南大学）、清华大学党委书记，有丰富的办学经验。专家中的上海第二工业大学校长和河北承德职业技术学院党委书记都是全国最早办的职业技术学院的领导。上海教育科学研究院的院长，对职业教育的一些理论问题，有较深的研究。他们不仅严格审查我们的办学条件，并提出了许多很好的建议，由于两次评估，都有省教育厅、市教育局的负责同志参加，也有番禺市政府领导参加，评估组对当地政府给予的办学条件特别是财务承诺，都做了严格的要求。这里要讲几句关于大学评估的事，我在 1987 年出版的专著《科学社会学》中讲到，科学运行的机制是三条：重复实验、同行评议、论文审查制。为了有效配置资源，美国 1983 年开始大学评估，英国 1985 年，我国一批科学工作者 1987 年进行了尝试，我正是在这个学会担任副理事长。我们学院的申办，经历了广州市、广东省、国家教委三级评估，而且是实事求是和严肃的。1997 年 9 月 23 日，国家教委发文，正式批准成立番禺职业技术学院办学备案。据后来升任教育部副部长的陈小娅和时任中山大学党委常务副书记的郑永廷告诉我，他们还亲自找过国家教委规划司司长，司长表示，这是特批的，因为当时省已没有批准权，国家也已停止批大学了。

筹建学院的困难是难以想象的，例如，按照番禺的要求，我们希望学院将来要多方面为番禺社会经济发展服务，我们除了多招番禺考生外，也要举办成人教育。但是，省教育厅有要求，只有曾经办过成人教育和有毕业生的学校才有申请举办成人教育资格，这就像“鸡生蛋、蛋生鸡”那样的难题。通过多方交涉，并找挂靠单位广州大学协调，终于取得了省教育厅成人教育处的允许。但当年没有一位考生报名我院。结果我们从高考落选生中筛选寻找，找到了16位较为合格的考生。负责成人教育的同志用自己家的电话，一位一位征求考生的意见，这才算把首届成人教育班办成了。这16位学生后来还很争气，学习非常刻苦。有一次下午6点多，我从学校回家，看他们还在湖边温习功课，准备考试，十分感动。他们后来参加全省统考，成绩竟然名列前茅。我们还和中央党校继续教育学院合作，成功将一批成人大专班的学生送到中央党校学习半年，学生们也取得了较好的成绩。后来，有7个镇的成人学校挂靠我院，办起了成人大专班，最多的时候我院每年招生超过1000人。成人教育办公室还和澳门公开大学（现澳门城市大学）联合招收MBA学员，严格管理。在中山大学、华南理工大学一些教师的帮助下，培养了100多人，现在不少人在番禺担任重要工作。而这一切，所谓成人教育办公室只有在编人员2人，临时工1人。忙的时候，就请学校的教职工帮忙。

在筹建学院的几年时间里，加班加点是常态。人手少，有做不完的事，只有靠加班加点。除了前面说的基建、购图书设备、选调教职工、管理学生等事情之外，在申报学院过程中的繁琐工作，只靠当时几十号人来完成，几乎是别人不敢相信的。筹办学院那几年中，正是番禺大发展的时期，每年都有大工程开工竣工，很多活动特别是校内的工程都要我们参加、接待。初步建成的理工学院，是番禺市的一个名片，无论是国际友人还是港澳乡亲以及各地参观团，都要到学校来看一看，接待任务十分繁重。我们有好几件事办得很漂亮，在番禺真正地做到创新。例如，以前番禺每次搞庆典，都要找人搭牌楼，费时费钱，成本很高。我们在学院挂牌仪式上，采用了充气招牌，使番禺受到启发，都学着用了。另外，就是前面说的以旅游系学生为主，成立了礼仪队，她们的仪态令番禺市为之一亮，各地纷纷请我们的礼仪队参加庆典活动，成了当时番禺的一道风景线。还有就是，我们利用校庆和新生入学的时间，举办学院“开放日”，有效地宣传了学校，提高了学院的知名度。平地建学校，什么事都要想到，什么事都要从头开始，各种规章制度也是从头开始。当时的经费十分有限，有许多事都是教职工亲自做，严格说，有许多事都是分外事，大家都在做义工。有次为突击准备庆典，我在深圳工作的大儿子和在南沙工作的小儿子就参加了大扫除工作。我们不仅在校区内植树，教工还冒雨在我们住宅区栽下 200 多棵树。我们的小区当然不能和现在的楼盘相比，但当时被番禺党政领导称为最好的小区。不仅绿树成荫，兰桂飘香，还引来了 10 多种鸟。可惜，后来的分管部门也是“拆迁办”，将这些长了 20 年近 30 多米高的大树砍光了。小区的食堂，曾有外省特级厨师来献艺。小区里除了篮球场外，还做了一个简易的网球场。为什么做网球场呢？早年我在武汉市政府工作时，一次曾听市体委主任说：“国家领导人万里说过，一个没有网球场的城市是不文明的城市。”这个网球场受到老师们的欢迎，不少人坚持锻炼，不仅锻炼了身体，球技也有了提高。小区的环境很好，也很安全，那个时候教工都没有买车，小孩们在这里跑步、轮滑，尽情玩耍，还能参加一些学校的活动，如与香港科技大学的亲子团、旅居法国的番禺籍学生团交流，增长了孩子们的见识，现在许多小孩都已是大学生了，不少都在国外留学，还有的在国外找到很好的工作。每年的节假日，我们会在小区举办联欢活动，不少临时工也住在这里，生活也很愉快。那几年的春节，除夕当天，我太太买好菜，我们在小区食堂里同留校未回家的临时工一起吃年夜饭。

经过千辛万苦，1997 年 11 月 1 日，隆重举行“番禺职业技术学院”挂牌暨图书馆落成盛典。广东省、广州市领导朱小丹及港澳乡亲霍英东、何添、何贤夫人陈琼、陈瑞球、刘永强等前来祝贺。全校的教师和学生喜气洋洋，纷纷合影留念，大家感叹“学院终于建成了”。这种特别的喜悦，只有经过千辛万苦的人才能体会到的。我的学长，著名书画家，原景德镇画院名誉院长送我一幅他擅长的雄鸡，画上题字：“莫嫌世上多风雨，一生都在旅途中”。

体制创新，办出特色

职业教育是指为某一种或一组职业、行业的岗位培养技能性熟练人员的一类教育，一般在高中阶段进行。随着科技的发展，对技能型人才的要求更高，从而出现了高等职业技术教育。18 世纪末到 19 世纪初，一些西方国家先后办起了各种职业学校，为社会、经济发展起到了重要作用。德国甚至称职业教育是他们“二战”后经济起飞的“秘密武器”。

我国正规的职业教育起步比西方国家晚了一个世纪。1904 年，山西农业学堂总办姚曾首次使用“职业教育”一词。1911 年，《教育杂志》主编陆费逵指出：“吾国今日，亟须注意者有三：国民教育一也，职业教育二也，人才教育三也。”1913 年，民国教育部颁布的《壬子癸丑学制》中，首次出现了“职业教育”一词。随着近代工业的发展，相应地要求教育提供既有文化知识又有生产技能的劳动力。当时黄炎培、陶行知、蔡元培、张謇、宋汉章等有识之士，本着“使无业者有业，使有业者乐业”的宗旨，借鉴西方学院，创建了中华职业教育社，并兴办各类职业教育机构。新中国成立后，职业教育被误认为“资本主义国家的产物”，又说“苏联没有职业教育”，使职业教育沉寂多年。1958 年，我国掀起了以“教育与生产劳动相结合”为中心的教育革命，职业教育再次被提上议事日程，但由于认识不足和条件所限，多以劳动代替教育。

1998 年到德国考察创业培训。

值得一提的是，我国20世纪50年代在学习苏联经验的基础上，兴办了许多依托行业办学的中等专业学校，体现了职业教育的特色，学校也办得有声有色，培养了众多符合经济建设要求的实用型人才，形成了可贵的教育资源。1980年，多地创办的“短期职业大学”，是我国现代高等教育系统中的一个特色。1985年，国家教委在北京、上海、西安部署试办三所技术专科，用以探索高等职业技术教育办学的新路子。1990年，以“职业技术学院”命名的高等学校在河北邢台成立。1994年，国家教委先后部署18所全国重点中专试办五年制中专班。1996年，《中华人民共和国职业教育法》颁布，同年召开的全国第三次职教工作会议再次明确“积极发展高等职业教育”的要求，提出高职发展的途径“主要通过现有职业大学、部分专科学校、独立设置的成人高校”的改革和少数中专“举办高职班作为补充”，简称“三改一补”。1999年，教育部高等教育司组织成立了“全国高职高专教育人才培养工作委员会”。此后，随着扩招，全国高职教育的规模空前扩大，办学水平逐步提高。2000年以后，高职院校被下放到省一级审批，发展更快，成为全国高校的半壁江山。

我院是国家教委特批的，成立时间较早。建校以来，全国的高职正围绕什么是高职教育，为什么要发展高职教育以及为何发展和举办高职教育的讨论。我们平地起家，一张白纸，没有什么顾虑。此外，我之所以从头再来，到这个艰苦的地方创业，就是要闯出一个新天地。我们一开始就注重体制创新，办出特色。

首先是办学的理念和定位，从1995年开始，我就去反复思考这个问题，这与我的学历和经历有关。我经历了当时学历的全过程，学的是工科，又客串了文科。在工厂当了5年三班倒工人，又到政府部门历练过，知道过去传统教育的弊端，知道社会需要什么人才。我后来又进行过改革和管理研究，考察过国内外的大学教育，所以本院的定位和办学理念很快就确认、形成了。大概就是1996到1997年，我提出了“职业性、大众化、开放式”的办学理念，我反复向全院师生阐述这个理念。所谓职业性，就是坚持高职办学方向，当时的职业技术教育，并不为社会看好，认为是低层次教育。其实，高职教育是培养第一线应用技术人才的教育，这和培养研究、设计型人才的普通教育同样重要，并不低人一等。得诺贝尔奖的杨振宁就曾说过："培养一个实验物理学家比培养一个理论物理学家更难"。在我国，许多理论上解决了的课题，在工艺和制造上却实现不了。我国一些产品因质量等问题缺乏竞争力，也是源于职业技术教育落后，劳动者素质偏低，特别是缺乏技术型人才。所谓大众化，这是适应大学从精英教育到大众化教育的世界趋势。番禺和珠江三角洲虽然有很强的经济优势，但大学毛入学率却低于全国平均水平。社会、经济发展需要大量的技术人才和管理人才，我们在中心城市办学，就是要为当地社会、经济服务，培养的学生能直接下到基层服务。我才到番禺时，曾设想学院办成社区大学，为此，我还和美国纽约大学专门研究社区大学的教授进行了交流，美国克林顿总统曾把社区大学作为美国最成功的创新。几年来，我们一直在努力扩大招生。在全院教职工只有 100 个编制的情况下，我们依赖人事改革，聘请退休教师，使全院学生达到 3000 多人，成人大专也有 2000 多人。2000 年时，我们提出"宽进严出"，尽量让当地青年享受高职教育，我院的成人大专班已办到了一些乡镇。番禺是侨乡，在海外的乡亲很多，仅在香港的就有 40 多万。番禺交通便利，到港澳的车（船）程不到两小时。著名侨领霍英东、何添、何厚铧等和香港几所大学校长曾多次来我院指导、咨询，这是我院开放式办学的独特优势。开放就是交流，对内对外交流。建校之初的几年，我们去遍了珠江三角洲中心城市的大学。我院早期的教职工，全部参观了香港和澳门的大学，开阔了视野，学到了别人的长处。建校之初，我们就举办和接待过"中、英、澳暑期哲学研究班""全国自然哲学研究年会""全国复杂系统研究会""粤澳远距离教学研究会"等，同美国、加拿大、澳大利亚等大学进行交流。学院充分利用会议资源，请到会的名家，包括英国皇家学会会员，著名物理学家，科技史专家马凯博士等为师生做学术报告。2000 年我们还承办了中国科学学与科技政策研究会学术年会，国家科委、中国科学院、民盟中央几位部级领导到会。时任广东省常务副省长的王岐山同志到校整整一个下午，在会上作了讲话，还为我们"国际学术交流中心"挂牌。

我除了提出"职业性、大众化、开放式"之外，还提出了我们培养的人才应该是“理论上超过中专生、动手强过本科生”。这不是空穴来风，我在20世纪80年代初，曾经研究过中国的高等教育发展情况，我发现，新中国成立后比较成功的教育是各行业举办的四年制中专教育。这些学生大都家境不太宽裕，初中毕业后就考入四年制中专学校，这些学生在理论上够用即可，但动手能力超过当时的本科生。学生毕业后深受工厂企业的欢迎，像后来的机械工业部、水利部、电信部的部长都是中专生出身。我们按这个规则培养学生，几届毕业生的质量都很高，就业率也很高，还有许多人自立创业。

先进的办学理念，是我们的重要特色。在我们建校的过程中，来过许多教育专家，其中包括评估专家，他们对我们的这些思想非常赞赏，有的还为我们出谋划策。我们的这些理念，也得到了教育部的肯定。在一次天津召开的高职会议上，教育部高职司有关负责人说，番禺职业技术学院提出的“理论上超过中专生，动手能力强过本科生”的理念非常好，从定性和定量的结合上讲清了高职人才的培养规则。当时参加会议的有我院现任领导和中层干部共四人。我提出的“职业性、大众化、开放式”理念，在我退休后，就被变成所谓的“学以致用”。有意思的是，14年后，教育部在一个关于如何办好高职的文件中，提出要具备“职业性、实践性、开放性”。难怪一位中层干部读后大声说，“你看老院长多有远见”。确是这样，大众化我在全国就是提得较早的。

其次是人事改革，这是所有国家机关、企事业单位最难啃的骨头，是改革的深水区。在固有的体制下进行人事改革，太难了。我在机关、企业、学校都工作过，深知人事方面的弊端。改革开放后，虽然打破了大锅饭，摒弃了干多干少收入一样的陋习，但是根本的问题并没有解决。总的来说，就是“招聘容易淘汰难，上岗容易下岗难，论资容易破格难”。好在番禺是改革开放先行先试地区，改革精神较强，主管领导要求我们精简机构，提高效率。我们的做法是：

（1）严格控制编制，使在编人员与外聘人员的比例达到1∶1。以1998年7月的人员情况为例，在编人员97人，外聘人员总计109人，其中外聘教师19人，外聘职员7人，返聘人员1人，各种临时工82人。在编人员加外聘人员总计206人，而番禺政府给我们的编制是280人。到2001年我退下来时，在编人员也只有一百零几个。这种“一体二制”的人事工作，既有利于提高效率，又方便管理。我们对外聘人员充分信任，能够较好地发挥他们的作用。有些退休老教授还发挥了传帮带的作用，武汉纺织工学院的一位教授，模具课讲得好，深受学生欢迎。一位访日访问学者在学院工作了七八年。我们还从江西引进了特级厨师，临走时他还给我们写了许多建议。一些年轻人在这里也得到了成长，江西一位初中生在我院打字，工余时间跟着日语老师学日语，又参加成人高考，还考上了注册会计师，曾任日资企业厂长助理和某公司财务总监，现在又自己办了一个财务公司。

（2）坚定地执行精兵简政。我们的学院规模不大，开始我们只设了办公室、教务处、后勤处、学生处、图书馆和成人教育办公室几个单位。办公室兼具党委办和院办的功能，只有四五人。教务处是人数最多的处，也只有 6 个人。各个系就是一个系主任和一位教学秘书。这么少的处室，这么少的员工，在一般人看来是不可思议的，但我们运行得很好。我们当时提了一个口号，叫作“一专多能，一人数岗”。每个人的工作都是饱满的，大大提高了工作效率。例如在我们这样不大的学校，党委没有必要设办公室、组织部、宣传部、纪委、统战部等，党委办公室和院办公室合署办公，办公室有一人主要负责党务工作，工作量饱满但也不至于忙不过来。后勤还兼管基建、水电管理和维修、校园卫生、物业管理，而且大部分工作由临时工负责，一部分工作由学生勤工俭学完成。由于精兵简政，学校办学效率很高。这里举两个例子，一是成人教育办公室，只有 2 个人，除了每年招收几个成人大专班以外，还与 7 个中心镇进行合作，大多的时间接近 1000 人的招生规模。另外，学院和澳门公开大学（现澳门城市大学）合作，几年中培养了 100 多名 MBA 学员。现在已发展为继续教育学院，虽员工人数大增，但招生规模也未超过过去，致使一座偌大的成人教学大楼廉价出租给中技学校使用。过去负责保卫工作的是一位外聘人员，此人工作认真负责，和保安人员关系也处理得好，在治安上未出现大的问题。我去参观澳门旅游学院时发现，这个被联合国教科文组织向世界各大酒店推广的学院，图书馆只有 9 个工作人员，其余工作都由学生勤工俭学完成。我们的图书馆也是这样，工作人员不超过 10 人。在现行体制下，人事改革能够到这一步，已经相当不容易了。外聘人员超过在编人员，外聘人员的管理走进了改革的轨道，从而打破“大锅饭”、打破“终身制”，走出了死水一潭的怪圈，也大大提高了办事效率。为什么认为外聘人员可以把全院的保卫工作管起来，就是因为我们充分信任他，他有强烈的责任感和使命感。正是由于他的负责任，很好地领导全体保安人员工作，那几年，校园是平安的。人事体制改革，就是要充分发挥每个人的积极性，充分调动他们的能量，达到高效率地工作。我们当年那么少的人把一个大学建起来了，又用那么少的人使大学很好地运转起来，是少有的。连深圳职业技术学院都来取经。来过我院的东北某职业技术学院的党委书记，经过10多年，还饶有兴趣谈起我们的人事制度。

(3) 追求建立现代大学体制，也是我们的一个特色。由于历史原因，我国的多数老大学大都存在机构臃肿、人浮于事以及学校办社会等现象，因而浪费资源、效益不高。我们不愿走这种老式道路，我们在校外建教工宿舍，不建附中、附小、幼儿园、医院等，为后勤社会化奠定了基础，告别学校办社会现象。后来，学生食堂也公开向社会招标，实行承包，只需成立一个由学生代表组成的民主管理小组，就可以实行对伙食质量、价格和卫生状况的全面监控。现代大学体制当然内容很多，我们主要从两个方面入手：一是精简机构，向社会招聘教师和管理人员，逐步做到教职工不为学校所有，而为学校所用。二是学校不办社会，从后勤社会化入手。做到了这两点，就能集中精力搞好教学，努力培养社会有用人才。

特色的东西在我院许多方面都表现出来，例如我们为旅游系设置的“青年旅馆”就很有名。“青年旅馆”是国际品牌，它是专门为青年人提供的位于旅游市中心且交通便利，住宿环境优雅，价格便宜的旅馆，是自助式的新式旅馆。我们建它既可以改善招待所的传统做法，又可生动地作为旅游系学生实训基地。“青年旅馆”创办以来，一直是旅游系师生在经营，深受欢迎，不仅接待国内外的旅行团和各种培训班，还供专业足球队来这里集训。他们认为，这里的条件不比云南海埂更差，但经费可减少一半。有一位在澳门从事“青年旅馆”的人说，我们的“青年旅馆”是他在国内看到的最好的一家。现在有人把这个品牌改成“师生公寓”，除了没有文化之外，就是执意要改写历史。

另外，我们花很少的钱，建了一个“青萝陶艺”的陶吧。建筑设计是我院老师完成的，这种日式的建筑和周围的树木、小坡浑然一体，十分精致。这也是我院每年举办“开放日”的重要场所，吸引了番禺许多青少年前来制作陶艺。我不仅把江西景德镇的老瓷工请来拉坯，还把原景德镇陶瓷画院名誉院长张志安和原景德镇陶瓷研究所所长刘嗣天二位著名艺术家请来和学生一起制作陶艺，这使艺术系的学生异常兴奋。现在，“青萝陶艺”在青年陶艺家的领导下成为研究我国青瓷的重要场所。据说，教育部有人说，陶吧就是番禺职业技术学院的特色。还有，我在建图书馆时，建立了一个外语阅览室，请一位外语教师管理，里面放的全是原版英文杂志，报刊以及原版英文 VCD 和英文电影。要求进阅览室的学生和教师，只能说英文，不能说中文。我几次去阅览室，常有学生向我反映，说这样的阅览室对他们掌握英语听说能力非常有帮助。总之，追求特色，办出水平，目的都是使学生提高能力，适应毕业后的工作岗位需求。

内外交流，春华秋实

很难相信，在我们这个年青的职业技术学院，学术交流异常活跃。早在建校之初的1996年，第六届中英澳哲学班，应中山大学之托，在我院举行。中英澳暑期哲学班最早是中英两国的交流项目，后来澳大利亚也参加了。前五次是在北大、复旦、中国社科院等单位举行。第六次本来应该由中山大学承办，但因他们安排不过来，决定委托我院举办。哲学班虽然人数不多，但大多是国内著名大学的有为青年哲学教师，其中还有从新加坡来的同行。授课教师是剑桥大学的知名哲学教授，且带着最新研究成果来授课。无论是授课教授还是来自各地的学员，都对我们的组织和提供的环境很满意。学院的优美环境更使外国友人流连忘返。不久，全国自然哲学研究会又在我院召开，取得了同样的效果。后来，全国复杂系统研究会也在我院召开，这次会议期间我虽外出公干，但是学校各方面进展井然有序，来自全国该领域的顶级专家，如中山大学张华夏教授，中国社科院金吾仑教授，华南师范大学校长颜泽贤等，都对会议的安排和接待十分满意。

值得一提的是，2000年春天，中国科学学与科技政策研究会的年会在我院召开。全国人大原常委、民盟中央原副主席、中国科学学与科技政策研究会原理事长冯之浚在开幕会上讲："阳春三月何处去，南下番禺会碧晖。"确实，自从我到番禺创办大学后，我的这些老朋友十分关心、惦记我，不断有人来看

2000年访问澳大利亚墨尔本大学。

在匈牙利访问。

望我。由于和冯之浚是熟人，时任广东省常务副省长、现中共中央政治局常委、中央纪委书记的王岐山也来参加会议。王岐山同志说，他到广东两年多，这是第一次到番禺。在理工学院半天多时间，他参加了开幕式的全过程，当天会议由我主持，王岐山同志即兴讲了约半小时的话，并和中国科学院严副院长一道，为我院"国际学术交流中心"挂牌。此外，到会的还有原国家科委副主任、原国务院发展中心副主任，也是学会的老领导吴明瑜，全国人大原常委、民盟中央原副主席、佛山大学校长谢颂凯，广东省政府副秘书长、广东省科技厅、广州市科技局领导、中科院广州分院领导、民盟广东省委、广州市委以及番禺区领导出席了会议。学会理事长、原北京科委主任邹祖烨，后任全国人大常委、中科院党组副书记、中国科学学与科技政策研究会理事长方新，清华大学公共关系学院院长薛澜，陕西省科技厅长孙海鹰等近百名学者参加了会议。会议讨论了跨越式发展战略和教育部改革问题，讨论十分活跃。有两位学者还为全院师生举办了学术讲座。我院师生承担了全部会务工作，100多位代表全部都住在我院刚落成的"青年旅馆"。酒店管理、文秘专业的学生更是上了堂生动、实际的专业训练课。有关专业的教师也开阔了视野，增长了见识。会议开了不久，正在南方讲课的原中共中央宣传部副部长、中央党校副校长、原中国科学学与科技政策研究会理事长、著名理论家龚育之和夫人、著名科学哲学家、北京大学特聘教授孙小礼应我的邀请，到我院休息。龚育之同志和孙小礼教授就住在我们"青年旅馆"旁的一栋简易小楼里，吃饭在青年旅馆的教师食堂。老龚和孙小礼教授白天看看书，在周围的湖边散散步，晚上我院几位教师陪老龚打打桥牌。期间中山大学、华南理工大学几位自然辩证法的教授曾来座谈过。

和香港、澳门各大学的交流很频繁，建校之初，为了扩大教职工的视野，我们分期分批组织全院教师工参观香港、澳门的大学。为此，我通过番禺侨办，联系参观人员住入有关单位的驻港办事处。早在建院之初，我就率团到香港科技大学、香港理工大学、香港城市大学、香港中文大学、澳门大学、澳门理工学院、澳门旅游学院以及澳门公开大学（现澳门城市大学）参观学习。也有的学校和我们有实际合作。香港科技大学因为和霍英东基金会在番禺南沙有实质性合作，有些事也要我们参与。例如我们和香港一公司在南沙有一个新能源的课题，是通过科大联系的，该公司还邀请我们到马来西亚去做这个课题的实验。科大还曾组织教师和其子女到我院度假、联欢。联系较紧密的就是澳门公开大学，我们联合举办了 MBA 班，一共办了 4 期，总计 100 多人。由于教学计划周密，管理严格，请来中山大学、华南理工大学的教师或其他院校有实践经验的教师、教授。他们在论文等方面都做了精心安排，学生到澳门公开大学答辩收到教师的好评，现在毕业生当中多数已成为本单位的业务骨干，不少还走上领导岗位。澳门公开大学的校长对我说，在国内办学点中，对我们这个点非常满意。

为了践行“开放式”办学宗旨，我们请到一些名家，或为师生讲课、或同师生座谈，让师生开阔了眼界、增长了知识。如上所述，英国皇家学会会员、著名物理学家、科技史专家马凯，著名教育家潘懋元，教育部发展中心主任蔡志勇都来讲国学。还请旅居海外和港澳成功人士来讲课或座谈，例如一位旅居澳门的企业家，到番禺创业，他给毕业生做的演讲得到了很大反响。美国拉玛大学社会学退休教师参访团，旅居法国的番禺籍青少年参访团、香港科技大学教师母子团与我院学生的交流都收到了很好的效果。著名画家、景德镇画院名誉院长张志安、著名陶瓷画家、原轻工业部景德镇陶瓷研究所所长刘嗣天，“现代文人”代表人物、著名画家王孟奇等，或来办画展、或来参加“青萝陶吧”活动，都受到学生的欢迎。著名诗词学家、曾获教育部书法一等奖的郑在瀛教授为我院学生开设诗词鉴赏选修课，效果较好，他还为我院小景“竹漪园”写序，这篇序被镌刻在石碑后，引来众多人注目。

深入调研，酝酿改革

大概是2000年左右，番禺有关领导办学院的态度又起了风波。几年来，番禺的主要领导一直把学院当成是个负担。特别是后来全国的大学都在扩招，番禺的中学教学质量不错，升学录取率一直较高，他们觉得每年花2000万来维持学校运转，确实是个包袱。有领导放出风来，要卖掉这个学校，不过也不是卖给私人，而是让广州的其他学校来兼并。这也不是空穴来风，那几年，就陆陆续续有学校来谈意向。有一次，中山大学校长助理（其后升为副校长）认识我，他特意到学校找我，说下午中山大学党委召开会议，将讨论我院作为中山大学的一个分院，问我同意不同意。我说这么大的事，我决定不了，至少还要问番禺和广州领导的意见。后来，华南理工大学党委书记和校长也找过我，我们也比较熟，谈得比较委婉，他们看到我没有表态，也就没有讲下去。华南师范大学党委书记也在番禺区政府一位副秘书长陪同下到我们学院参观，也是有收编的意思。后来广州几所大学要合并为广州大学，更是把我院作为合并对象。广州教育局领导组织有关学院领导，包括时任广州医学院院长、中国工程院院士钟南山，都到学院来考察过。这表明，这些学校都知道番禺对我们这所大学的态度，同时，也看出了我们学校的一些优质资源，毕竟学院占地2000多亩，环境优美，学院规划得比较好，有足够的教学场地和设施，办学几年，很有特色，学生毕业后受到社会的重视。但是，由于体制上的原因，要被兼并，这谈何容易，就是一个学校的班子里，也很难统一思想。

这个时候，在我脑子里面，马上闪出这个学院的前途问题，无非是三条路。第一条路是维持现状，当地领导是绝对不可能再投入资金让你发展。但是，谁也不会冒风险让这个学校垮台，毕竟当时在番禺它是第一所大学，他们称之为“自己的大学”，毕竟是广大港澳乡亲、海外乡亲鼎力相助的，毕竟是当时党、政做过决议的。但是这条路走下去，前途十分渺茫，规模上不去，难以为继。第二条路就是成为一个大学，很可能是广州大学的一个分院。但是不要说广东的一些著名大学，就是广州大学也已升为本科大学，他们对接受我们这样的专科学院，是有顾忌的。现在一些重点大学的所谓分院，即“独立学院”，就成了“怪胎”，听说现在也主要向职业技术学院转变。况且，即使成为分院，也不可能发展，只会再增加一个“婆婆”，办学就更捆住手脚了。对于上述两条路，学院和我是毫无选择的，只能听天由命，只能听番禺区和广州市的意见。但是，我这个人向来不安稳。我在思考有没有第三条路。这时我想起了国有企业的一种改革，就是“国有民营”。国有民营企业，是指改革国有企业经营管理体制，实现所有权与经营权分离，建立现代企业制度，坚持国家所有、民间主体经营的新型企业。这种国有民营企业形式与原有体制相比更适应市场经济和社会化大生产发展的需求。从广义上讲，国有民营企业是指股份制、股份合作制、租赁承包制、国有企业拍卖等；从狭义上讲，国有民营企业则是个人、合伙、集体租赁承包国有企业进行经营管理。国有民营作为一种新的国有资产经营形式，体现了所有权与经营权相分离的原则，将经营者的责、权、利有机地结合起来，并改变了企业原经营机制，因而具有了新的特性。特别要指出的是，国有资产的所有权不变，是将国有资产交给民营者经营的前提。几年来，国有民营的实践证明，国有民营是实现国有资产的所有权与经营权分离的一种有效形式，有利于调动企业经营者的积极性，提高经济效益，保证国有资产保值和增值。

我在认真研究了有关国有民营的政策和做法后，在小范围里找了几位老师进行议论，大家也认为是一件值得探索的事。将这个想法向番禺领导进行了汇报，番禺不愧是改革开放的前沿阵地，番禺的主要领导赞成我的想法，要我尽快拿出方案。这个消息不知怎么传出去了，被时任厦门大学高等教育科学研究所和汕头大学高等教育科学研究所名誉所长潘懋元教授知道了。潘懋元教授曾任厦门大学副校长、顾问、海外教育学院院长，并任国务院学位委员会教育科学评审组召集人、中国高等教育学会副会长、全国高等教育学研究会理事长。他创办并主持了全国第一所高等教育研究机构——厦门大学高等教育科学研究室，被评为中国第一位高等教育科学博士生导师，是公认的全国高等教育研究专家。我邀请他来我院讲学，他特地将大弟子等助手带来，表示有兴趣帮我们研究国有民营方案，并说他对这个新鲜事物很想研究一下。考虑到这在教育界是个较大的动作，不宜扩大影响，历史经验证明，太超前并不是好事，往往会成为众矢之的，被扼杀在摇篮里。我婉谢了潘教授的好意，表示我们还没有准备好，等有条件了再来请教潘教授。

我们的“国有民营”方案基本上参照国有企业国有民营的方案，譬如说，规定学校的土地、建筑、设备等固定资产均为国家所有，并制定了保值增值措施，同时，拟成立由番禺有关部门和教师代表组成的监督小组，确保国有资产不流失。学院的经营者由现任领导班子和教职工代表组成学院理事会，实行理事会领导下的校长负责制。对上的领导关系不变，接受广州市、番禺区的行政领导，接受省教育厅的业务指导。各行政建制和教学组织暂时不变，将秉承更加精简、有效的管理原则。我院当时的人员，在编和外聘的基本上已达到1∶1。改为“国有民营”后，将实行老人老办法，新人新办法。对在编人员要求上级确保其行政编制待遇不变，有条件后逐步实行全员聘任制。扩大办学，包括教学计划、专业设置、教职工的分配制度、招生等的自主权。并通过努力，成为当地技术开发中心，人才交流中心和生产力促进中心。形成办学能力的可持续发展。所有这些改革思想均在“国有民营”方案及章程里体现出来了，方方面面考虑得比较细致。

考虑到学院毕竟是具有公益性质的事业单位。不可能像企业一样很快产生利润，改制初期，先要有一个过渡时期。经过测算，我们的方案希望自改制起，财政保持上年度的额度标准3年内不变。从第4年开始，逐年减持，递减3~5年，再不需要财政拨款。但改制前的在编人员仍将享受原事业单位的退休规定。

我们当时也不是完全心血来潮，我们认真分析了可行性。我院建校时间不长，一开始力图用新的体制建校，包袱不大，如当时还没有正式退休人员。我们的机构简单，办事效率高，形成了一人数岗、一专多能的运作方式。我们只有6个处室，最大的教务处也只有6个人，办公室将党政运作都涵盖了，1位外聘人员和保安队把学校治安秩序管理井然有序。偌大的图书馆只有10个人。2个人的成人教育办公室，最多招收近2000名学生，还和境外合作开办了MBA班。前已述，我们的人事制度改革力度很大。番禺区总共给了280个编制，我们只进了108个人，大量取用外聘人员。实际上已实行了“一校两制”的人事管理体制，为全员聘任制创造了十分有利的条件。我们当时设的专业如模具、玩具、环境艺术、土建施工、计算机应用、英语文秘等，紧贴生产实际，招生和分配都很好。后勤社会化进展也顺利。我们没有学校办社会的负担，我们的医疗、保健、职工子女上学都是面向社会，这也为我们的改革去除了后顾之忧。

当然，鉴于无前车之鉴，国有民营后的学院今后所有制结构的混合性，还来不及也无从研究。例如，企业在国有民营的过程中，私人资本渗入国有民营企业，已成为客观存在的事实。民营自筹资金有三大渠道：一是民营者个人出资；二是民营者与其合伙人共同出资；三是民营者向他人招股集资。民营者实际经营的资产，包括国有的、民营者私有的，还可能有其他个人私有的若干部分，他们共同构成了企业的全部资产，各出资者分别对各自的财产拥有所有权。学校实行“国有民营”，要比这复杂得多。又如民营者经营国有资产，既承担确保国有资产保值增值的义务，又享有按合同规定获取部分利润的权益。由于学校的公益性和非营利性，这方面就更复杂了。其他如分配关系的特殊性以及民营者与员工矛盾的特殊性，都无从研究。为了保险起见，我们在反复近10稿的修改后，请来了原广东省人民政府第一副秘书长张思平同志，他是我多年的朋友，是一位经济学家，曾经在马洪和王岐山手下工作过，后来到深圳、海南搞过体制改革。他非常认真地看了我们的文稿并参加了讨论，最后帮助定稿。

在我们快要定稿的时候，番禺区委书记（同时兼任我院党委书记）两次中午到学校来，要求我们抓紧定稿，说要在学院召开区委常委扩大会，讨论我院的改革方案。也就在这时，分管副区长告诉我收到学院有人反对“国有民营”的控告信。我们的方案还未定稿，区委、区政府也没有讨论我们的改革方案，控告信提前发出了。

当然，这个改革过于超前，番禺市主张搞的，省教育厅也有人觉得可以试试，但听说广州坚决反对，说这样“国有民营”，学校不就成了经营者的学校。最后，由于番禺区领导班子的变更，也就没有人提这个事了。一场改革就这样夭折了。过了 10 多年，这种国有民营的学校在英国出现了。据报道，英国首批 24 所“自由学校”出现了，其中 17 所是小学，5 所是中学，另外 2 所招收各年龄段的学生。按照英国教育部网站的解释，所谓“自由学校”是指一种公立的多功能独立学校，由政府出租，家长、教师、宗教团体或慈善组织负责管理。“自由学校”不仅享有较大的预算控制权，更重要的是，它有权改变学校的学期长短和教学日程，甚至不必依照英国现有的中小学教学大纲来安排课程，其目的在于帮助不同背景的学生提高学习水平。但所有的“自由学校”都会和其他学校一样，接受英国教育部门的督察及参加多项全英统一考试。为方便此类学校的建立，英国政府设立的“门槛”很低，任何人只要愿意推出平等和民主的价值观念，善待环境，承诺反对暴力和种族歧视，即可申办。

退休落幕，泰然处之

2001 年 7 月 6 日，广州市委组织部领导来我院宣布新的领导班子，并说我已超期一年，感谢我认真努力地工作。我也知道，广州市委有一个不成文的规定，大学一把手一般都干到 61 岁退下来。

不要看我在任时认真负责，全身心投入到工作中去。但一退下来，我还真能放得下。可以说，上午宣布我不当院长，下午我就接孙女了。记得前些年在江苏扬州参观何园（中科院院士何祚庥祖上古宅）时，有一副对联写着："退士一生藜苋食，散人万里江湖天"。说得真好，退休了，就是散人，可以做自己想做的事。不要恋战、不要遗憾，不要想不通，就是要有这个心态，这是每个人最终都要面对的自然规律，我应该说是比较好地来了个转身。

我对退下来的生活也是有思想准备。这一点，要归功我太太尹静华。我还在任上的时候，我们周六日要出去，她总说，休假日不要叫车，可以让司机休息一下，况且总有一天要退下来，要适应没有车的日子。有一次，歌星朱明瑛到番禺演出，我和太太坐公交车去看表演。散场后看到司机在门口等，我说你怎么知道我来看演出，他说"某院长和太太"来看演出是我送来的，现在来接他们回去。"三讲"巡视组长知道此事后，很是吃惊。后来，我有了老年证，每次上公交车时，人们看到我轻巧的样子，基本上没有人让座，有几次公交司机还要检查我的老年乘车证，以防有假。尹静华就是这样的人，凡是自己能干的，绝不麻烦其他人，包括换煤气，都是我们自己做。在她的影响下，包括做饭等日常生活，都能自理，退休下来，我们一点都不担心。

还有孙子、孙女的出世，也给我增添了无穷的欢乐。在我退下来两个月前，小孙女降临了。当时我还在台湾出差，回来后，迫不及待去看小孙女。孙女家住的地方离我们不远，她的外公、外婆从四川来，全力以赴帮助带，小儿子，也就是孙女的父亲上班比较远，家里还请了保姆，小孩的成长是幸福的。我们则天天晚上去看孙女，她稍大一点后，我就抱她去小区会所玩耍，小孩天真烂漫，十分可爱。一年多后，我远在北京的大儿子，也给我们添了一个孙子。这时，尹静华已经退休，她就去北京照看孙子了，大儿子和儿媳妇在单位工作特别忙，尹静华把老家无锡的大妹妹也叫去，一起照看小孙子。由于北京租的住房狭小，我留在番禺，也算一边帮忙看看孙女。尹静华在北京一待就是5年，家都搬了几次，待小孙子幼儿园读完后升入小学她才回番禺。那时我正好身体不好，儿子、儿媳妇说不能再让爸妈分居了。小孙子进入北京史家胡同小学住宿班，尹静华才算结束了5年忙碌的生活。总之，孙子、孙女的出生，让我们的退休生活更加充实、快乐。

我一生调动几次，人脉关系广，按照一般人的看法，我退休后一定会受聘某个单位。但是，我却没有走这条路。确实有几所民办大学想请我去主持工作，当院长。其中一所有港资背景的民办学院，还是广东省教育厅老厅长三番几次找我谈话，后来我碍于面子，还和老厅长一起去了这所学院考察了一番。最后，我还是推辞了。另外，还有二三所已有一定规模但尚未批准的民办学院也通过一些老校长、老朋友的推荐找过我，我都没有同意。以至于后来广东省高教厅的领导对一些民办学院的老板说："你们不要找张院长，张院长不会听你们老板的，除非你们老板听张院长的。"那些年，一些民营企业家愿意投资办学，为高校的大众化作了不少工作，也是难能可贵。但是，也许是我们的国情所限，像外国一些发达国家，私立大学的投资者是不具体管学校的，例如享有美国硅谷摇篮之誉，排名世界前茅的斯坦福大学，就是美国铁路大王斯坦福为纪念儿子创立的。我们的民办大学人事权、财务权等都是老板家族管的，请去的校长只是管管教务和学生，很难开展工作。我认识的几位民办学院院长都是苦不堪言，有位曾在昆明一大学任校级领导的女同志，提前退休慕名来南方一个著名民办大学任职，干了半年多，还是知难而退回昆明去了。

退下不到两年，还是有事找到我。2003 年春天，我参加广东省教育厅组织的设立清远职业技术学院的审批会。会上我对为何办职业技术学院特别是专业设置的意见，引起了清远市委书记兼职业技术学院筹委会主任梁戈文的重视。此后，他又把我找去几次，态度很诚恳。等到院长人选落实后，他叫院长请我当顾问。这位院长是位博士生导师，没有行政经验，但对我很尊重，常常登门求教。我因为亲手建过一所大学，现在又来建校，可以说是驾轻就熟。这所学院是由清远师范学校、卫生学校、成人中专和电大合并的，师范和卫校原来办得不错，在中专学校里算是比较好的，但是要建一所职业技术学院，懂的人不多。我首先解决了他们几个月都未定的校园功能划分问题。清远市政府很重视，划了约 5000 亩地建大学，决定先用一半，但如何规划，首先要划分功能区，首批需要建什么楼。由于这些问题搞不清楚，规划部门无从下手。接着，梁书记又要我为学校定位。我当时提出，应该建成一个以服务型为主的职业技术学院，甚至可以就叫家政学院，有几个理由：一是清远市自己定位为广州的“后花园”，就是以服务为主；二是学院的基础是师范和护理，教师转型容易；三是办学成本低，投入少；四是有特色，可能是全国唯一的一家政学院。梁书记听了以后觉得有道理，正好此时，清远来了新书记，是从顺德调来的，他也很赞成我的意见，说顺德职业技术学院就是以家具、花卉为主。但是院长不同意，且得到了一部分教师的支持，说穿了，就是看不起服务行业，而服务行业却是经济新增长点的主要方面，也是超前的，很难被人理解的。当时学院坚持要设电子专业，论证专业的专家说，三年制学校怎么学电子专业。专业是分级的，像电子专业，是一级专业，一般在研究型大学设；无线电专业是其二级专业，一般在普通高等工业大学设；职业技术学院是培养技能型人才，只能设置诸如手机维修等三级专业。不久，清远职业技术学院正式聘我为顾问，我一般是每个月去几天，但刚建校，事情很多，特别是梁书记，一般他们领导开会，都要我参加。每次开会，我从不发言，主要是听。但是，每次梁书记最后都要问我的意见，他们对我的意见都很重视，其他领导对我也很尊重。

当时，学院还在筹建中，条件比较差，我住在电力局简易的招待所里，在学生食堂吃饭，他们对我照顾得比较周到，还专门派一位老师陪我吃饭。

由于主要领导挂帅，清远职业技术学院的建设速度还是很快的。经过不到两年的建设，新校区就竣工了。整个校园规划得不错，功能区划分也较合理。分管总务的领导找到我，问如何搬家，我说先在全院各建筑的图纸上标出方案，向全院教职工公布，合理的意见马上改，这一招很见效，几天就把学校安顿下来了。这个时候，院长同几位副院长矛盾很大，几乎已经到了无政府状态。市委从当地行政部门调了一位领导来学院任党委书记，这位书记协调能力强，特别为学院取得当地政府的重视起了很大作用。新来的书记也认为这位院长很难再待下去，终于把他调走。不久调来一位新院长，这位新院长是我母校的博士生。因此，这位院长逢人便说他是我的学生。在他的支持下，学院终于设置了家政学院，他还和我们几个人一起访问了菲律宾，参观了几所大学的家政学院，会见了菲律宾教育部长。回来后，我设计了几个家政实训室，他们做出来后，超过菲律宾几个大学的现有水平。后来学院还请了三位菲律宾家政教师，她们注重技能训练，用英语教学，也使家政专业的学生英语水平排在了全院的前列。学院为家政学生还开了茶道课，后来学生们的茶道表演还上过广东电视台。每次新学年开学，家政专业的学生都不理解家政，或多或少专业思想不稳定，学院都让我和学生们座谈。座谈后，学生的专业思想都能稳定下来，后来还出现其他专业的学生要求到家政专业来。家政学院和广州、深圳、东莞的家政公司都有密切的联系，校企合作比较紧密。学生在实习期间就拿工资，就业形势很好。一些评估专家到清远职业技术学院来，看到家政专业的状况和学院为社会举办的中、高级家政培训班后，认为家政专业就是这个学院的特色。家政专业是个朝阳产业，需求量很大，粗略计算，全国需要约2000万~3000万之多。现在缺口较大，特别中、高级的家政人员更为缺乏。今后，大部分剩余劳动力多数要向服务行业专业，其中多数要转向家政行业。有一年在北京师范大学珠海分校，召开了家政教育讨论会。有好几个大学特别是吉林农业大学校长参加了这次会议，我们进行了充分地交流。北师大几年前，有一位教授上书朱镕基总理，要求恢复新中国成立前就已经办得不错的家政教育。北师大珠海分校的家政教育是本科专业。吉林农业大学校长学的是农科专业，但他很重视家政教育，特别注重吸收日本家政教育的经验。正如吉林农大一样，北京城市学院的家政也是在老院长的关心下坚持下来的。我在帮清远职业技术学院成立家政学院过程中，曾考察过北京城市学院、石家庄职业技术学院、浙江树仁学院、长沙女子大学等院校的家政专业。我在自己工作的番禺职业技术学院时，也曾尝试办家政专业，而且台湾一位著名企业家还承诺将家政毕业生全部送新加坡工作。做了这么多功课后，我给清远职业技术学院家政专业定位是“大家政”，它不是狭义上的保姆，而是包括管家、社区管理、特殊护理等宽口径。我还到广州、东莞一些较大的家政公司交流过，或讲过家政课。应该说，这种“大家政”是很有前景的。也许我们超前了，清远职业技术学院的领导在有的教师的压力下，最后还是取消了家政学院，而是在一个系里保留了家政专业，丧失了一个能办出特色的尝试机会。

不过，在清远职业技术学院担任顾问的四五年里，我和他们相处的还是不错的，几乎所有领导都对我很尊重，我也和学院不少教师也成了新朋友。我一方面注意自己的定位，不越权、不添乱，有问题就帮助解答。也尽量做一些力所能及的事，如给学生开讲座，帮助学院做一些对外联系的工作。我生活上特别简单，吃、住都很节俭。后来，我觉得家政专业虽然搞起来了，但不可能有较大发展，而愿意去当顾问，正是想在家政教育上有所尝试。正好我 2007 年动了一个大手术，我也就顺水推舟，算是辞掉了顾问工作，也算是有始有终，双方都很高兴。清远职业技术学院的领导以及和我接触得较多的老师都对我很客气，常常有电话问候我。我得病后，还有多位同事包括主要领导来看我，还让我当了学院理事会的名誉会长，我感到很满意。

第六章
珍惜亲情　感恩友情

伴随人一生最宝贵的，是亲情和友情两样东西。亲情是一种没有条件、不求回报的阳光沐浴。我一岁丧父，孤儿寡母，相依为命。母亲以她瘦弱的身体，纺纱织布，节衣缩食，供我读到了大学，培养我成为有用之人。当我自己成了父亲、爷爷后，家庭内那种血浓于水的深情，其至善至美，更足以让我感动到老。

友情是一种浩荡宏大、随时能够安然栖息的理解堤岸。我这一生，留下过足迹的地方较多，不论是领导还是师长、同学还是同事，我与他们中不少人都结下了深厚的友谊。友情给我带来自省的镜子，带来交流与思考，带来启发和智慧，带来勇气和力量，是如此珍贵。正如马克思所说：

“人的生活离不开友谊，但要得到真正的友谊却不容易。友谊需要用忠诚去播种，用热情去灌溉，用原则去培养，用理解去护理。”

人的一生，看花开花落，品苦辣酸甜，离不开亲情、友情。我珍惜亲情，感恩友情。

主持学会，当上义工

2004 年年初，经中国科学学与科技政策研究会常务理事会决定，由我担任常务副理事长，主持研究会的日常工作。此前，从第三届理事会开始，原国家科委副主任吴明瑜、原中国科学院管理与政策研究所所长罗伟、方新（后为中国科学院党组副书记）等三位曾任过学会常务副理事长。我是在第五届理事会任此职，协助方新理事长主持日常工作。据说是方新同志邀请原理事长冯之浚和吴明瑜同志共同研究的。他们认为我是学会的元老，并有担任过武汉市科委主任和办好一个大学的工作经验。我现在已经从领导岗位退下来，有时间有精力搞好学会工作。此外，我在学会有很好的人脉关系，用他们的话说，老、中、青会员我都能团结。本来，我对学会就很有感情，也很感激他们的盛情，因此愉快地接受了这个职务。这是一个典型的义工，按照他们的规定，每年可报销几次到北京的机票，每个月还有点少量的车马补助费，用我一位在中央机关工作的学生的话说，这比一般农民工的待遇还差。但是，和学会在一起，我乐在其中。2014 年，我被中国科协评为全国优秀科技工作者。

中国科学学与科技政策研究会是中国科协的一级学会（共有 100 多个一级学会），也是学术活动比较活跃的一个学会。它发端于党的十一届三中全会全面改革开放期，与改革开放同步。在解放思想、宣传科学技术是第一生产力，迎接新技术革命，提倡科学管理，提倡决策科学化、民主化方面做了大量工作，今天我们耳熟能详的一些词汇，不少出自这个学会。但是，由于制度的原因，学会并没有起到现代社会智库的作用。而且，一般的共识是帮忙不添乱，大多数活动都在“科学共同体”内运行，起到的社会作用有限。学会有理事大约200人，但能参加活动的只有2/3左右。学术活动最重要的是一年一次的学术年会和全体理事会轮流在各地举行。从2005年在北京召开的第一届中国科技政策与管理学术年会后，分别在大连理工大学、浙江大学、西安交通大学、中科院科技政策和管理研究所、南京信息工程大学（两届）、华南理工大学、山东科学院、吉林大学召开了9次学术年会。每次年会除了大会报告外，与会人员还分若干小组进行专题讨论，然后进行交流，时间抓的较紧，效果也不错。会议期间，还分别在两个晚上召开了学会理事会和《科学学研究》杂志编委会。这些活动几乎成了一个常态，坚持了这么多年，也不容易。除了学术年会外，就是中国科协每年轮流在各省召开的年会，这有点像英国和美国科学促进协会进行的年会，英国这种会已经快开过180次了。中国科协的这个年会规模较大，一般都在3000人左右，有许多专家包括国外专家参加。像诺贝尔奖获得者杨振宁教授常常到会，据说当年在海南博鳌开的年会，就是他和翁帆定情的地方。当时我开会时座位离他较近，又一同参加海南省政府的招待会，反正觉得老先生精神很好，脸上挂着老人少有的笑容。这种年会一般还会进行若干专题论坛，由有影响的学会承担，我们学会每年都有这个任务。头痛的是，承办会议的省政府都要求我们要请院士参加，而研究科技政策的院士哪里找，被邀请的院士也比较尴尬，他们也说不出什么见解。此外，学会有若干专业委员会，经常有活动的是科学学理论专业委员会、科学评估专业委员会、科学技术预测委员会，这些委员会每年都有活动，有的学者的成果也能为社会所接受。近年来，产业创新委员会也比较活跃。

前几届的学术年会，一般都由我主持。我主持学术会，不是传统的做法，而是要把气氛调动起来，但又紧抓主题，讲究效果。比如在西安交通大学召开的年会，我的开场白是：“很高兴来到古城西安，我不说‘长安一片月，万户捣衣声’的美好景象，不说‘在天要作比翼鸟，在地要做连理枝’的唐玄宗和杨贵妃的千古绝唱，不说延水河边的夫妻识字，也不说宝塔山下的兄妹开荒，不说八百里秦川走西口，也不说米脂的婆姨绥德的汉，专门说说交通大学以及我和西安交大的那些事。”几百人的会场一下把注意力集中起来，与会的西安交通大学老校长说我的主持别具一格。又如2012年在广州华南理工大学召开的年会，正值该校60年华诞。我的开场白是：“清晨我站在高高的西湖苑（该校招待宾馆）上，天上没有雄鹰飞翔，夜不能寐，赋打油诗一首：‘筚路蓝缕一甲子，风雨传薪几代人，深思笃行未曾忘，弦歌不辍砥砺行。’”多次出席各种学术会议的国家自然科学基金会的一位同志感到特别有趣。学术年会时间紧，要让更多的人发言，每人的发言时间都要缩短。在主持会议时，要做到公正、公平，不论学问多大，学术地位多高，都要学术平等。我主持会议，一般都不允许超时。这也是我从早期的会议学习的，记得20世纪80年代的一次改革讨论会，当时有许多领导参加，学会老领导吴明瑜主持会议，用黄牌、红牌主持，时任国家体改委主任的李铁映就被红牌罚下去了。前两年在厦门召开的海峡两岸科技论坛会上，原台湾地区政务委员陈铭德将军说，张教授你主持会议太厉害，在台湾，当官的人都不敢将学者赶下台。所以，学会的人都叫我“金牌主持”。除了主持会议外，我也利用一些机会发表一些评论，体现一点学术气氛。有一次在北京召开的国际计量科学会议，我对只注重数量分析不以为然，我说还是要定性、定量相结合。例如，联合国认为，65岁以上就是老年人了。但是这也不尽然，有些70岁以上的人仍然身强力壮、思想活跃。我说，人老有三个标志：（1）过去的事情忘不掉，眼前的事情记不清；（2）躺着睡不着，坐着睡不醒；（3）吃饭时，专看菜谱，不看服务员。会议休息时，中外学者都在热议我的三条标准。

前几年，中国科协加强了科研课题工作，经费支持上也加强了力度。从理事长开始，我们都积极参与课题研究。参与课题研究，不仅锻炼了队伍，对国家和地方的经济、社会发展也能起到建言献策的作用。同时，学会管理课题，也解决了部分活动经费。除了北京的理事外，我们也和地方联合，如我们和浦东开发区就共同研究了知识产权的交易问题，有很强的针对性。

学会的国际交流非常活跃。科学计量学是学会的一大亮点，学会研究这方面的专家进入了该研究的国际前沿，他们除了参加国际计量科学年会外，还多次主办了在中国举行的国际计量科学讨论会。国际计量科学学会的前后主席，德国学者克雷奇默、比利时学者鲁索还成为我会的通讯理事。克雷奇默是国际科学计量学和情报计量学学会的首倡者，并在 1994 年当选为第一任会长。东西德的合并使她失去了她的研究条件，但由于她学问好，后来仍任教于柏林自由大学，并和中国的大连理工大学进行合作研究。我和她在中国多次见面，2000 年全国学会年会在我工作的番禺职业技术学院召开时，她也来了。2005 年，大连理工大学人文社会科学学院刘则渊院长邀请我和太太到大连休息时，克雷奇默教授与先生也在该校，我们还同在一个专家公寓，度过了一段美好的时光。

2005 年 8 月，我同本会老理事、前中国驻匈牙利大使馆一等秘书符志良和广东大音文化公司总经理张清水，应匈牙利文化部邀请，访问了布达佩斯。一天，我们去匈牙利科学院图书馆，拜访国际计量科学泰斗级人物布劳温。布劳温早年担任匈牙利科学院图书馆副馆长兼情报技术和科学计量部部长，计量科学研究著述颇丰，有 5 部专著，39 篇有分量的论文。1983 年，计量科学创始人、美国科学家普顿斯辞世后，布劳温担任国际性期刊《科学计量学》的主编。他非常喜欢中国，曾多次访问中国，并在北京、上海演讲。他在北京的演讲，符志良是翻译。他对中国的科学发展很关心，他说："在全世界范围内，中国的物理学、化学、数学发表论文数处在世界平均水平之上，第一是美国，第二是英国，中国排在 15 位，同印度相当。"他说他最近用新的指标体系，得出中国论文被引用率排在世界第 20 位。让大家认为中国的科学技术发展速度很快，有可能成为世界科学大国。我们拜访他的那一年，他已经过了古稀之年，他对我说："从生理角度讲，我们都已过了退休年龄（我当时 65 岁）。但现在还在工作，我在编杂志，你在领导学会，都在享受工作。我还在从事学术研究，有的是自己筹集研究经费，目的是享受工作。我主编的《科学计量学》和《核化学》，每年的流通总量在 200 万美元左右。"会见结束后，布劳温坚持送我们到电梯口，逐一拥抱，并深情地说："请你们记住，在匈牙利有一个老头，他喜欢中国。"

2012年5月，我和学会秘书长等人前往俄罗斯及东欧访问。俄罗斯在苏联时期，科学学研究非常发达，以米库林斯基、多波罗夫等大家在内，甚至形成了国际科学学的苏联学派。后来，苏联的解体，使这门学科的发展发生很大的变化，研究机构撤销的撤销，合并的合并，人数也少了，已不再有当日的荣光。一天上午，我们参观了闻名世界的莫斯科大学。晚上，我们在清华大学赴莫斯科大学访问学者的陪同下，请俄罗斯科学机构史与科学学研究中心主任吃饭，并向该主任了解俄罗斯科学学研究近况，他向我们阐述了上述情况，使人唏嘘不已。5月12日，我们到俄罗斯科学院科技史与科学学研究所圣彼得堡分所进行学术交流。该所很重视这次交流，在座的有所长、副所长等约10名研究人员，分别对工程师伦理、科技体制和政策、科学学教学、出版物等方面进行交谈互动。交谈轻松愉快，所长除了介绍该所一位很有造诣的美女科学学教授外，还说他和我是同龄人，共同回忆20世纪50年代中苏中学生的通信交流。圣彼得堡分所坐落在涅瓦河边的圣彼得堡科学院建筑物之内，它的两边分别是圣彼得堡大学（普京和梅德韦杰夫都是该校法律系毕业生）和收藏彼得大帝以来俄罗斯所获得的稀世宝物的博物馆。三座建筑物彼此相邻，成为圣彼得堡文化的根据地。彼得堡城由彼得大帝于1703年在一片沼泽地上全新创建，他力排众议，坚决把首都从莫斯科迁到彼得堡，是为了与受东正教影响的原俄罗斯政治中心莫斯科进行切割。1925年，可能也是因为同样的原因，苏维埃政府又把首都迁回莫斯科。会谈后，我们还参观了位于科学院的首位圣彼得堡大学校长罗蒙诺索夫的雕像和化学家门捷列夫博物馆。

这几年和台湾学者的交流较多，在福州大学雷德森教授的牵线下，我们和台湾学者，主要是位于台中的东海大学交流较多。学会和东海大学连续召开了四次"海峡两岸合作发展"论坛，分别在台中、福州和南京召开。2010年在台中市东海大学召开首次论坛时，由我率领的学会代表团，阵营较强大，主要讨论区域经济发展。台湾方面也邀请了许多学者参加，台湾地方经济发展委员会副主委单骥（曾作为大学教授到大陆参加过我学会组织的活动）、台中市市长胡志强都在会上做了报告。他们都是学者型官员，又有留学背景，PPT做得很好，也有一定的理论高度。

我主持学会工作后，在学会理事长的支持下，比较重视学会老同志的联系活动。学会的一批创建者，大都健在，却早已过了古稀之年，他们就是学会史。这些老同志对学会工作自然十分关心，不少人尚未停止研究活动，有的仍在著书立说。如原兰州《科技·经济·社会》主编吴天任（前国务院副总理吴仪胞兄）虽已耄耋之年，仍然活跃。只要我在北京，每隔一段时间就和学会办公室同志请他们来聚一聚，通报学会的活动状况。2008 年，组织了老同志写作班子，撰写《科学学在中国》一书，历时一年多，由我统稿完成，并作为“科技政策与管理科学系列丛书”出版。这本书对这门学科在中国的发展进行了详实的记录，受到同行的重视。

主持学会工作几年，总的感觉学会只起到了科学共同体的部分作用。在一次中国科协的工作会议上，我就这个问题作了一个发言。我说，现在的学会基本上是“自娱自乐”，对本会的会员也没有多大的吸引力，这样下去，学会有可能边缘化。而在一个社会中，政府、企业和社会组织的作用都应充分发挥出来，社会才会和谐、稳定。我的发言受到大会代表（包括各省、市科协领导，近 200 位中国一级学会负责人）的欢迎，受到主持会议的中国科协主席、全国人大常委会原副委员长韩启德的称赞。从发达国家的情况看，学会的一个重要作用是智库。学会是该学科优秀人才的共同体，代表了学科的最高水平。应该对社会和经济发展提供咨询作用。1915 年成立的中国科学社，于 1930 年设立科学咨询处。凡各界提出的咨询问题，视其性质，分别送由专家社员组织考察，随时在《科学》月刊或《科学画报》中发表。如该社生物研究所曾于 1935～1936 年为四川铁路筹委会在 4 月原始森林中调查枕木资源，并由研究员郑万钧负责，不仅解决了全国各大干路枕木问题，而且为浙江造纸材料进行了调查，结果甚为圆满。现在，由于政府职能未完全转变，智库主要靠各级政府部门设置的政策研究室，缺乏客观性，对体制外专家的选择也不够公平、客观、公正，很难做到兼听则明。而能够做到公平、客观的各种学会却缺乏资源，无法开展咨询工作，起不了智库的作用。在美国，民间的智库达 1000 多个。中国学会的改革焦点就是要真正成为智库的作用。以大学评估为例，1983 年、1985 年美国和英国由报刊发起，进行了大学排名的评估。以我会理事为主的中国科学管理研究院科学学研究所，在 1987 年也对我国的大学排名进行了尝试，影响较大。现在以行政即教育部组织的大学评估，弊端甚多。当然，一些民间的评估机构，也会出现弄虚作假或受商业利益的驱使，但纠正成本要低。

诗书雅兴，乍尝浅止

20 世纪 80 年代，华中工学院（今华中科技大学）人文空气渐浓，学校常举办书画展。我虽然新中国成立前就上学，但上的是新学，并未读过文言文，也没有系统练过字。记得读小学时，字写得潦草，老师还拿着戒尺要我好好写字。但我胆子大，每到春节时，老乡们找不到先生，就要我写对联了。后来读中学时，有的老师板书很好看，引起了我对写字的兴趣。特别是语文老师的板书，简直就是书法，十分好看，我利用记笔记的机会，练习写字。年轻时，除了喜欢看小说外，对诗歌也有兴趣。记得在大学时，受贺敬之“放声歌唱”的影响，也曾写过一首长诗，还在系文艺晚会上朗诵过，可惜未留下底稿。但总的来说，都不精，特别没有持之以恒，乍尝浅止。1987 年学校举办书画展，主办者也邀请我写几个字。我当时刚好党代会落选不久，写了一个条幅：“古来将相今何在？唯有文章留人间。”颇有一点阿 Q 精神，后来这个条幅还被举办者送到省教育系统书画展上去了。在 1990 年的学校书画展上，受政治气候的影响，书写的都是领袖名言或讲大道理的。我写的条幅是：“室中无字画，必是俗人家。”字稍有长进，受到一些人的好评，还产生了一定的影响。有人说要想办法在家里挂点书、画，不然就是俗人家了。经常举办书画展使学校有一个好传统，当时还有一些名家来院指导，如著名画家周韶华、冯今松，著名书法家曹立庵等，都有墨宝在华中工学院留下。记得学校还请来我的老乡，也是有名的画家张志安到学校来，我那时还在当党委副书记。张志安给我画了一幅出淤泥不染的莲花，画下面的题词是："根在淤泥不染尘，花开满湖飘香馨。历来将尔喻君子，唯愿人间多清明。"张志安长我10岁，是我中学的学长，我知道，这是老乡勉励我为官要清廉。原学院党委副书记王树仁收集了这些名家的一些书画。他曾转送给我陈义经的两幅字，陈义经习隶书，曾和于右任等人交往，南京"总统府"三个字就是他年轻时写的。在学校工作，潜移默化，书、画传统影响了不少人，有些工人的画也画得不错，汽车班有位老司机，工笔画很规整，我在学生时认识的热处理老师傅的油画画得有模有样。

在华中工学院，有两位在诗书上颇有造诣的教授朋友。一位是程良骏教授，他是我国水利水电机械领域第一位博士生导师，曾任国家科委水利学科组成员、国家教委水利土木学科评议组成员、美国东方工程公司顾问等职。和钱伟长先生、水利专家张光斗先生是好朋友。我们虽然同在一个学校，但和他接触到熟悉却是1984年同在英国伦敦开会的时候。后来，程良骏教授在武汉出版社出版了他的诗词选集《长江磊石集》，其中一首就记下了这次的伦敦之行，诗云："犹记英伦谒导师，高门镇上共留诗。举旗隔代人中杰，倚马当场笔下词。科学仰君新对策，文章笑我老称奇。楚天张目长江水，喜看滔滔映碧晖。"注文写道："张碧晖教授同志出主武汉市科委，临行以人生结交贵终始，莫以升沉中路分二句见赠，并赋诗追忆当年同在英国拜谒马克思墓之情，慨然赋此，马克思墓在英伦高门镇。1990年，程良骏。"程教授长我20岁，我们后来常有联系。我调离学校后也去看过他几次。后来，他又给我写过一首诗："岁月又是一年春，检索文书旧复新。学到深时常觉浅，名归实处更求真。有思乃梦方称意，无怨无嫌最可人。若问生平欢畅事，与君携手渡牛津。"另一位就是郑在瀛教授，他幼承家学，读经籍6年。著述颇丰，《楚辞探奇》《六朝文论讲疏》出版后，在台湾再版。他发表论文50余篇，旧体诗百余篇。郑在瀛擅长书法，行、楷均佳，书法也很有气势，作品获全国教育工作者首届书、画大赛一等奖。他的楷书，字越多，写得越好。他女儿原来在我工作的学校任职，退休后我请他来兼职讲课，诗词欣赏，深受学生欢迎。我院图书馆前有一荒草地，我们稍加改进，变成一个小巧玲珑、风景宜人的小花园。郑教授帮我们起名为竹猗园，并书写竹猗园赋（并序），刻在石碑上，引来许多游人驻足。这幅字他后来又专门书写，送我保存。前不久我到武汉去看望中国科学院院士、原华中科技大学校长杨叔子校长，杨校长自幼受影响，熟读唐诗三百首，诗词底子颇殷实，这次送我他的诗文选集。他对我说，在华中科技大学够得上诗人的有三人，其中就有郑在瀛和程良骏。

我大学的学弟王际和，低我三年。他入校时，百米跑名列全湖北省前茅，英俊倜傥，我将他选为系学生会副主席。毕业后，各自东西，失去联系。一直到我去武汉市科委任职，才知道他“文革”中也是曲折起伏。后来他在我任职的武汉东湖开发区创业，搞得也不错。但毕竟是老实人，身体后来也不好，就退出来了。转而练习打网球，他很执着，天天练习，竟然在许多省、市老年组比赛中，多次拿到冠军。他们夫妻教子有方，女儿在德国学建筑，和先生回北京创业，颇有成就。儿子在美国 IT 业，听说也被公司派到北京。有一年他们夫妻在美国探亲，我正好到华盛顿开会，我们还在华盛顿见面。除了他儿子外，他在美国工作的弟弟和弟媳也来了。那一天，正好华盛顿湖周边成千上万棵樱花盛开，景色十分难忘。王际和一直视我为兄长，我们常有来往。有一年他寄来宋人程颢诗作：“闲来无事不从容，睡觉东窗日正红；万物静观皆自得，四时佳兴与人同。”他 60 大寿时，我也送他一条幅并书：“激情岁月初识君，也曾挥斥午东风；壮志未酬寻常事，往昔如烟自从容。创业江城又相约，书生不堪潜规行；儒商市场谈何易，且喜网坛迎老兵。”他爱人看后，觉得恰当评价了王际和的一生。

万君康教授是湖北著名的管理专家、博士生导师。她本来是学技术经济的，但她知识面宽。后来我们在湖北省科委咨询专家委员会相识，她也经常参加科学学学会的活动，并成为全国学会早期理事。我们有许多合作，包括共同承担课题。万老师人缘很好，我们都把她当成老大姐。我们两家关系也很好，她很关心我大儿子的学业，大儿曾在她所在的武汉理工大学管理学院攻读博士学位。她三个女儿我都熟悉，大女儿曾听过我的课，后来去了加拿大，现在是一所大学的终身教授。前几年，万老师 70 华诞，我给她写了几个字："古稀老尽少年心，康君依旧走笔挥。靥尔课室论经济，偶尔牌局笑东风。"这几句话也符合万老师的状况，年过古稀的人，身心都很健康，看上去最多60岁出头。学术活动依然很活跃，还在管未毕业的博士生。我认识她的时候，她才40多岁，讲课亲和力很强，经常倾倒一片听众。这两年我去武汉，武汉理工大学管理学院是湖北省科学学学会理事长单位，他们很客气，总要欢迎我。我和万老师总要见面，有时候几位好友玩玩牌，几个小时下来，还兴趣盎然。

中央党校哲学教授张永谦也是我相交近30年的老朋友，初次见面是20世纪80年代初在北戴河召开的一次管理学术讨论会，当时一见如故。后来我们创办民办中国管理科学研究院时，请他当秘书长。在中国科学学与科技政策研究会，我们同是副理事长，交往更多了。他曾在全国较早的民办大学福建仰恩大学当过校长，我到广东番禺新办大学时，他很关心。联系中央党校成人学院和我们合作，将我们招的首届成人大专生送到中央党校成人教育学院学习，学成回来后，学生大都有出息。2008年我手术康复时，他还和太太从北京到广州来看我，后来他自己又来了一次。张永谦虽然是高干子弟，但一生也曲折多舛。他曾参加中国人民志愿军，抗美援朝，反右斗争中被错整，曾在中国科技大学实验室工作过，粉碎"四人帮"还到中共中央办公厅科技处工作过。人很豪爽，朋友很多。像参加撰写《实践是检验真理的唯一标准》的作者之一孙长江，《科学时报》社长刘洪波，都是他介绍认识的。他喜爱诗词，70多岁后又迷上了摄影，中央党校校园里的花鸟他差不多都拍到了，够得上专业水平，电脑玩得也不错。他有一本文集，分别请老革命刘达（曾任清华大学党委书记）、我和一位年轻人作序。他常有诗词送我，多有溢美。有一首登在中央党校老年学会杂志上："人称诸葛现当世，而立之年折桂枝。文载报端书上市，勤政厅堂陈新思。正在江汉日中天，又乘南风显雄姿。青山湖畔有丰碑，四海友朋独一帜。"后来，由于年龄关系，他从学会副理事长兼秘书长退下来。我受冯之浚荣誉理事长、方新理事长之托，担任学会常务副理事长，主持学会日常工作。常奔波于北京——广州之间，他劝我也要慢慢淡出。另诗中写道："江汉岭南业有成，等闲利禄去留轻。烟云往事何为贵，平生最重故人情。”去年他80华诞，我也书写一条幅送他。“东临幽燕未能忘，几立潮头梦难圆。老来方知非力取，三分人事七分天。”

我从院长岗退下来后，为了带孙子，尹静华到北京儿子处住了五年，一直将孙子带到上完幼儿园。我虽然每年要去北京八、九次，但多数时间在广州番禺。后来结识了小老乡张清水、张卿兄弟，张清水从大学教师“下海”创业，创办了一个大音文化公司，配送图书。从民营同行业比，在全国排前三名，十分有名气。张氏兄弟好客，常有文化人士小聚。如军旅著名作家金敬迈以及图书管理专家等。大音文化公司办有一个内部杂志，在公司成立8周年之际，我书写了一首：“八载回眸尽艰辛，书林信步四时春。风流未必摩天厦，几万鲲鹏唱大音。”我后来发现，有点诗书爱好，对修身养性颇有好处，所谓“饱读诗书气自华”就是这个道理。亲友交往，送点诗词书画，也比请客送礼文雅多了。我的妻弟前两年做60寿诞，他是军工厂工人出身，爱人是小有名气的多镇企业家。祝寿之日，请来不少亲朋好友和同事。我因为手术刚刚康复，我们夫妻不能到江苏无锡祝贺，派儿子、儿媳、孙子、孙女去代表。在祝寿宴上，大儿媳把我写的一个条幅念了一下，满堂掌声。条幅说：“北上建设献青春，立业成家始返乡。一生奋斗保国防，长跑曾经上井冈。”妻弟尹春培技校毕业后分到河北石家庄一军工厂当车工，到快30岁结婚才调回无锡的军工厂。在石家庄工作时，举目无亲，孑然一人。当时也没有什么活动，他就练长跑，曾在该市得过奖。“文化大革命”时工厂停工，他没有参加派性活动，利用串联机会曾跑到江西井冈山。我们当时在景德镇三线工厂，他顺路来看我们时，大冬天早上也穿着短裤去练习。而今过了60岁，他还是无锡老年长跑队的队长，还经常参加马拉松活动，并在全国排200名之前。在他的影响下，他小妹妹也加入了长跑队。他们尹家家族中，至少有4人跑过马拉松。大连理工大学刘则渊教授，和我同专业同年龄，差不多同时入科学学研究会。他潜心研究计量科学和知识图谱，卓有成效。是本专业全国第一个博士点，率领研究团队为国际计量、情报科学界重视，具有较大影响。至今虽年过古稀，依然笔耕不辍，在他从教50年之际，我专程到大连祝贺，并主持庆祝会。我也给他带了一幅条幅：“激情岁月恰逢君，也曾昂扬舞东风。同庚同业齐跨界，山长水阔何知路。计量精细跃图谱，学科申博当先锋。执教生涯今五十，烧肉可乐亦清芬。”他告诉我，这个条幅挂在了他的办公室里。

对诗书爱好，我也是乍尝浅止。退休后，我爱人多次劝我静下来练练书法。但可能我是修炼不够，老是静不下心来。交游还是太多，当然学会也有些事。总想等两年，什么事也没有了，再来练吧。

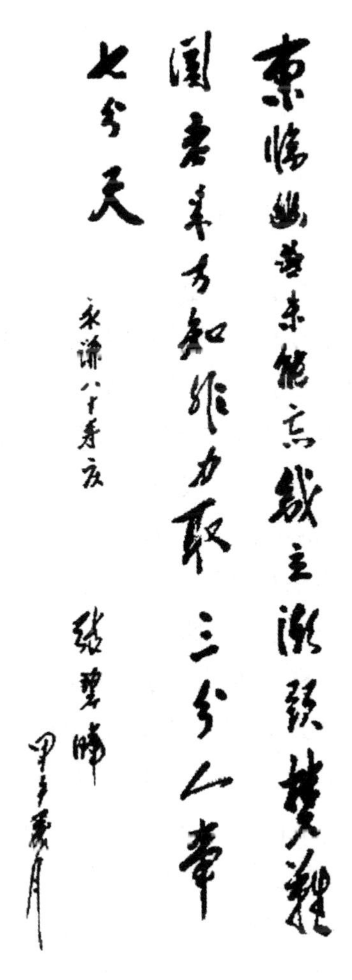

书法习作。

大儿发奋，考上北大

由于我工作调动频繁，两个小孩也跟着到处转学，这对他们的学习影响较大。大儿小晖在武汉我工作的大学附中初中毕业时，由于数学成绩不太好，未能考上高中快班。他觉得没面子，自己提出要去农村读高中。在邻居一位老师的帮助下，他母亲带他到离武汉市几十里的沔阳中学上学，这倒是一个很不错的中学。讲起来可能没有人会相信，我当时是这个大学的党委副书记，但附中没有人知道小晖是我的儿子，我们夫妻也没有为儿子读书找过附中领导。小晖去下面上学，也是和他母亲乘长途汽车来回跑。小晖在沔阳中学读书一年时间，我从未去看过他，至今仍觉得有愧。在县城读书，十分辛苦。由于是中间插班进去的，连睡的床都没有，和别的同学合铺。生活上，特别是伙食很差。人是长高了，但也瘦得不得了。他母亲只好又把他转回来，在大学附中的文科班就读。经过一年磨炼的小晖，一下变了样。学习刻苦，而且很自觉，完全不用我们操心。放学回来，除了自己锻炼身体，练练球，马上又投入了学习。经过沔阳一年的学习和他母亲的辅导，他数学成绩很快上来了，不久成绩就在班上名列前茅。班主任是位数学老师，非常喜欢他。看得出来，高中的后两年，他学习得轻松主动。1988 年 7 月高考时，我们夫妻二人工作都很忙，也没有接送他去考场。只是最后一天，高温酷暑，天气预报报 40°C，考试结束后，我去接了他一下，看到他轻松自如的样子，我很放心了。考试结果下来后，小晖排武汉市文科前10名。在当时的华中工学院，引起了强烈反响。一是这是历年附中高考的最好成绩，另外，我当时落选，也有人说小晖为我争了气。小晖的数学考满分120分，历史成绩是全湖北省文科考生最高分。听说省教育厅还曾来附中调查，历史为什么考这么好？教他的历史老师是位年龄较大的老教师，感到很有成就感，特别高兴。后来，每学年上第一次历史课时，都要先讲小晖的案例，以至于他的师弟、师妹们一听到“张小晖”的名字就烦。

成绩出来后，接着就是选报志愿了。我们开了家庭会，他弟弟说，肯定上北京大学。他妈妈说，那就报国际经济专业。我心想，他平时用钱都没有计划，还学什么国际经济？我们家向来是很民主的，经过冷静思考，也了解到北大在湖北招收国际经济只是1～2名，小晖去报是不太可能被录取的。我说还是学宗教专业吧，一方面小晖文学、历史成绩都好，平时还喜欢看点哲学书籍，应该能学好这个专业。另外，宗教是个冷门专业，录取的可能性大，将来分配工作也有保证。不是说“跟着统战部，经常有照顾”吗？最后，全家人被我说服了，都同意报宗教专业。

为了让小晖考后放松一下，他妈妈将他们兄弟二人带到江苏扬州市姨妈家。有一天，参观扬州市有名的平山堂时，他们看到一些和尚正在诵经。他弟弟对他说，你将来就是本科喇嘛。小晖一听，越想越生气，难道读北大就是为了当和尚吗？当时，正面临着录取阶段，小晖一天几个加急电报给我，坚持要求改志愿。那天我一夜都未睡，托我们学校招生的同志去找北大招生组商量，他们也就不断来电话，先是商量进展情况。北大招生工作组说，改专业可以，但只能读历史专业，这显然与他历史成绩好有关。经过再三商量，北大招生工作组同意小晖就读社会学专业。我从领导岗位下来后，在社会学系任教，我觉得这门学科应该是会很快发展的。另外，社会学还要学社会统计课程，和纯文科有点区别，对今后的发展会更有利。

我国的大学招生，牵动着亿万人的心。人们说，考试考学生，报志愿考家长。我长期在高校工作，又是考生的家长。其实，绝大多数考生、家长甚至高中毕业班班主任，都不太会选专业，因为在这些人群里，职业规划的概念没有形成。古人云：“昨夜西风雕碧树，独上高楼，望尽天涯路。”我们恰恰对未来的路认识不清。后来，我和一位香港朋友讨论如何选专业时，我们认为有三条原则：一是考生喜欢什么，要尊重子女的兴趣，没有兴趣是学不好的。达尔文就是个例子，他父亲要他读神学院，祷告时思想都开小差。后来，周游世界时却发现了“进化论”。二是有这种兴趣，是否具备了相应的能力，如报考软件，数学特别是逻辑分析能力要强。三是看社会需求，用今天的话来说，就是能就业。这位香港朋友说，他当年在内地大学学的是高能物理专业，这在香港很难找到工作，他后来改搞医疗器械。这三条，还真是有点道理。其实，当年武汉大学一位负责招生的副校长曾建议小晖上他们的国际法学专业，倒是个好主意，武汉大学国际法学专业是全国同类专业最好的。小晖去中学参加辩论赛中也曾获奖，具备这方面的素质。当时也可能是虚荣心，对这个意见未听进去。

小晖到北京大学社会学专业学习，正是这门学科的发展期。20 世纪 80 年代初，被停止的社会学又恢复了，老一辈社会学家更是满怀豪情，为这门学科的发展竭尽全力。著名社会学家、曾担任国家领导人的费孝通、雷洁琼等老先生亲自到北京大学为社会学专业学生授课。担任系主任的袁方教授也是位老社会学家，按道理，北京大学的社会学系是有很好的教学条件的。但是，这些年轻学生也是身在福中不知福，不珍惜这个大好机会，连费老讲课，有些学生也不去听。小晖说他是班级学习委员，有时也只好硬着头皮去听课。北大这个地方，用小晖的话讲，容易成人才，也容易毁人才，太自由了。我们同一单位的一位教授的儿子，学理科的，到校不到一年，适应不了，最后自缢身亡。可能不到一年，小晖就学会抽烟了。他说，他们的辅导员老师说：“20 岁的男子汉，不能没有酒和烟。”我和他妈都很着急，一方面不断收集有关抽烟有害的报纸资料寄给他；一方面又源源不断地托人带香烟去北京，怕他把饭钱省下来买香烟。所幸小晖学习一直努力，学的也主动。大学二年级时，参加 TOEFL 考试，就考了将近 600 分，很快就接到美国几个大学的邀请，还提供奖学金。正当他准备 GRE 时，一次和同学去郊外旅游摔了一跤，去北大医务室检查时说他身体不好，他情绪也由此低落。后来我们要他回武汉，到同济医科大学检查身体，结果什么事也没有。但这时已错过了考 GRE 的时间，他也打消了出国的愿望。他的毕业论文由颇有名气的孙立平教授指导，被刊登在《科学学研究》上。

1992年夏天，小晖要毕业了，当时我刚到武汉市政府工作不久，比较忙，也无暇顾及他了。小晖有什么话都愿意和他妈讲，表示毕业后想回武汉工作的愿望。当时大学已经在改革，不包分配、自主择业。我的意见是只要不回武汉，到哪里都行，免得有依赖我的思想。不过我也托人帮他联系工作去向，如国家科委社会发展司一位司长建议他去一个部的研究室。但那个时候小晖觉得在北京待了四年，想换一个新鲜的地方。他后来又说要去沿海特区，我先是帮他联系海南的单位，不过他最后还是去了深圳一家民营企业。当时也是很艰苦，一个月只有几百元工资，勉强可以维持自己的生活。这种锻炼也是很有必要的，他后来又以第一名的成绩考入深圳市建设银行，还当了一个证券公司的经理，开始了他的职业生涯。他在深圳宝安的证券公司，我和他妈也去过，当时的股市比较复杂。公司又要和地方一些部门打交道，对于小晖来讲，他的阅历还不够。正好这时证券和银行要分开，他也就离开证券公司了，而且也没有回深圳建设银行，到上海一家外资企业历练去了。

一生坎坷，母亲仙逝

我一岁不到，父亲就病逝了。从此，母亲一辈子守寡，把全部希望寄托在我身上。父亲生病时把田地卖得差不多了，只剩下 6 亩地和田了。母亲靠纺纱织布以及亲友的帮助，供我读书，大学期间主要靠助学金，才得以完成学业。我很小的时候，就知道母亲身体不好，除了耳聋外，就是头晕。以后在外读书，总是担心她的身体。大约 1958 年进大学不久，不知什么原因，有两个多月没有接到家里的信，非常着急。原来农村搞大跃进，乱哄哄，来往信件常常搞丢。又有一年夏天，母亲发烧住院，我从武汉赶回樟树人民医院，照顾了两天。出院时，一些人说，你母亲发烧体弱，要吃老鸭补一补。我找了村支书批条子，买了老鸭给母亲吃。

母亲一生很孤独，平日除了三餐饭和在菜园子里忙之外，就是纺纱织布。我的表兄，就像我母亲的儿子，他的婚姻大事也是我母亲操办的。年轻时，最深的记忆，就是母亲一直为我的婚事操心。先是我还刚上初中时，母亲就要给我介绍童养媳，是邻村她认识的一位女孩子，还拿来了生辰八字要算命先生算过。上高中时，又介绍堂兄的小姨子，堂兄一家很认真，将该女孩接到自己家里来，以增加和我接触的机会。不知为什么，在这个问题上，我从小就排斥力很强，坚决不同意母亲的意见。考上大学后，也就是那次暑假母亲生病住院后，母亲再一次要给我提亲。这时候，邻居和亲友，都对我施压。说你母亲身

1960年和母亲合影。

体不好，病了，连端个茶的人都没有，能忍心吗？弄得我头昏脑涨，终于答应了同一位高中生女孩见面，默认了继续交往。但回到武汉后，思前想后，还是觉得太荒唐，回拒了这门亲事，以至于这位女孩的父亲写了一封长信，骂我是“负心郎”。对母亲来说，最不可思议的是，我大学毕业了几年，还不找对象。读大学时，我年龄在班上最小，那时候，大学生女同学比例很少，一个班也就是几个人，像我们班只有 2 位。我的大部分同学，特别是农村来的，只好回农村去找对象结婚。毕业后，爱人是农村户口，夫妻两地分居。每年只有 12 天探亲假，回去探一次亲，积累一年的钱都花在路费上，许多人都有说不出的苦衷。我当时就形成了决不要两地分居的理念，等工作稳定了再说。我在大学，一直当学生干部，也有低年级的女同学喜欢我，但我不为所动。

我记得在读中学时，当时的江西省委副书记刘俊秀，是井冈山时代的老革命，他在报告中说，“买田做屋、嫁女娶亲，生儿育女，四代同堂”，是中国农民一生追求的目标。我母亲守寡一辈子，她的希望，就是要看到我成家立业，生儿育女。后来我和尹静华认识，到 1970 年初我们旅行结婚时，先回老家张家山。为了我们结婚，母亲也忙了很久，将几年积累的棉花弹成好几床棉絮。将家里的床板、木板做成了几件家具，虽然是旧板子，但式样却是按我们要求做的。做这些事，母亲都特别兴奋。我后来和学生做报告时，曾说过，对父母要孝敬，但对父母的话，不能盲目听。我说，毛主席如果当年听他父亲的话，就进了粮店，不可能去北京大学图书馆，接触不到李大钊等早期马列主义者。如果我听了母亲的话，过早结婚成家，也不会有后来的幸福。

1971 年春天，我把母亲接到了工厂，算熟悉了一下新的环境。等到这年 6 月份，我们的第一个小孩小晖出生后，母亲非常高兴。由于尹静华喂养小孩悟性很高，小孩长得壮实。母亲虽然有自己的传统经验，但事实证明新方法还是更好，她也安于做好辅助工作。一年多以后，我们又有了第二个儿子张可。我们夫妻在工厂里上班，都在生产第一线，工种都要求三班倒，这个时候，母亲就更忙了。而且越忙，她似乎还越高兴。有闲的时候，她还养鸡拾柴，鸡蛋就从来没有买过。但是，母亲耳聋，无法和人交流。我们上班又忙，她已经不习惯了，经常念叨要回老家，说在老家，还有些熟人说说话。我调到景德镇市委工作后，忙得不得了。后来由尹静华陪同，曾几次送她回家，有一次还把大儿子也送去了。但母亲回家一段后，又想回来，但凡老人，可能都是这样。

家家都有本难念的经，母亲长期孤僻、孤独，真正高兴的日子也不多。和我们在日常生活中的矛盾自然不可避免，其实都是一些生活琐事和习惯差异造成的。有一年，尹静华的弟弟到了我们家，尹静华带两个小孩回江苏无锡老家，也把母亲带去，说可以看看外面的世界。路过上海时，吃了好几种小吃。回来后，母亲对我说，到上海连饭都没有吃，好像小吃不是饭。而有些矛盾也是观念的差异，20 世纪 80 年代初，我写了一本书，分到了 500 元稿费。加了一点钱，买了一台万宝冰箱。当时单位上买冰箱的人还很少，这样的价钱也是一笔很大的数字。买了以后，剩下的菜、饭可以放在冰箱中保存，母亲就说，花 1000 元买个碗柜。后来孙子告诉她，还可以做冰棒，她说冰棒 2 分钱一根，划得来吗？买冰箱时尹静华出差在外，回来后，母亲还想联合尹静华来反对我。母亲在夏天很喜欢吃冰镇西瓜，直到吃到了冰箱里拿出来的冰西瓜，她才慢慢消气了。我们夫妻平日在家都不敢大笑，母亲常对我说，你对老婆有说有笑，和我讲话就没个好样子。我说你听不见，和你说话要很大声音，声音一大，也就不会有好样子。我理解这和爱的转移有关，就像做父亲的，嫁女儿心里很难受。母亲从小把我带大，突然和妻子亲近了，肯定也是不好受的。

小儿张可 4 岁时，母亲一天端开水不小心，将小儿烫伤了。我们也不在家，处治不当，留下了疤痕。我们也没有怪她，倒是她自责，后来和小孙子关系特别好。早年母亲卖的祖屋，除了供我读书外，留下了少量钱，常带小孙子去外面吃点小吃。有时她觉得自己病重时，就将这点钱和一点首饰，交给小孙子，连我们都不说。后来，我们全家搬到了武汉，离老家江西愈来愈远，她也就再没有回去过了。但是表兄和他的儿子曾到武汉，专门来看过我母亲。1990 年夏天，母亲实际上已经心肺衰竭。请医生来看，也是心脏早搏很多。那几天，很少生病的我却重感冒住院，大儿已在北京上学，小儿也面临高考，只有尹静华在家里照顾母亲。母亲每天的屎尿都是妻子一人帮助解决，还在家里为她缝制寿衣。母亲当时已不能说话，但这一切，她都看在眼里。9 月 10 日那天下午，妻子到医院给我送饭时，说今天你一定要回去看一下。我穿着旧军大衣，由两位研究生扶着回家，我母亲至死都不知道，我当时是怎么回事，这一天傍晚，母亲病逝，享年76岁。以她那样的身体状况，也算是高寿。只是我们当时经济条件还不是太好，我就是在当院党委副书记期间，工资也只是100元左右一个月，母亲跟着我们，也没有过到好日子，母亲客死他乡，我们在家里简单设了个灵堂，我在病床上写了一副挽联：

孤儿寡母，相依为命数十年，正天伦之乐；

养子防老，同时住院十余天，由媳妇送终。

母亲去世时，我因为突发早搏还在住院，由妻子和小儿张可送至殡仪馆火化，在武昌洪山区九峰山公墓安葬。离开武汉后，我们全家回武汉时去扫过墓。2007年1月，我和妻子专程到武汉将骨灰护送到江西老家，按家乡规矩重新安葬，小儿也专程从广州赶到家乡。在当地规划的墓地将母亲的骨灰下葬，树了一块碑石，将我写的挽联也刻在墓碑上。早先我和母亲二人，人力单薄，现在她两个孙子都已成家，我们也有了孙子和孙女，碑石上刻上了全家人的姓名，母亲不仅叶落归根，而且人丁兴旺，在九泉之下一定会安息。

罹患重疾，坦然面对

2007年秋天，在爱人的催促下，我参加了学校组织的体检。本来，学校每年都组织教师体检，但我常常在外，有几年没有参加。这次体检，还真查出了疑点。在拍X光胸片时，发现右肺上方有一3cm大的阴影。体检是在番禺区疗养院进行，医生很负责，要求我复查。通过CT，还是证明有阴影，不过颜色比较浅，包括看CT片分析的医生在内，都认为问题不大。尹静华通过熟人，找人组织会诊，钟南山院士的学生认为可能已经病变。我和爱人商量好，立即赴武汉同济医院，因为该院有位看CT片的权威，每天有全国不少的CT片都拿到武汉找这位已经退休的教授看，他对CT片的诊断，比较准确。很快，这位老教授看了我的CT片后，认为阴影部分已开始病变。我在武汉市科委同志的帮助下，很快住进了医院。这时，尹静华也从广州赶到了武汉，进行陪护。这个坏消息并没有使我害怕，我觉得，有病就要面对，就要治疗。这时，武汉市科委老干处通知我，原中共中央政治局常委、中央纪委书记吴官正同志已到武汉，要和市科委老干部见面。吴官正1968年清华大学研究生毕业分配到武汉市葛店化工厂工作，不久任武汉市科委副主任，后来升任武汉市市长。他很念旧，一些老同志他都记得很清楚，我在发言时说，在他任市科委副主任时，我曾与他一起参加过一个小会，可能不太熟，他说，他知道我。吴官正先后在武汉18年，对武汉很有感情，这在他最近出版的《闲来笔谈》已有叙述。在和科委老同志的座谈会上，一再请现任领导要善待老同志，还说大家想去江西、山东，他来接待，他曾在江西、山东主政。

我在同济医院大概先进行了一周的常规检查。负责给我手术的教授很有名，特别是对胸外科微创手术比较有研究，他经常到全国各地交流。同济医院的院长也来探视，说手术方面尽管放心，她母亲的手术也是这位教授做的。手术前，主治大夫、管病床的医生都找我谈话，实际上就是心理辅导，爱人也签了字。2007 年 11 曰 27 日，我躺在病床上被推进了手术室。先是麻醉医生和我谈话，然后我就什么也不知道了。后来才知道，在手术台上一共进行了 9 个小时的手术。这一天，大儿小晖和大儿媳剑虹带孙子大宝也从北京赶到了武汉，下午 5 时多我被从手术室推出来，还是昏昏沉沉，是大宝大叫了一声爷爷，我才苏醒过来，接着就推进了重护室。重护室这一晚是对人痛苦的极限挑战，除了麻醉醒后的伤口疼痛外，不能进食，从鼻腔中插管进入胃中，苦不堪言。口干舌燥，有烧心的感觉，真是度日如年。度过了人生最惨的夜晚后，又转到了一个拥挤的病房，这里实行集体监护。这一天，小晖和二儿张可轮流护理我。

这时管床医生来看我，他首先告诉我，手术十分成功，创口也不算大，切除右上肺时肋骨切断两根，但很快会接合。他又问我，你知道是什么病吗？似乎有点沉重气氛，我倒很平静，那不就是肺癌吗？后来的结果表明，是非小细胞腺癌，这种病通常发生在不吸烟者身上。还好，我属高分化早期。癌症分四级，高分化最轻，另依次是中分化、低分化和晚期的无分化。而每一级中又分 A、B、C、D、E、F 级。我是高分化 B，属早早期。一些病友还祝贺我，说发现得早。一位病友是原新华社湖北记者站的负责人，他爱人还是我的老乡。他也是切除右上肺，他是低分化，应该比我严重，也是这位教授手术的。那已经是 12 年前的事，他现在，是治疗鼻咽癌，他被医院誉为“抗癌斗士”。整个病区的气氛都还好，并没有太沉重的感受。手术后，还是有不少检查项目，譬如做了一个 48 小时的皮试，医生说我小时候可能得过肺结核。我立刻回忆起，小学 6 年级时，我和班主任睡在一起，他抽烟很厉害，后来正是死于肺病。这可能给我留下了后患，诊断是比较准的。我在武汉的同学、朋友、同事特别多，我入院很少有人知道。但是，同济医科大学和华中理工大学合并为华中科技大学后，同济医院属于下属单位。学校有几位教授也住进了干部病房，我病房旁有一对夫妻和我在原学校时很熟，他们把消息传出去了，因而也有不少熟人来看我。

我做手术时，已是67岁了。虽然手术很成功，但毕竟在手术台上9个小时，也是一个大手术。也有许多问题，例如肺部有积水，隔一两天就要用针筒抽一次。手术后，医生用了一些针对性强的调理药，尹静华在武汉的同学也常送一些煨汤来，我恢复得还是比较快，伤口也愈合得不错，不久就拆线了。医学科学确实进步很快，伤口不是传统的那种用羊肠线缝合的，而是用不锈钢丝的钉，像订书机一样订上的，拆起来很容易，也不痛。但这时，负责化疗的教授认为通过 Pet - CT（一种精确的检查方法）检查出我有一个假阳性问题，为保险起见，还是要化疗。我作为病人，在医院里只有听医生的。当时要化疗4个疗程，一个疗程后，就出现呕吐、便秘等，虽然可以忍受，但很难过。当时武汉天气严寒，我和爱人决定停止化疗，办了出院手续，回到了广州。这时已经是2008年的元月，快过春节了。

回到番禺家里后，除了学院领导外，有不少教工也来探望，清远职业技术学院的领导和教师也来慰问。回来后，一方面和中心医院的医生保持联系，定期进行检查。另一方面就是锻炼身体，提高免疫功能。

大病之后，最大的觉悟就是要认识自然规律，遵循自然规律。患此重病，也看到一些人精神上垮下来了。但我没有大的顾虑，我们家特别我爱人，都不把我当病人看。我的生活，还是和以前一样，该干什么干什么。精神状态不同，病的情况就不一样。本会副理事长，原上海科学学所长顾文兴，是位受人欢迎的同志。他人缘特别好，对学会的工作很积极，和我更是好朋友。他退休后，其实安排得也很好，先是　上市公司的董事，后来又担任一筹建大学的领导，还是上海市政协委员。但工作安排得太满，谁找他帮忙都答应，退休后似乎比退休前还忙。不久发现有鼻咽癌，他谁都不讲，包括家人。后来又转移到肺部，肺癌已是中晚期。我和学会办公室的同志去看望他时，虽然化疗很痛苦，但非常坚强，放《英雄交响曲》。我几次去看他，发现精神状态明显不行。他去世之前一星期我去看他时，病情已经很严重了，去世时只有60多岁。

从2007年年底手术后，我制订了一系列锻炼计划。早晨起床前，先在床上做30分钟的自我按摩，对提高免疫功能的动作每天都做。我们小区的容积率低，原来的树木又多又高，空气清新。每天上午，我要去小区院子里一边散步一边按穴位。还要撞树几十下。如果有太阳的话，更不放弃晒太阳的机会。中午饭后午睡一会，下午又要到外面慢走。晚上看看电视，生活比较有规律。在饮食方面，我爱人精心安排。头天晚上，把黑豆类、黑米等煲粥，早上再吃一些山药、红薯、玉米等杂粮，有时候还要吃些润肺的百合、白木耳之类。总之，注意营养平衡。就这样，我的身体状况很快恢复，几乎和手术前没有什么两样，我如果不说出来，谁也不知道我是一个做了大手术的病人。我的生活轨迹，很快恢复了正常。我还主持中国科学学与科技政策研究会的日常工作，常常来往于北京、广州之间。参加这样的学术活动，是我退休后一项很重要的活动，不仅可以了解本学科的进展情况，更重要的是看到老朋友，结交新朋友。在学会，有不少几十年的老朋友，互相关心，互相牵挂，真是难能可贵，它是我人生路上的扶手，更是我退休后的乐趣。当年，上海一位同行给我写信，说："如果你还在江西农村，会是一种什么状况。你的进步就是你不断参加学术会议，获取更多信息，交了许多朋友，才有今天。"这话确实不假。特别是困难时见真情，当我1986年选举落选时，时任全国人大常委、学会理事长冯之浚将我接到北京安抚，当年春节，还安排我们夫妇在上海过年。2007年我在武汉手术，全国人大常委、中国科学院党组副书记、学会理事长方新派学会正、副秘书长来武汉慰问。比我年长五六岁的张永谦夫妇也专程到广州看望我。原中国社会科学院副院长、学会老领导刘吉也非常关心，并说如有需要，可安排去上海治疗。我在学会中还有许多忘年交，既有中年人，也有年轻人。他们很喜欢和我交谈，我也很高兴和他们交朋友。我常说，要想自己不老，一要活动右脑，二要活动左手，三要和年轻人交朋友。朋友多，确实是我的财富。朋友最多的地方，除了北京、上海外，还有更多朋友的武汉，我在武汉生活、学习、工作20多年，既有同学、师长，又有同事，所以，我每年都会去武汉几次。到武汉，有时去看看老领导、老同事，例如老校长朱九思，武汉大学原校长刘道玉。刘道玉校长有一次说，也只是听到碧晖讲，那个人对我有恩，很难得。老校长朱九思，已经90大几了，常年住在医院，我和爱人都曾去探视过。前两年还出了一个笑话，朱九思校长有一次向一位前去探望的校友说，张碧晖和尹静华怎么分开了？后来，我去看他时，他还问我和爱人关系怎么样？原来，我们因为分别照看孙子、孙女，曾经分别在北京、广州有任务而分开了几年，这事可能传走样，致使朱校长有这个印象。95岁的老人，还记着我们，令人十分感动。到武汉，我还学会了打武汉麻将。于光远、龚育之晚年曾提倡休闲，专门讲了麻将问题。一向严谨的龚育之，晚年学会了竞技麻将，一般只有智商高的人才打这种麻将。我认为，麻将正如毛主席说的，和红楼梦、中医一起，对世界文化有贡献。孔老夫子也说："饱食终日，无所用心，难矣哉。不有博弈者，为之，犹贤矣。"新中国成立前，上海有麻将台上选女婿之说。前两年，新西兰有心理学家认为，打麻将是防止老年痴呆最好的方法之一。正如，吃饭要有饭友，打球要有球友，旅行要有驴友一样，打牌也要有牌友，打牌不是赌博，而是娱乐。我在武汉打麻将的牌友就是几位比较熟悉的教授和同事，在一起玩特别开心。

我并不反对老同志退下来还在发挥余热，有的甚至做一些工作。但我觉得，还是要完全放下来。例如，我退下来后，根本不管单位的事，真正认识到，离开我们，地球照样转。我就是在这十多年退下的生活中，通过学术活动、交友、旅行中，享受生活，安度晚年。

夫妻结伴，愉悦旅行

自 1984 年到英国后，我也去了不少国家，主要是参加国际学术会议，也有一些考察和国际合作任务。由于带着任务出去，真正旅行的，或者想去的地方，倒没有。退休了，自由了，就可以去想去的地方，而且主要是我们夫妻一起出去，比较愉悦。2005 年初秋，在学会老理事符志良的联系下，我和广州大音文化公司总经理张清水，应匈牙利文化部的邀请，在匈牙利待了十天。符志良在匈牙利学习、工作了近 20 年，他在匈牙利罗兰大学毕业，后来又在我驻匈使馆工作多年，并担任过匈领事馆一等秘书，对匈牙利非常熟悉。我们住在匈文化部招待所，虽然房子比较旧，但每人一间，各种设施一应俱全，冰箱里放满了食物，生活十分便利。匈牙利文化部经济部部长和符志良是好朋友，他帮我们安排了许多活动。他让我们访问了匈牙利文化部，拜会了匈牙利文化部国际司司长。我们还参观了匈牙利地理博物馆，馆长亲自带我们参观。我们拜会了匈牙利发明协会秘书长，他对中国发明协会包括武汉发明协会的情况比较了解。最有意义的是到匈牙利科学院图书馆拜会国际计量科学泰斗级人物布劳温。华人在匈牙利大约有 2 万多人，大都是 20 世纪 90 年代前后去的，除了少数做餐饮业外，大都在市场上倒腾商品。总体来说，他们对自己的生活都还满意。有一位福建籍先生，在美国混了近 10 年，仍然一贫如洗，后来在布达佩斯开了两家超市，请的是当地工人，收入颇丰。来自甘肃的侨领张曼新先生，是匈中友好协会会长，他将一些有影响的侨胞请来，专门宴请了我们一次。由于符志良在做领事时，帮过许多人的忙，一些餐馆的老板争相请我们吃饭。匈牙利经济在东欧国家算不错，农业很发达，一种矮秆向日葵，出油量很高。许多科技也不错，据说计算机防火墙技术大部分专利都在匈牙利。布达佩斯特别是多瑙河两岸，风景秀丽，据说流经欧洲的多瑙河，最漂亮一段，就在匈牙利。我们还到一些有特色的小镇参观，包括看了匈牙利名酒杜卡依的酒窖。当然，作为我这样年龄的人，也去看了当年波匈事件中的纳吉雕像和留下斑斑劣迹的工人党机关大楼。在匈牙利 10 天，又有熟人带路，此次深度游，收获不少。

2006 年 7 月，在学会秘书长吕敬华的安排下，我们到俄罗斯去旅游。吕敬华做的安排很合理，他先期到莫斯科等我们。从北京乘飞机经过 8 小时，约下午 4 时到了莫斯科，但在去城里的路上一直堵车，堵在城郊，但没有“莫斯科郊外的晚上”的景象。本来，吕敬华还给大家买了闻名遐迩的莫斯科国家大马戏团的演出票，也只好退票了。好不容易到了城里，匆匆吃了顿晚饭，入住了一般中国人入住的“一只蚂蚁”旅馆。旅馆很大，而且是一群房子的组合。我们这样年龄的人，都有苏联情节，我初中就开始学俄语，在老师的带领下，还和苏联的中学生通信。庄严的红场、列宁的水晶棺、雄伟的莫斯科大学，都是我们做梦都想见到的。第二天我们就去看了列宁山上的莫斯科大学，雄伟的主楼就在眼前，让我们仰慕不已。下午去庄严的红场，亲历了在电影中无数次出现的场面，也看了肃穆的无名烈士墓。晚上就乘火车去圣彼得堡，由于早就听说过俄罗斯破旧的火车，确实就是这样，而且警惕性要特别高，免得碰到偷窃的倒霉事。早晨到了圣彼得堡，按照传统的旅行套路，先参观在涅瓦河畔的建筑，有声名显赫的驯马桥、普希金广场、国家杜马大厦、十二月党人广场、尼古拉一世青铜骏马雕像，以及世界排名第四圣伊萨克教堂，又称金色大教堂。可以看到彼得大帝留下的遗产，给人一种大气的感觉。特别是俄罗斯要举办一个高级会议，也像我们的城市一样，穿靴戴帽，临街建筑均粉刷一新，显得更加壮观。下午参观夏宫，这和法国等西欧国家的差不多，是避暑胜地。第二天早餐后，即参观阿英乐尔号巡洋舰，这就是传说中“十月革命一声炮响，给中国送来了马克思主义”的地方。主要内容是游览冬宫，现在是国家博物馆，藏品异常丰富，镇馆藏品就有数千件，让人目不暇接。在圣彼得堡的节目比较丰富，还去看了普希金城、叶卡捷琳娜宫。游览了圣彼得堡后，又回到了莫斯科，即去闻名遐迩的莫斯科地铁，这个世界上最早的地铁之一，离地面很深，站台的雕刻等艺术品琳琅满目。我们还参观了新圣女雕塑陵园，这里长眠着26000多名俄罗斯历史上各界名人，米高扬、葛罗米柯、赫鲁晓夫、戈尔巴乔夫的夫人赖莎、王明、叶利钦，都在这里有一席之地，墓碑各有特色。除了两个大城市外，我们还去了伏尔加河畔的两个小镇，一个是谢尔基诺夫镇，这里是东正教圣地，有著名的“三一教堂”。一个是弗拉基米尔市，看了当地的乡村风光。回莫斯科后，又参观了克里姆林宫，并排队瞻仰了列宁遗容，世界上保留遗体的五位领导人，我已经看了三位，毛泽东、菲律宾的马科斯，就剩下胡志明和金日成了。

2009年春节刚过，我和尹静华办好了到澳大利亚自由行的手续，自由行手续很简单，只需澳方有一熟人发出邀请，旅行社就帮我们办理了签证。我们自己订了较为便宜的机票，经香港直飞墨尔本。墨尔本是澳大利亚第二大城市，被誉为花园城市，以前我来过，但时间仓促，印象不深。墨尔本城市规划很整齐，有纵横几条路组成的棋盘式城市，很好认路。它还有一条环城的有轨电车，免费乘坐，十分方便。在墨尔本期间，除了到墨尔本大学、唐人街、F1比赛场、人工湖、春天花园里的库克小屋外，还去了离墨尔本500多公里的太阳路，看了十二门徒、沉船峡谷、伦敦断桥等景色。离开墨尔本之前，还去企鹅岛看企鹅上岸，这种生活在海里10米深水的动物要天黑才上岸喂小企鹅，等了许久，企鹅才成群结队上来。虽然澳洲是夏天，但在海边等那么久，还是感到寒冷。在墨尔本待了七八天后，我们飞抵澳洲最大城市悉尼，华中科技大学校友来接。校友很热情，并专门陪我们到堪培拉玩了一天。在悉尼十多天里，我们住在原来的学生朱静家里。朱静原是华中科技大学的研究生，听过我的课，毕业分到中国科协工作，后来到澳大利亚，还读了研究生，打过工，开过餐馆。最后还把儿子接来了，儿子现在在大学学精算专业。到悉尼后，靠自己的打拼，购买了一座带游泳池的约700㎡的别墅。她和澳洲人合伙搞了一个家政保洁公司，自己开着车，起早摸黑带着工人工作，据说收入比开餐馆还好。她忙得不得了，在冰箱里放了些食物要我们自己解决吃饭问题，抽了一天时间陪我们，还带了本子做业务计划工作。晚上她带我们到附近一个社区俱乐部去玩，这里有来自四面八方的外国人，既有单身舞会，也有专场演出。我们在悉尼也学会了坐地铁，自己去悉尼歌剧院，市中心商场等地游览。在悉尼期间，我们还参加当地华人旅行社组织的团组，去黄金海岸、布里斯班游览。我以前在黄金海岸开过会，对那里印象很好。这次去非常休闲，除较有趣的项目外，我们都自己安排，早晨到海边看日出，白天或者沿着海岸线观赏，或者逛逛超市，自己做饭，晚上再到中心地看冲浪等项目，十分惬意。20 多天自由行，气候又好，花的钱和一周时间的旅行团费用差不多，自由行真好。

2010 年 6 月，由广东省教授协会组织了一次美国、加拿大旅行，此前，我虽然去过 5 次美国，加拿大也去过一次，但尹静华没有去过，因此决定再去一次。美国签证不容易，报名中有人被拒签。我有 5 次去美国经历，而且记录良好，面试时还问我在大学教什么，另外可能觉得我和尹静华有年龄差距，还看了我们的结婚证。旅行团近 30 人，主要以暨南大学的退休教师为主。这条线路还不错，从广州起飞经日本东京转机先到夏威夷。夏威夷群岛位于北太平洋的正中间，由海底火山喷发而成。群岛位于北回归线上，气候宜人，是由八个岛屿组成的群岛。夏威夷因为无穷的魅力，完善的旅游和观光设备以及低购物税的政策，成为理想的度假胜地，吸引来自世界各地的无数游客。我们乘机抵达夏威夷首府火奴鲁鲁，岛上威基基海滩，沙白水静，绵延十几里，碧海蓝天，白帆点点，景色宜人，是享受阳光与海滩的最好选择。在夏威夷，一个重要项目就是参观珍珠港，珍珠港是第二次世界大战期间美国舰队受到日军突然袭击，被轰炸的军事港口。后来建造的亚利桑那纪念堂就在战役中沉没的亚利桑那号的残骸上，我们在参观图片、影视和实物时，感受战争带来的伤害，触目惊心。晚上我们抓紧时间逛一些商场，感觉到低税的优惠。游览项目中还包括全美唯一的“夏威夷皇宫”、夏威夷州政府、风景优美的恐龙湾、风力非凡的大风口和喷泉口，在旅游车上也看到了卡哈拉高级住宅区，而对面的山上则有亚洲首富李嘉诚的高级别墅。从广州经日本转机到夏威夷时间不长，从夏威夷赴美国本土洛杉矶也只需 5 个小时，并不辛苦。在洛杉矶时间不长，我们看了一下迪斯尼音乐厅和市政厅后入住酒店。离开洛杉矶后，前往加州最美丽的圣地亚哥海港。这一路我们没有随团，所以包括最现代化的水晶宫教堂也未去看，航空母舰也是在汽车里看到的。尹静华在景德镇昌河飞机厂的同事的女儿就在圣地亚哥的高胜公司工作，这个女儿，小时候开玩笑，是我们小儿子娃娃亲。后来学习优秀，在尹静华的建议下考入南京东南大学无线电系。毕业不久到美国，经过自己的努力，成了高盛公司的业务骨干，评上了公司最高业务等级。我国华为公司曾以高薪想请她来，现在她常回国到华为等公司讲课。她们一家人陪了我们一天，除了参观市容外，还带领我们参观了高盛公司，这是一个现代化的大企业。它的专利馆特别引人注目，许多国家生产手机都用它的专利，因而公司的收入颇丰，交的税占圣地亚哥市相当的份额。另外还有半天，到了和圣地亚哥毗邻的墨西哥的蒂华纳，这是墨西哥的第二大城市。城市中有一条很长的路，中国人称其为“革命大道”，街道两旁有不少旅游商店。店里的服务人员都会讲一句中文，叫“马马虎虎”，我们不知道什么意思，估计他们也搞不清楚。下一站就是赌城拉斯维加斯，临近时有购物中心，都争着去买认为比较便宜的时尚品牌，如“蔻驰”手袋、“POLO”衣服和“新秀丽”箱包等。在拉斯维加斯待的时间不短不长。因为不少人报名游览世界七大奇观之一的大峡谷。大峡谷的形成经历了漫长的岁月，它由科罗拉多河的激流不断冲刷而成，形成一道巨大的深沟。大峡谷两岸是红色断层，岩石嶙峋，堪称鬼斧神工，我们站在绝壁上，仍可想象当年在幽深的河谷中，巨浪排空、波涛咆哮的壮丽景象。离开美国西南部，乘飞机经芝加哥和水牛城进入加拿大多伦多，参观多伦多大学、市政厅和高达 553 米的多伦多塔。在加拿大的最大项目就是去瀑布市观看尼亚加拉大瀑布，这也是世界七大奇观之一。大瀑布是由位于美国伊利湖的湖水从 180 米高流入加拿大的安大略湖，骤然下泻，落差 56 米。水势汹涌澎湃，宛如万马奔腾。我们乘坐“雾中神女”号，穿行在波涛汹涌的两湖之间，真是惊心动魄。接下来的最后几天，就是到美国东部的华盛顿、纽约、费城几个大城市，那些典型的景点，都一一参观了。回来的行程就很苦了，从旧金山出发，凌晨赶到机场，经过 10 多个小时的飞行，下午 5 时多才到香港，折腾大半天，晚上 11 时才回到家里。在飞机上，尹静华不舒服，后来也发生过这种情况。经检查，心肺无问题，但确认了高血压。

2011 年 9 月，还是由广东老教授协会组团，我和尹静华到土耳其进行了 9 天的深度旅游。团组是从乌鲁木齐出发，尹静华正好没去过新疆，也算看了一下新疆风光。土耳其位于亚欧两洲相连处，包括亚洲小亚细亚半岛和欧洲巴尔干半岛东南角，战略位置重要。第一站到土耳其最大的城市伊斯坦布尔，它同时也是最大的港口和著名的旅游胜地，正好是亚欧分界处，土耳其在欧洲部分只占 3%。城中央的博斯普鲁斯海峡是亚欧两洲的天然分界线，欧亚大桥横越海峡。伊斯坦布尔历史悠久，有 40 多座博物馆，450 座清真寺，教堂和清真寺并存也是土耳其的特点。伊斯坦布尔有些地方，房子比较古旧，据说 100 多年来，伊斯坦布尔不准拆房子，也不准修马路，保持原来的样子。排世界前几名的圣索菲亚大教堂和伦敦圣保罗、梵蒂冈的圣彼得奥斯曼王朝齐名，在 1453 年以前一直是拜占庭帝国的主教堂，此后被土耳其占领，改建为清真寺。对面的蓝色清真寺，得名来自其内壁的 2 万多块蓝色调的彩釉瓷砖嵌饰。透过正中央圆顶的 260 扇窗户的阳光照射，金蓝交灿，令人屏息。导游是西安人，她在北京大学学习时，认识了土耳其男生，结婚后加入了土耳其籍，她说在土耳其的中国人不多，可能主要是语言问题，在伊斯坦布尔不到 2000 人。在伊斯坦布尔看的景点较多，还有古罗马赛马场、埃及方尖塔以及托普卡普老皇宫。老皇宫于 15 世纪由奥斯曼帝国建造，现改为博物馆，陈列着各国赠送的银具器皿，据说还有大量的我国青花瓷器，可惜由于房屋修理而未看到。在伊斯坦布尔还去光顾了一下土耳其浴，人们说土耳其有三宝：一要坐氢气球，二要看肚皮舞，三要享受土耳其浴。花了 70 美元，到据说成龙曾在此拍电影，有 400 年历史的地方享受土耳其浴，但却不觉得怎么享受。第二站乘土耳其航班到名胜地卡帕多西亚，参观有拜占庭式壁画的格莱美露天博物馆，公元 4 世纪就已形成的岩窑内，教堂聚集，壁画画工精美。离此地不远的地下城，入口不起眼，但里面别有洞天，包括抵抗敌军的防卫工事。然后乘车前往孔亚，这里是旋转舞的故乡，并参观旋转舞的始祖纪念馆——梅夫拉那博物馆。次日，参观著名的棉花堡和希拉波利斯古城遗址。棉花堡所在地帕姆卡莱，地下温泉不断从地底涌出，经年累月，石灰质聚结形成棉花状之岩石，层层叠叠，构成壮观的岩石群和水池，当晚在爱琴海度假胜地库萨达斯入住。在以弗所遗址，有遗留下来可容纳 25000 人的露天剧场、市集、浴场和罗马大道以及壮观的亚美西斯神殿。并去看了圣母玛利亚故居以及圣约翰教堂。接近旅行结束前，去看了《荷马史诗》传说中的特洛伊古城。在传说中，为了争夺美女海伦，希腊大军与特洛伊交战，战争长达 10 年，最后依靠木马计，希腊军攻下了特洛伊城，现在依然有一只巨大的木马作为纪念。在土耳其 9 天，最困难的是它的饮食我们接受不了，许多城市都没有华人餐厅，不过由于日照充足，它的西瓜和西红柿倒是不错。土耳其农业和轻工业比较发达，地毯、皮件和棉织品非常好。到土耳其，很多景点都在外面，旅行团中，一些“70 后”“80 后”的团员都中暑倒下去了，我们两位“40 后”倒没事。

2012 年 5 月，我和学会秘书长吕敬华等人又去了一次俄罗斯、捷克、斯洛伐克、匈牙利以及奥地利。这次旅行，到俄罗斯是进行学术交流，其他地方就是旅游。在莫斯科，我们与俄罗斯科学院科学技术史与科学学研究中心主任进行交流，了解当前俄罗斯科学学研究状况，规模比苏联要小很多。在圣彼得堡，我们又与俄罗斯科学院科技史与科学学研究所圣彼得堡分所的所长和教授们交流，交流了工程师伦理、科技体制和政策、科学学教学、出版物等广泛的问题。捷克和斯洛伐克都是第一次去，印象不错。这两个国家原来是华沙条约国家，经历了 1968 年苏联红军空降布拉格的入侵，1989 年“天鹅绒革命”后，加入了北约，2004 年入欧盟。布拉格约 100 万人口，城市宁静漂亮，具有世界建筑博物馆之称，罗马式、巴洛克式、哥特式建筑交相辉映，城市被列为联合国教科文组织的保护文物。此外，1992 年被联合国教科文组织列为世界自然与历史文化保护单位的小城克罗姆洛夫小镇，环境优美无与伦比，并拥有捷克第二城堡建筑群。小城处处是景，处处具有特色的艺术品商店，处处是可以休闲的小酒吧。这个小镇也很文明，既没有赌场，也没有红灯区。捷克的水晶非常不错，购了一点小摆件。在奥地利待的时间不长，主要是去维亚纳金色大厅听了一场音乐会。后来转道斯洛伐克首都布拉迪斯拉发，导游是从匈牙利过来的小杨，原来他是我们上次在匈牙利认识的北京朱姓小姐的丈夫。没有待多久，就直接往匈牙利布达佩斯进发，距离上次到匈牙利已经 7 年，但一切还很熟悉。又去了熟悉的圣安德烈小镇，一位 87 岁的店主，竟然是加加林的警卫，他很高兴和我们合影留念。

2012 年 9 月，我和尹静华又参加了老教授协会组织的南欧旅行，这是我们早已向往的。据一位几年内到过 90 多个国家旅行的女记者说，全世界最好玩的还是沿地中海的国家。这次我们去的地方，就是希腊、葡萄牙、西班牙、摩纳哥和法国南部的尼斯，是个很好的路线。从香港起飞经卡塔尔的多哈机场到达希腊首都雅典。希腊位于巴尔干半岛南部，东临爱琴海。古希腊是欧洲文明的发祥地，公元前 776 年举行了人类首次奥林匹克运动会，建立了华丽城市雅典，涌现了柏拉图和亚里士多德等著名学者。我们首先去看了雅典卫城，公元前 580 年，雅典市中心的小山上建起了雅典娜神庙，周围是防御敌人进攻的城堡，即雅典卫城。从遗址来看，当时的各种设施，包括剧院一应俱全。看了奥林匹克运动场遗址。最重要的活动是乘船去爱琴海罗尼科斯海湾三个小岛，有英国戴安娜王妃生前喜欢的罗兹岛，盛产开心果的艾依娜岛。希腊人过的是慢生活，走出来的男女，都是胖乎乎，当地的华人抱怨他们太懒了。这几年，旅游收入激增，年收入逾 30 亿美元，超过国内总产值的 50%。但希腊治安不好，特别是从东欧来的阿尔巴尼亚人，专门抢游客的钱财。到达葡萄牙里斯本，游览了市容。后到辛特拉，前往大陆的最西端的大石角，在航海纪念碑上刻有“大地到此结束，海洋从此开始”。广场上还有一幅巨大的世界地图，刻有发现新大陆的日期。在这里看大西洋的风景，别有一番味道。当晚乘车到西班牙梅里达入住，次日看梅里达的古罗马城，下午赶到西班牙首都马德里，看雄伟的欧洲门，游西班牙第一大百货商店，并给大宝买了一个巴塞罗那队用的足球。我们也去看了斗牛场的建筑，在萨拉戈萨看过西班牙广场、哥伦布纪念广场、大皇宫后，到了西班牙第二大城市巴塞罗那，看天才建筑家高迪设计的典型建筑。特别是神圣家族大教堂，又称圣母教堂。这是一个尚未完工的高迪建筑，于 1891 年在哥特式大教堂基础上改建，是一座象征主义建筑，分为三组，描绘出东方的基督诞生、基督受难及西方的死亡，南方则象征上帝的荣耀。四座尖塔代表了十二位基督圣徒，圆顶覆盖的后半部则象征圣母玛利亚，这座令人叹为观止、建筑史上奇迹的教堂预计2016年完工。离开西班牙我们到了法国南部的马赛，坐船看一小岛上因《基度山伯爵》而闻名的城堡，最后到了尼斯，看戛纳电影城，后去摩纳哥，参观海洋博物馆和蒙特卡洛。经过了十天的旅行，从尼斯飞经意大利米兰再到多哈回国。

2010年和2012年我还到台湾参加了两次《两岸区域合作与发展》论坛，这是中国科学学与科技政策研究会与台湾东海大学合办的，在台湾承办的是该大学社会科学研究院和政治学系。我2000年曾去过台湾，但这两次办赴台手续真是惊险。特别是2010年那一次，譬如说周四广东省台办才把文件送国台办，下周二就要到台湾，谁听了都要摇头。周一下午终于拿到签注，周二就经厦门进入金门。2011年和2013年，台湾学者到大陆参加会议。经过四次交流，我们和东海大学的同仁都很熟了，有的成了很好的朋友。台中市市长胡志强也来了，果然名不虚传，他问我以前来过台湾吗？我说来过，他说：“那怎么不来找我？”东海大学是教会学校，新中国成立前夕，一些在大陆的教会大学迁入台湾组成东海大学。这个大学风景优美，有贝聿铭大师设计的无柱玻璃教堂，作为标志性建筑。尹静华第一次到台湾，会后我们游览了台北101塔、新竹科学园、新竹交通大学以及日月潭等名胜。

退休后，到澳大利亚自由行。

和钱伟长谈教育改革

科学界的“三钱”，即钱学森、钱三强、钱伟长，在“文化大革命”前，曾是知识分子，尤其是青年学生仰望的星星，学习的楷模。钱学森，曾任美国麻省理工学院、加州理工学院教授，中国空气力学专家，两院院士，被誉为“中国航天之父”和“火箭之王”，并担任全国政协副主席，中国科学技术协会主席。在他担任全国科协主席期间，我与中国科协同志合作出版了《中外科技团体》一书，被钱老看到了，他亲笔写信给时任中国科协书记处书记李宝恒：“我看这些材料可以算是研究中国科协学的起步，请您看看，并交有关同志仔细分析，提起其精华，汇成一个中国科协学研究大纲。能否在五月份的一次星期五上午碰头会讨论一次?”钱学森作为大家，很注意普通人的研究成果，我有好几位同事都接到过他的信函。钱三强是中国原子能科学事业的创始人，中国“两弹一星”元勋，曾任中国科学院副院长，浙江大学校长。他也是我们中国科学学与科技政策研究会首任理事长，他在担任这个职务时，说了一句非常经典的话：“可算找到老家了。”很简明扼要说出了作为元科学的科学学的性质。当时我是理事，最早听到了他这个论述。以上“二钱”，都没有直接接触过，真正接触到的还是钱伟长先生。

钱伟长是中国近代力学之父，中科院资深院士，著名教育家、社会活动家，曾任政协全国副主席、民盟中央副主席、上海大学校长。“文化大革命”

结束后，武汉华中工学院从国内外聘请了一大批知名学者担任客座教授或荣誉教授，钱伟长也在其中。大家知道，钱伟长在反右斗争中被划为“大右派”，“文化大革命”中也受到冲击，他和所在的清华大学有心结。钱老还担任华中工学院出版的《力学研究》杂志主编，他的女儿也调入华中工学院任教（后出国），因此，钱伟长才会经常到武汉来。

我和钱伟长认识，是因为他是民盟中央的领导人，而民盟中央副主席冯之浚和我是老朋友，有些会议，冯之浚会向费孝通、钱伟长介绍我。而真正一次和钱伟长接触是在北京友谊宾馆开学术讨论会。住会的人不多，钱老也住会。他是一个人来参会，第二天的早餐没有人管他。我就陪他吃早餐，边吃边聊，一起待了两个小时。这时他已经是上海工业大学（上海大学前身）校长，他也知道我是华中工学院党委副书记，就和我谈招生改革和教育改革问题。钱老新中国成立前从美国回到清华大学，不久当了教务长、副校长，有自己的办学理念，是前辈，我主要听他讲。他说他去上海工业大学，一定要争取招生自主权，不参加教育部的统一招生。他说，现在的全国统一招生这种做法，不一定能招到好学生。而且统一模式培养，束缚学生的个性特长发挥，不符合世界潮流。钱老要我回去，在华中工学院也要进行改革，不要跟着教育部的意见转。我说我只是一个副职，这么大的事情我是干不了。现在看来，钱伟长当时的想法是很有见地的，现在我们实行的自主招生，和他当年提出的意见是一致的。和钱老这次谈话，对我启发很大，后来我到广州办一所职业技术学院时，努力办出特色，提出了“职业型、大众化、开放式”的办学理念，其中“大众化”就受了钱老的启发。我历来认为，绝大多数专家、学者并不适合管理和组织工作，现在好像大学校长一定要院士和博士生导师来当，这是没有道理的。但少数专家学者，既是学者，又是教育家，是可以当校长的，钱伟长就是。有一年，我到上海工业大学拜访校党委书记张华同志，看到钱伟长正在接待客人，似乎很忙，没有去打扰他。当时，张华同志对我说，钱老来了以后，有很多新思想，学校工作有起色。在北京开会时，该校党委副书记王立平（后任上海政协主席）也说过类似的话。

钱伟长后来担任全国政协副主席，有一次到武汉视察工作，担任副市长的民盟武汉市主委郭友中要我陪钱伟长去华中工学院。钱老主要去看该院著名水机专家程良骏教授，我和程教授也很熟，早在 1985 年，我和程教授同时到英国参加两个不同的国际学术会议，住在同一个旅馆里。程教授说了他和钱伟长交往的经历。我事先了解到程教授出差不在武汉，告诉了钱老，钱老说，那就看看程太太。后来，我跟钱老说，看过程太太后，是否和学院领导班子成员见见面，也把已经退居二线的朱九思老院长请来，他想了想，说好吧。在武汉期间，他给科研、教育系统的干部作了一场报告，钱老侃侃而谈，滔滔不绝，也没有稿子，差不多讲了四个小时。记忆力之好，思想之活跃，逻辑性之强，给全场同志留下深刻的印象。1987 年我们在北京筹办民营性的中国管理科学研究院时，钱伟长被聘为主席团主席，成立会那天，他主持会议，也体现了很好的组织能力。后来，我总想，为什么在干部去留上，只有年龄一个刚性指标呢？当然，必须要有退休制度，特别是领导干部不能搞终身制。从世界公务员制度来看，应该把“官”和“僚”分开，当官的，要有任期制。就像美国的克林顿总统，俄罗斯的普京总统，任期满了，50 多岁也要退下来。但僚就不同，基辛格当国务卿，就没有受年龄限制，更不用说那些智囊型专业人才，如美联储主席格林斯潘一样，大学校长也是如此。钱伟长到了 90 多岁，还是上海大学校长。当然，这只是个特例。讲到年龄，我经历了一个很有意思的事件。20 世纪 90 年代初，我是湖北省人大代表，有一年开会，湖北省人大和政府要换届，有两位人大常委会副主任刚好这一年都到 60 岁。一位是 3 月的生日，一位是 5 月的生日，而人大会在 4 月召开。按照规定，3 月出生的要退下来，而 5 月出生还可以继续干一届，即 5 年。在讨论候选人的分组会上，我发言说，据我所知，3 月份出生的那位副主任身体比 5 月份出生的还要好，能力也强些，这样规定，似乎不完全合理。发言在小组会也引起了一些共鸣，后来，一位领导说，那也没有办法，这就是“生不逢时”。果然，那位 5 月出生的继续再干 5 年，我才想清楚了，为什么有一些干部会改自己的年龄。香港有一个电视台，有一条公益广告，说“在人力资源的天平上，年龄轻如鸿毛”。我觉得是有道理的。

实干家李绪鄂

在国家科委领导中，李绪鄂常务副主任给我的印象是知识分子工农化的典型。新中国成立前，他先考取武汉大学，后来又成了清华大学的学生。领导航天工业部时，还有过发明创造，不说学富五车，起码也是拔尖人才吧。他"十三大"时当选中央委员，曾是宋健的领导。我一见到他本人，就觉得是个工农出身的革命老干部。工作有魄力，遇事果断。他是武汉汉阳人，有时临上飞机前，他会要我再陪他吃一碗武汉的"热干面"。

李绪鄂同志主管高新技术开发区，武汉东湖新技术开发区一直是他关心的开发区，他和几位开发区主任都很熟。我 1991 ~ 1994 年任市科委主任兼武汉东湖新技术开发区办公主任时，正是全国高新技术开发区建设的黄金时期。特别是小平同志题词"实现科技产业化"后，作为分管领导，李绪鄂对此非常重视，他一年要来几次武汉，到省市科委特别是开发区指导工作。他对武汉东湖新技术开发区的指导可以讲非常到位，抓得很具体。有一次，他以武汉为例，口述如何搞好开发区，要我根据他的口述写成文章，在《科技日报》发表。他除了关注光纤、激光和生物技术等新技术企业外，还从武汉实际出发，要我特别注意用新技术改造传统产业，并考虑在武汉建设农业新技术产业园。当他知道我联系的一个企业用新技术生产了新型豆乳机时，他认为这对民生很重要，马上指示我们拿到国家科委在香港办的展销会上去参展。这个展览在香港开幕那一天，他还特地推介这个产品。以后还多次提到这个事，并要我们抓紧搞出进入家庭的小型豆乳机，说中国人吃豆浆比吃牛乳好。他还说，搞开发区要有“大手笔”，要看得远一些。我曾专门陪他到开发区范围内看地形，跋山涉水，乐此不疲。他说他平生最喜欢的事就是看地。在任时，他先后在深圳、珠海、厦门、海南等省、市圈地，想为科技开发区闯出一片新天地，也建了几个发展研究院。有几位科委主任、开发区负责人，丢弃原来的职位，在他的劝说下，勇敢去闯天下。原重庆市科委主任，是全国人大代表，留学回来的“海归”，就是在他的鼓动下，到厦门去“开荒”创业了。

我和李绪鄂素昧平生，后来几乎一见如故。他是高级干部，但我和他接触，很自然，没有任何压力。他曾对我说，宋健同志认为我有文采，他对我的工作很支持。我们武汉科委的办公楼是新中国成立前英国人在租界建的，历经沧桑，已经相当破旧了。几位前任领导都曾想改造，但因为市财政无力负担均未果。我上任不久，找到李绪鄂同志，他也来看过大楼，爽快答应国家科委给20万元启动费。我们用这笔钱引导，得到市财政、市房地产管理局的支持，在原址拆建，改建成一个简单、适用的办公大楼。据说在国家科委成立以来，只给两个城市科委补助了建办公大楼经费，一个是延安，另一个就是武汉。国家科委的多位领导，接触国外的信息多，思想都很解放，李绪鄂也是这样，当他得知我解放思想，大胆让科技人员走出国门，进行科技交流时，在多个场合表扬我，认为我开明。李绪鄂书法颇具功底，我和一位年轻人合写了《开发区现象》一书，他欣然题写了书名。我们那时也没有送礼的习惯，在他60岁时，市科委请一位年迈的老画家，给他画了一幅有寿桃的画送给他，他非常高兴。

1993年年底，我因为在东湖开发区建设理念上和领导有分歧，不愿意违心地执行我认为不符合科技开发区意义的一些做法，我提出了辞去武汉东湖科技开发区领导职务。我想这本来也是领导的意见，只不过由我先提出来比较恰当。李绪鄂当时正在海南出差，他闻讯特意乘飞机赶到武汉，想阻止这个“辞职”事件，但终究未果。后来他和我作了一次长谈，他劝我去北京工作，要我去中国高新技术开发区研究会担任秘书长。当时，我有消极情绪，不想在行政部门工作。所以，对于李绪鄂要我去京的好意，我没有动心。过去，李铁映曾调我去电子工业部未成，我也不后悔。

大概是1999年夏秋之间，李绪鄂到广东佛山参加一个活动，专门到我工作的番禺职业技术学院来看我。这时他虽然已经退居二线，但仍然风风火火，也不去接待室休息，要我直接带他去看校园。他对学院的环境和规划非常满意，说这个地方太好了，要我什么地方都不要去，还说要当学院的总顾问。并说学院前面靠河边的地也要划过来，似乎已经进入角色。李绪鄂也是个性情中人。他哪里知道，我只差一年多就到了退休年龄了。在中国，校长是官僚化而不是职业化，除少数“特殊”人物外，校长到了年龄是要退下来，不论你身体好坏、工作胜任否。这种刚性指标可以将问题最简单化。听到他的话我也没有对答，我心想，老头你已经退下几年了，恐怕也是无力回天了。不过，他对我一直很关心，几年前，他就问过我英语水平怎么样？了解后才知道他想推荐我去驻外使馆或澳门一个大学工作。可是我从初中就开始学俄语，可能也使他有点失望。

有一年李绪鄂身体不适，在北京住院时，我去看望过他。后来他病情恶化，因胃癌不治去世，走得早了一点，还不到70岁。我因为在广州，消息知道的晚，未能去送他一程，至今仍感遗憾。不过，我常常会想念这位给我诸多帮助的领导。

我和龚育之的交往

2007年6月12日，杰出的理论家，中共中央宣传部原副部长、中央党校原副校长龚育之因病在北京去世。得到消息后，我当即从广州飞往北京，在龚育之遗体告别仪式上，龚育之夫人、北京大学特聘教授孙小礼对我说，老龚去世之前一天中午突然对她说："张碧晖到医院来了，护士怎么不让进?"孙教授拉着我的手说："你是老龚去世前最后叫的一个名字。"我在悲痛之余，恨未最后见他一面，再听听他的教诲，但和老龚的交往却像电影的画面一样，在我脑海里徐徐展开。

早在20世纪60年代，我从武汉华中工学院（现华中科技大学）机械系抽调到哲学教研室任教，因为对自然辩证法有点兴趣，经常从报刊上看到龚育之的文章，觉得这个人了不起。到了20世纪80年代，我几经辗转，又回到该校自然辩证法研究室工作。当时我还负责学校《自然辩证法学习通讯》（内部刊物）的主编工作，慕名到北京找老龚请教。当时他住在北京北沙滩，房子很小，且堆满了书籍，孙小礼教授也在，算是认识了。我对老龚说，20世纪70年代我在江西景德镇市委工作时，有位名叫朱志良的副市长，是位老红军。他曾在老龚的父亲、老革命家龚饮冰手下工作过。龚饮冰曾经做过周恩来总理的秘书及轻工业部部长。老龚听了后很兴奋，还说朱志良曾经冒充他的名字做掩护，从事地下工作。

龚育之同志是全党公认的理论家，参与过党的“十二大”至“十六大”报告以及中央许多重要文件的起草，且在自然辩证法、科学技术论和党的历史与理论诸多领域多有建树，出版著作30余部。1988年年初，继科学泰斗钱三强之后，龚育之作为中国科学学与科技政策的创始人之一，被推举为中国科学学与科技政策研究会第二届理事会理事长。无论是沧桑文墨，还是旧雨新知，龚育之这位既是党的高级干部，又是学者、思想者，其卓然风范，为大家所景仰。他也是位百科全书式的学者，有一次我和中科院院士何祚庥交谈，他就说他有问题不清楚时，就要问育之老师。我作为学会的老理事，和老龚接触的机会较多。他平易近人，毫无官气，非常随和。记得有一年，我们学会因为经费拮据，将学会年会放在北京郊区的八一射击场召开，那里住宿条件很差，有人说和乡政府的招待所差不多。但老龚还是很高兴地和大家一起把会议开完。一般开会时，他总是静静地听取大家的发言，没有一点大理论家教诲别人的样子。当然，以他的地位，也不便多说。但我私下请教他时，其实他的思想很活跃的，也不吝讲出自己真实的想法。他好像也喜欢和我交谈，有一次他到武汉时，对分管宣传部工作的市委领导说，让张碧晖来一下，见到他后，我们交谈甚欢。

20世纪80年代末，我的著述已不少，讲课也深受大学生、研究生的欢迎，但学校在评定我的教授资格时，认为我的年纪还轻，要等一等。我一气之下，请老龚对我的代表作《科学社会学》（人民出版社出版）进行评审。老龚当时任中共中央宣传部副部长，他欣然答应，并在百忙中看了书中的主要章节，他在充分肯定了这本专著时，也实事求是地指出了不足之处，他亲笔写下的评语是：“张碧晖同志是科学学研究队伍中很活跃、做了很多工作的一位同志。我读了《科学社会学》这部著作中由张碧晖撰写的一部分章节。我认为，这些章节对所涉及的问题，论述比较系统，分析比较细致，引用了大量的事实材料、统计数字和表格图形，内容是比较充实的。在观点上比较稳妥，注意以马克思、恩格斯的许多基本观点为指导，也吸取了现代科学社会学研究方面许多实证性描述性方法，在有些论述上，特别是在作者自己写过所研究的问题（如科学教育问题），更显出有见解和论证得较深刻。作为一本篇幅较大的书，深度仍然也有不平衡之处。这都是一定会有的。我认为，张碧晖同志可以评定为教授职称。”他签名后，还加盖了中共中央宣传部办公厅的图章。1990 年在评委会没有反对票的情况下，我被评为教授。我们的这本专著出版 20 多年了，至今仍然在一些大学作为研究生的教材。龚育之同志后来在他的专著《自然辩证法在中国》中，还介绍了我们这本《科学社会学》。

2000 年夏季，龚育之和孙小礼到南方出差，完成任务后，我邀请他们夫妇到我工作的广州番禺职业技术学院休息。他们也不住宾馆，而是下榻到我院刚刚落成不久的青年旅馆里，他们看到坐落在青山绿水中、景色宜人的青年旅馆，面对湖光山色，显得很开心。老龚嘱咐我不要把他来的消息告诉省、市宣传部门，并在教工食堂用餐。他白天看书，记得当时他饶有兴趣地看国民党上海最后一任市长吴国祯的传记，他对我说，这本书好看。后来我还将此事告之了吴国祯的儿子、香港科技大学校长吴家玮教授。晚上有时我也约几位教师和他打打桥牌。我知道，他晚年和于光远同志一起提倡休闲学，据说学了竞技麻将，还打得相当不错。老龚打桥牌很认真，晚上 7：30 看完《新闻联播》后，总是第一个坐在牌桌旁等。广州中山大学、华南理工大学几位研究科学哲学的老教授闻信，也来找老龚和孙教授，开了一场小型学术座谈会。这一星期，老龚和孙教授过得很愉快。后来，广州市委宣传部部长责怪我，说这么重要的人物来广州，也不向他们报告。

老龚长期患肾病我是知道的，但没有想到变化会那么大。有一年，中国科协在钓鱼台举办迎春联欢会，老龚因为是中国科协常委，自然参加。我作为学会的代表，又正好在北京，所以也去了。我看到老龚拄着拐杖，腰有些弯地走进来，惊叹不已，我心目中高高挺拔的老龚怎么会这样？他告诉我，最近身体不好。2005 年 9 月，我和前驻匈牙利大使馆一等秘书符志良应匈牙利文化部邀请，访问了匈牙利。有一位和列宁是朋友的匈牙利史学家的孙子，说他有陈独秀写给托洛茨基的信件。回到北京后，鉴于上次看到老龚的身体状况，我就约符志良一起去看老龚。和孙老师联系后，我们来到了北京万寿路老龚的家。我们先问了老龚的身体状况，然后告知了陈独秀信件的事。老龚真是权威的党史专家，他要孙老师从书架上取出一本文献，很快找到了陈独秀给托洛茨基的信，讲述了当年写信的背景情况。临别时，我还带了我在北京书店购买的老龚近作《党史札记二集》，请老龚签名。他签完名后还十分认真地盖上了印章。想不到，这次见面，竟然是我们的最后一次。

这一年的冬天，中国科学学与科技政策研究会在北京举行换届选举和学术年会，我作为学会主持工作的常务副理事长，受方新理事长之托，邀请学会几位名誉理事长和老同志莅临指导。我打电话征求老龚的意见，开始他表示愿意参加，这也是他理论兴趣点的地方，看得出来，他很想来。但是当时北京天气很冷，我请老龚再考虑一下，后来他说那就不参加了，但在电话里要我给会议带话，他说："祝研究会学术研究有成，培养新人有成，办实事有成。"这是他留给我们研究会的最后遗言，它将鼓舞我们努力学习，认真工作，把学会办好。

老龚去世后，有一天，学会理事长和我以及研究会办公室的同志去看望了孙小礼教授。经过时间的推移，孙教授的心情已经平静下来，并向我们介绍她出国旅游的情况，我们也觉得很放心了。我们知道，龚育之同志也是中国科技政策的奠基人之一。我在涉足科学学时，因我曾在科技和教育部门工作过，所以对科技政策的理论与方法问题有兴趣。在孙小礼教授家里，我问到老龚生前有一个研究科技政策学的宏大计划，也看过了详细的提纲。我希望后人能完成他的遗愿，并希望孙教授参与指导。从当时的表情看，她似乎也觉得应该写出来。据说龚育之先生的学生也有此意，我很期盼。

改革风云人物吴明瑜

我当了四年武汉市委科主任，除了和国家科委的宋健、李绪鄂熟悉外，其他领导如童大林、吴明瑜、李效时、韩德乾、邓楠、李学勇等，我也很熟悉。童大林还是著名的经济学家，他是科委领导中最能讲的，他曾经当过中共中央宣传部的秘书长。他的许多报告给我留下了深刻印象，我曾经和他一起开过几次会，规模最小的是1982年在昆明召开的科技政策座谈会，参加会议的只有二三十人，他和当年国家科委政策研究室的邓楠参加了。韩德乾原是武汉华中农业大学的党委书记，1984年在省委工作会议上，我们两人还住在同一房间。我曾到他所在的大学做过报告，他们领导班子的多数人我都认识。后来，韩德乾调农业部任纪检书记，国家科委李效时出事后，可能需要一位熟悉农业的领导，结果他从农业部调国家科委任副主任。不久，我就到广东工作了。他每次到广东，都要和我联系一下，我们有时间就见面，没时间就通个电话。他也曾到我工作的学校来过，他虽然升官了，但和我的交往还像老朋友一样。邓楠与我在20世纪80年代初就认识，记得1987年春天，中国科学学与科技政策研究会和中国人才学会，中国未来学会在合肥召开会议。会议在合肥著名的“稻香楼”召开，时任安徽省委书记、前中国科学院负责人张劲夫也到会讲话。那时我们都知道邓楠是邓小平的二女儿，但看不出一点高干子弟的样子。她当时在国家科委政策研究室工作，和后来的国家海洋局局长张登义，都在会务组做着琐碎的会务工作。她跟着童大林、吴明瑜多次参加过我们全国科学学会的活动，例如学会1982年在安徽九华山开成立大会，吴明瑜把国家科委政策研究室的人都带来了。后来，邓楠又和甘师俊等人组建科委社会发展司，不久，她升为国家科委副主任。后来，邓楠又调入中国科协任第一书记，每年科协都要举行工作会议，我作为学会主持工作的常务副理事长参加了几次会议，也听过邓楠作的报告。我认识李学勇的时候，他还是国家科委计划司司长，人很低调，我有一次到科委宿舍，看到他骑自行车回来。他也曾到武汉市科委指导工作，后来他升为国家科委党组书记，前不久调江苏省任省长。

我最熟悉的还是吴明瑜同志。吴明瑜新中国成立前从有名的上海南洋模范中学考入更有名的立信会计专科学校（现名为上海立信会计学院），这所著名的职业技术院校培养过许多杰出人才。他1956年从经济战线转入科技部门工作，先后做过秘书、中国科学院政策研究室主任等，和于光远、龚育之等一起在聂荣臻、张劲夫的领导下，参加了著名的《科学工作十四条》的起草工作，他们是我国科技政策的奠基人。他还在领导的授意下，1957年起草了保护科学家的文件，使一些科学家躲过了“反右”的灾难。吴明瑜更是改革开放的风云人物，粉碎“四人帮”后不久，邓小平同志召开知识分子座谈会，他和刘道玉等一起促成了1977年恢复高考的决定。胡耀邦同志主政科学院工作后，按照受过挫折和懂科技的要求，选择吴明瑜同志作为他的助手，为科技系统的拨乱反正做了大量工作。后来，胡耀邦同志任党中央总书记时，吴明瑜对宣传新技术革命给我们带来的挑战一事，起了积极作用，胡德平同志曾对我说过这些。1978年的科学大会，邓小平同志的报告就是吴明瑜起草的，吴明瑜同志也和我说过，在耀邦同志身边工作，心情特别愉快。人们都记得，在1989年一次报刊座谈会上，吴明瑜深情地怀念耀邦同志，曾声泪俱下，泣不成声。在20世纪90年代初期，“左”倾思潮泛滥，社会上到处问姓“资”姓“社”时，吴明瑜和时任上海市委宣传部副部长的刘吉，提供背景材料，为小平同志“南方谈话”提供情况。作为改革开放倡导者的吴明瑜，受到“左”倾人物的猛烈攻击，正如他自己在科学学界纪念改革开放三十周年座谈会上说的，“1987年我曾被中宣部原某主要领导说成是资产阶级自由化分子，并且没有任何材料、任何证据，就提出要撤销我一切职务，并开除党籍。我因此调离了国家科委的岗位。方毅同志本着对党负责的态度，亲自作了调查，向中央写了一份很长的报告，说明吴明瑜不是资产阶级自由化分子，而是我们党进行改革开放所需要的好干部。中央转发给有关部门，政治局常委做出了结论，否定了他人对我的诬告，我的案子才告一段落。”

我是20世纪80年代初认识吴明瑜同志的，当时我们正参与筹备中国科学学与科技政策研究会的工作，我当时就感到老吴思维敏捷，知识面宽，博闻强识，什么事说起来都头头是道。记得有一次我和冯之浚有一个报告要他批，当时他所在的国家科委政策研究室的人都在吃午餐，午餐非常简单，每个人包括老吴都是一人一份盒饭。老吴一边吃饭，一边和我们讲报告的事，其间有人要他签发文件，办完事接着继续和我们讲，前言后语接得顺畅，可以说天衣无缝，我们真是服气了。1982年6月，有100多位代表在安徽九华山召开会议，讨论成立学会事宜。会议开得很好，但是在给学会定名时发生了争论，后来的名称既照顾了学科的特点又考虑了实用性，充分体现了会议主持者的智慧。选出的理事长是著名科学家钱三强教授，他由于公务和科研繁忙，能支持学会就不错了，不可能花太多精力来管学会了。说实在的，当时大家都很清楚，学会的实际领导人是副理事长兼秘书长吴明瑜同志。那时，中国科学学与科技政策研究会挂靠国家科委政策研究室，充分调动了各省、市科委的积极性，各省市科学学会很快成立起来了，很快将高校、研究院所和科技情报、科技政策的人士聚集起来了，有几个省、市还斥资成立科学学研究所和创办杂志，那个时候，是科学学发展的鼎盛时期。前面说过的1986年召开的“全国软科学工作座谈会”，是我国政治体制改革的一次重要探索，对提高执政领导力起了很大的作用。这次会议，吴明瑜同志做了非常出色的准备工作。万里同志的报告就是他领导的一批软科学工作者在不长的时间里完成的。当时我也算是一个外围工作者，每天在燕京饭店挑灯夜战，非常亢奋。当时的宣传工作也做得很好，会议在全国引起强烈反响，各级领导部门都觉得，决策要科学化、民主化。《瞭望》杂志就组过一组这方面的笔谈，刊登了费孝通等人和我的文章。

20世纪90年代初，我当武汉科委主任后，吴明瑜同志已调至国务院经济发展中心任副主任。当时，我们省、市科委主任，在开会闲谈之中，都认为吴明瑜同志，在国家科委任职是非常适合的。当年的国家科委工作很活跃，一些有影响的活动如“火炬计划”“星火计划”“软科学咨询”，都有吴明瑜不可磨灭的功绩。我们认识的国家科委司、局长，对吴明瑜同志的工作魄力、领导作风、知识渊博等，也是交口称赞。虽然老吴调离了国家科委，但他仍是我们科学学会的领导，一些学会的重要活动，他都会来参加，我们仍然能从他那里学到东西。我记得我们学会办公室，曾为他和另一学会负责人罗伟庆祝他们的70华诞，我专门从外地赶到北京参加了这一活动。1992年秋冬之季，我到日本访问，正好吴明瑜随童大林参加在日本召开的一个智库高级论坛，新加坡的李光耀也参加了。他们住在一个邓小平曾经下榻的五星级宾馆，老吴知道我也在日本东京，就请我去这个宾馆吃晚饭。晚饭后，老吴说我们去逛逛，并说我们走路，只有走路，才能对当地有更直接的感觉。如当时我们看到每走不远，就有一个牙科医院，感觉日本人对牙齿十分重视。

吴明瑜对我的影响较大，我后来研究科技政策和科技管理，都是得益于他的文章和讲话。他对我也很关心，我在当华中工学院党委副书记时，曾写过一篇《洒向人间都是爱》的文章，他在多个场合宣传我的“思想工作要多一点人情味”的观点。我退休后主持中国科学学与科技政策研究会的日常工作，重要会议他都会来参加，2000年在我所在的番禺职业技术学院召开年会时，他和冯之浚等领导都来了，对我南下创办大学的举动给予很高的评价。在2005年北京召开的学会换届会上，我提出要实行列宁式民主，讲话不要念稿子，他十分赞赏。2007年，《大趋势》作者约翰·奈斯比特拿着新著《定见》到北京时，受《光彩事业》负责人胡德平邀请，要找人对话，并由一电视台组织对话采访拍摄，吴明瑜经过考虑，决定推荐我和约翰·奈斯比特对话。吴明瑜同志召唤时，我正在出差，随即决定乘机前往北京，第二天我就去了北京西客站旁一个大楼的摄影棚参加栏目录制。除了我以外，还有一位负责组织的老板和阳光电视的女主播。对话的主题是关于可持续发展问题。由于这个问题我早就进行过研究，并有专著收集在《科学社会学》书中，约翰·奈斯比特赞同我的观点。不久，吴明瑜还打电话给我，说对话很好，很有水平，过两天就要在电视里播出。我也没有告诉老吴录制对话中的不愉快，想到是老朋友胡德平的事，也就释怀了。2009 年，我和科学学会几位老同志合作，写了一本《科学学在中国》著作，冯之浚同志写了前言，吴明瑜同志欣然题写了书名，这本书在科学学界引起了重视。

人生路上，三位恩师

在我人生路上，一路走来，有许多师长对我的成长至关重要。读小学的时候，在村里的学校读到四年级，当时叫初小，不知到哪里去上高小。正面临辍学时，我小学老师的爱人，附近建设完全小学六年级班主任黄师度老师，将我带到他任教的学校直接插班上六年级下半学期。为了照顾我，这整个学期都是黄老师带着我睡，真是感人。小学校长杜元江老师当时还只是二十出头的青年，他给我们上的自然课，除了传授知识外，还带我们到田野捉昆虫，我现在的名字也是他帮助起的。到了初中，初一的班主任彭丽娟，是位女教师。我记得我母亲含着眼泪对彭老师说，我一岁没有父亲，将我托付给她。初三的班主任杨荣宗老师更是我们同学非常尊敬的师长，我们是初中 1955 级的毕业生，曾在毕业后一年、四十年、五十一年分别聚会过。初中毕业时他给我写的马雅可夫斯基的诗句，至今我依然珍藏着。到了高中，我的学习成绩一路攀升，除了自己的努力外，也与遇到几位优秀老师有关系。到了大学，对我影响大的老师也很多，从专业上讲，当属中国工程院院士崔昆先生。他的金属学课，我的成绩是专业全年级第一名，他亲自带我的毕业论文，我的论文研究的问题也是他的研究课题，有时候夜班他也来。他其实很想让我当他的研究生，但我却考到了上海交通大学。还有就是后来的总支书记王树仁，我当系学生会主席时，他很喜欢我，坚持要我毕业后留校当政治辅导员，但当我被上海交通大学录取为研究生时，他说，你是华中工学院第一个被外校录取的研究生，我们决定放行。十多年后，他成了华中工学院分管组织、人事的党委副书记、副院长，他以最快的速度将我调回学校。1984 年党委换届时，我们同在班子中担任党委副书记，次年他因上当受骗犯了错误而受到处分。离开武汉后，我只要回武汉，必定要去华中工学院看他。1965 年我考到上海交通大学读研究生，由于“文化大革命”爆发，我的导师、金属学泰斗周志宏教授，我并未直接接触。同样是金属学权威、中国工程科学院院士的徐祖耀教授，也只是在他挨斗时见过。校党委副书记张华在“文革”中历尽艰难，我由于参加落实他的政策，被说成是“张华问题专家”，在和“造反派”“反到底”的辩论中，赢得了广大师生的好评。但我在学校时并未和张华有什么接触，倒是在后来，他担任上海工业大学党委书记时，我去看他，他对我十分客气。

以上说的是我做学生时碰到的恩师，参加工作后，也有三位恩师，他们都是在关键的时候影响了我。

第一位是曹野，前面已经说过，这是一位有个性的老革命。他最早发现了我，并要将我调入湖北省科协领导班子，虽然并未成现实，但从此影响了我的人生进程。虽然在筹建东湖新技术开发区的过程中，有人从中挑拨，他曾对我有过误会。但后来他还是对人说过，在他身边的人，我是对他最好的。一到年龄，他就从湖北省科协党组书记的职位上退下来，也未在人大和政协过渡一下，赋闲在家。原来的一些朋友，如水利学院的叶念国教授，口腔医院院长李辉奉，他们二位都曾是省科协副主席，我有空会去看看他们。有一次，胡德平同志到武汉来，将曹野夫妇和我们找去一起吃饭，大家都很高兴。他虽然是官场失意，但晚年有一位非常好的夫人。这位出身书香门第的女士，气质很好。弹琴作画、美容烹饪，样样精通，曾被湖北、上海劳动管理部门聘为家政教师。对比她大二十岁的曹野照料得十分细心，对他的晚年来说也是一个很好的安慰。但曹野终于因为肝病不治，不到 80 岁就辞世了。

第二位是我的母校华中工学院老院长朱九思。他抗战早期从武汉大学由地下党组织送到延安学习，新中国成立后先在天津日报当领导，后调湖南日报当总编辑和湖南省教育厅常务副厅长。1952 年全国高等院校院系调整时调武汉筹建华中工学院。20 世纪 60 年代成为学校党委书记，“文革”后兼任院长，是闻名全国的教育实践家。改革开放后，华中工学院走在改革的前面。美籍华人、美国伯克利大学校长田长霖教授说朱九思是中国最有权力的大学校长。当曹野要将当时还是讲师的我调到省科协任领导时，他从爱才的角度出发，毅然将我先提为院副秘书长，不久又推荐我当了院党委副书记。我当了副秘书长后，和他接触较多，他高度的责任心和果断决策深深地影响着我。他是文科出身，我翻阅历年的《大参考》时，发现他对科技信息特别重视，如 20 世纪 60 年代的一期《大参考》上，他对一则有关激光的消息划上了红线。我才知道，为什么激光专业成为华中工学院最早设立的新专业。在学院，由于朱九思对工作认真负责，对下级要求很严，许多人特别是中层干部很怕他。我和他接触久了发现，只要你是努力的，反映情况有理有据，并没有觉得有什么可怕。华中工学院从一个原来在教育部眼里的二流大学变成现在排前 10 名的大学，朱九思是有大功劳的。我在离开班子前，曾在党委常委会上说，虽然不能讲没有朱九思就没有华中工学院，但是如果没有朱九思，华中工学院就不会有今天这样的面貌。后来我到了武汉市科委工作，四年后他听说我要调广东番禺筹建大学时，不顾近 80 岁高龄，从武昌到汉口我的家中，和他的江苏老乡、我的爱人说，要我留在武汉。还说他正听说华中理工大学杨叔子校长要请我去学校担任党委书记。并说，回华工是上策，在武汉科委是中策，到广东是下策。苦口婆心，表示了对我的关心。当时，广东的调令已经到了，我也厌倦了政府部门的工作，义无反顾地来到番禺创建职业技术学院。在筹建初期，朱九思夫妇又到广州番禺来看我，学院建成后又来过一次，认为我做了一件不错的事。因为我南下时，据说华中理工大学党委主要领导曾断言我不可能建成一所大学，说那么容易建大学吗？显然老院长也许是听了这些话，抱着疑虑的心情来看我的，我非常感谢老院长的关心，利用过年过节，在电话里汇报我的工作进展。有一次在一个全国的教育讨论会上，我作了一个有关“校长职业化”的报告，将朱九思等四位改革家校长的案例说了。我说朱九思的最大贡献，一是在全国较早提出了理、工、文、管相结合，二是提出了大学中，科研要走在教学的前面。我后来还写成文章，在有关报刊发表。朱九思打电话给我说：“写我的人很多，但你是写得最好的。”2010 年我到武汉时，朱九思已是 95 岁高龄，由于心率衰弱而住进了医院。我去看望他时，他眼睛一睁，看到我第一句话是：“老张，你在番禺很寂寞吧?”使我感动不已。后来，我和太太又去看了他一次，他心情特别好，谈了许多话。

第三位是原武汉大学校长刘道玉教授，刘道玉在苏联留学时被苏联当局遣返回国，是传说中的红场英雄。后来在教育部担任高教司司长，参与了“文革”后高考恢复工作，后调到武汉大学工作，48 岁被任命为武汉大学校长，是当时全国最年轻的大学校长。他任校长时，我们华中工学院新领导班子曾去武汉大学拜访过，当时也认识。但真正比较熟悉，是他兼任武汉市人民政府咨询委员会主任，我是咨询委员，他也可以说是我的领导。这个咨询委员会作为科学决策、民主决策的智库，武汉市还真认真对待，凡有大事，都要找我们开会。这样，我和刘道玉也就熟悉了。1986 年年底我在党委换届中落选，在社会上反响较大，许多大学的领导也为我打抱不平。大概也就是在这个时候，刘道玉向武汉市委王群书记推荐了我。武汉市领导非常信任刘校长，因为当年据说要刘道玉去武汉市任市长，他以自己对高校比较熟悉婉辞了。据刘校长后来对我说，他本来建议我任武汉市委副书记，武汉市委主要领导说，当副书记他们没有权批，决定先当科委主任。总之，在我最困难的时候，刘道玉出来关心我，对我有知遇之恩。刘道玉既是一位著名的教育家、改革家，又是一位有争议的人物。后来，他自己在《一个大学校长的自由》一书中说，还没有干到任期届满的时候，就将他的校长免去了。他离开武大领导岗位后，很想自己办一所民办大学，但种种原因未能实现。他先后三次来到我所在的番禺职业技术学院，对我们的办学条件很赞赏，但也表述了自己无奈的心情。前两年，在一次全国教育家大会上，我除讲朱九思外，也讲刘道玉、邓旭初（原上海交通大学党委书记）、罗征启（原深圳大学校长）是真正意义上的教育家，他们在 20 世纪 80 年代，敢于突破苏联僵化的计划体制，大胆在自己的学校进行改革，取得了很大的成绩，历史是不应该忘记的。网上很快登出了我的讲话全文，但错处不少，我后来写成了文章，但由于这篇文章涉及许多敏感问题，我也不愿连累一些杂志。最后，此文章在湖北某大学校长邀请下在该校的学报上发表。后来，刘道玉对教育有许多惊人的表述在报刊和网上流传，使他更有名了。我只要到武汉，总会安排时间去看他。他多次向我表示，他不能释怀，对教育，特别是对高等教育存在的问题忧心忡忡。

有一位诺贝尔奖获得者的老师说过，一个人的成功取决于四个因素：禀赋、机会、选择、努力。而且说，最不重要的是努力。这个话是在第二次世界大战时讲的，我的理解，在当时的环境下，如果道路、方向选错了，越努力，错误可能越大。我想，机会、选择却是很重要。以上三位老师，都是在我最关键的时候给了我机会，这种好机会是没有办法选择的。机会多的是，不是人人都可以遇到的。所以，我如果现在有些成绩的话，不是我自己有什么能耐，有什么高明之处，而是这三位领导给了我很好的机会，才成就了我。我叫他们恩师，是不为过的。

科学学的“四君子”

在中国科学学与科技政策研究会的许多活动中，人们经常会讲起上海的“四君子”。这是指全国人大原常委、民盟中央原副主席冯之浚，中国社科院原副院长、中欧管理学院原执行院长刘吉，上海社科院原副院长夏禹龙以及张念椿教授四个人。他们从20世纪70年代的合作，曾经活跃在科技界，并产生较大影响。

我曾见证了他们的合作，也略为了解后来他们分开的情况。1979年初夏，我所在的华中工学院自然辩证法研究室，举办全国科学技术史讨论会，他们四人参加了这次会议。他们曾在一篇文章中写到，“自武汉顺流而下的长江轮上，四位中年同志顾不得眺望浩瀚的江流和两岸的风光，而在客舱里进行一场热烈的学术讨论……他们从会上的初交到思维的共振，都有相见恨晚的感觉。就在这种激发状况下，边议边写，完成了第一篇合作的论文。”他们四人合作虽带有偶然性，但也有内在的缘由。他们都有工程技术专业的背景：夏禹龙曾在圣约翰大学学土木工程；刘吉毕业于清华大学动力机械系；冯之浚就读于上海铁道学院铁道工程专业；张念椿则在同济大学攻读路桥专业。他们都有比较广泛的兴趣，均具有自然科学和社会科学的“两栖”性。另外，他们在“文化大革命”十年动乱中，都有一段坎坷的遭遇。他们的合作体现了信息共享，思维共振，三维共构，情绪共染。在20世纪80年代的后几年中，他们的学术合作小组，就是后来的所谓“工作室”，完成了大量的学术著作和文章。他们当中各有优势，夏禹龙理论功底厚，冯之浚擅长总结和口才，刘吉思想火花多，张念椿文字见长。他们合著的《领导科学基础》，一版再版，几乎成了全国轮训干部的教科书。他们还把视角放在战略研究上，1982 年就上书国务院体制改革委员会，提出《关于建立和开发长江三角洲经济区的刍议》，一篇关于教育改革的文章不仅刊登在级别最高的《中国社会科学》上，而且引起了当时中央领导的重视。另外上海市委原副秘书长周克，这位曾在“一二·九”中投身抗战的革命老同志，在解放军渡江前夕，领导了著名的上海江湾机场军火库爆炸，“长沿号”军舰起义，曾任共青团上海市委书记，首任上海市轻工业局长、上海市委工业部副部长等职。因实事求是地在党的会议上给当时炙手可热的上海市委第一书记柯庆施提了意见，在“反右运动”后期“补课阶段”被打成右派，开除党籍，蒙冤 21 年，直到十一届三中全会后的 1978 年才获平反。复出后他先后出任上海市科委主任、中共上海市委副秘书长。周克同志是一位非常开明、有前瞻的领导。他和他们四人首先组建了全国最早的上海科学学研究所，周克任首任所长。在周克同志的推荐下，夏禹龙后来任上海社会科学院副院长；冯之浚进上海民盟当领导，直到民盟中央副主席；刘吉先后在上海市科协、上海市体改委、市委宣传部任职，后至中国社会科学院副院长。为他们日后的发展建立了很好的平台。

夏禹龙新中国成立前曾是地下党员，现在应该近 90 岁高龄了。在科学学初创时期，他已经满头白发，但却是童子心。记得 20 世纪 80 年代初在昆明召开科技政策座谈会上，会议人不多，会议之余正好看女排比赛实况转播。他的情绪随着赛况波动，和年青球迷的表现一个样，随童大林来参会的邓楠看到这种情况，总是哈哈大笑。有一年，赵红洲、蒋国华从北京到上海出差，曾到夏禹龙家里去看望他，老夏正在看球赛，回头呵了一声，又继续津津有味地看球了，好像没有这回事。夏禹龙长得酷似原国家科委主任、中宣部秘书长童大林，有一次在京西宾馆吃饭，我也在座。人民日报一位资深记者错把老夏看成童大林，连忙整了整头发，毕恭毕敬地弯身问：“大林同志好。”老夏回头一句：“我不是童大林”。总之，老夏是位心态极好的人。老夏的理论功底好，他后来由于担任上海社科院副院长，公务繁忙，学会的活动参加少了，但却在致力于研究社会科学学。

冯之浚从20世纪80年代进京担任民盟中央副主席，有20多年了。他还是全国人大的五届常委，可以说是资深常委。他参政议政能力极强，又善言辞，我在武汉一次陪钱伟长先生视察时，他亲口对我说，“民盟准备推荐冯之浚担任更重要的职务。”但事情往往很复杂，加上他心脏出过两次问题，终于还是在原来的位置上干了很多年。我们相识三十年，他善解人意，有几件事我是难以忘怀的。1986年年底，我在华工党委选举换届中落选，他知道我心情不好，邀我上北京，并在国务院第二招待所为我订了一个套间。我在那里住了半个月，竟然写了一本普及高技术的小册子。不久又安排我们夫妇去上海过春节，同时也把当时在天津处境不好的何钟秀一家也请来了。我们两家在上海过年，也其乐融融。我在广州番禺建成一个大学时，他将学会的年会安排在我工作的地方召开，也算对我工作的支持。2001年我从领导岗位上退下来，他又推荐我到学会主持日常工作。我对学会也有感情，推掉了几个到民办学院当院长的机会，在学会一干就10年，得到了学会上下的认可。冯之浚是继钱三强、龚育之之后，担任中国科学学与科技政策研究会的第三任理事长。他在任期内，大力培养年轻人，广泛开展课题研究，特别是在知识经济、循环经济研究中，走在前面，把学会工作开展得有声有色。

刘吉才华横溢，清华大学毕业后分在上海工作，“文化大革命”前就提升为工程师。在科学学学会里，被认为是很有思想的一个人，经常会冒出闪光点。他先后担任上海市科协副主席、市体改委副主任和市委宣传部副部长，政务繁忙，和科学学学术界较少来往。后来人们也知道，他大概要担负领导交办的一些事情。即使后来他到北京担任中国社科院副院长时，也很少有人去找他，都体谅他的处境。我因为工作有时去香港的一些大学，偶尔也能在境外的一些报纸杂志上看到对刘吉的报道，说他是中央领导的智囊，云云。我和刘吉常有联系，虽然见面不多，但常常通通电话。逢年过节，他也会通过手机发发短信问候。前几年，正好我们都在北京，他请我吃饭，长谈了两个多小时。多年没有这样交谈了，我感到他的谈话很有深度，包括对“三个代表”的理解，有独到之处。从中国社会科学院副院长退下后，主要在上海中欧管理学院主持工作，也很忙。现在据说退了，但也担任该院基金会的理事长。这两年我们也在北京见过面，他还是一幅忧国忧民的样子。

张念椿原来和冯之浚都是上海铁道学院自然辩证法的教师。他是一个典型的上海精明男人，但他在这个集体里，位置摆得很好，主要是做操作层面的工作。他忍耐性也很强，曾经伺候过生病多年的前妻。后来他也曾经试过下海经商，但不是很适应，听说他现在身体不好，很少露面。

真是应了古人的一句话：天下大事，分久必合，合久必分。他们由于后来走上不同的工作岗位，有的也不在一个城市。他们中有的人也存在芥蒂。还是十年前，我有一次到上海开会，专门找夏禹龙谈过这个问题。因为他比较超脱，但他也认为，有些问题是很难说清楚的。我和他们几个人都很好，但有一点我可以证明，他们从没有在我面前攻击过对方，总的来说还是君子风度。

但是，他们的合作，取得过丰富的成果，在学会里面，[illegible]度传为佳话。

三位同学，曾是同行

大约是 1993 年，在北京召开的全国科技工作会议上，我与陈明义、朱寄萍三位上海交通大学的研究生同学，在会议上见面了。在上海交大学习时，我们三人虽然不在一个班，但同在一个党支部。特别是“文化大革命”时，基本上都是“逍遥派”，在一个不大的宿舍里朝夕相处，十分熟悉。分开多年后，能在一个会上再次见面，自然十分高兴。记得有一天中午吃饭时，时任国家科委副主任的邓楠，正好和我们三个人同在一桌。知道我们的关系后，觉得有意思，并问我们当时在学校时的职务是否有差别？我说是有差别，陈明义是党支部委员，我和朱寄萍分别是党小组长。听过后，邓楠同志笑着说，怪不得现在陈明义是副省长，而你和朱寄萍是科委主任。

陈明义原来学的是造船设计专业，比我高两级，我入学时他已是三年级研究生了。他为人谦和，讲话慢条斯理，中规中矩。1968 年，他毕业分配到青岛工作，因为想解决夫妻两地分居，后来调到福州工作，不久当了省科委主任，直到分管科技的副省长。我们同学见面，自然不分官大官小，见面后能促膝谈心，无话不说。他对我们说，他的副省长可能已经当到头了，因为上面不断有干部“空降”到福建。可是不久，我们就知道他当了代省长、省长，几年后还成了中共福建省委书记，和习近平同志搭班子。但他一直记得我这位老同学，若干年前，福建三门市请武汉大学的专家搞区域规划时，他知道这些专家是我的朋友，到三门市检查工作时还看望了这些专家。他在当省长、书记时，我没有去找过他。2004 年我到福州参加“海峡两岸科教创新论坛”时，我去他的办公室看望他。当时陈明义是福建省政协主席，但也快到退休的时间了。他对去留似较淡定，和我谈了退休后的打算。他说，应该做开明的干部，给自己留点时间，给青年人留点机会。使我吃惊的是，他好像也在带研究生，没有完全丢掉专业。他的业务功底扎实，我是不怀疑的；他的这番讲话我也相信。据说几年前要调他进京当官，他也没有去。看到他花白的头发，我始终不愿问他唯一的女儿去世的情况。我们是“君子之交淡如水”，在他办公室坐了两个小时，一杯清茶。他也没有请我吃饭，临别时送我一本《当代福建国画集》，并在扉页上郑重写上“送张碧晖校友”。2010 年 10 月，中国科学技术协会在福州举办年会，我是一个分会场的主席，又一次来到了福州。福州大学雷德森教授和陈明义的夫人比较熟悉。经过雷教授的联系，会后我到陈明义的家去拜访，雷教授也陪同一起去。陈明义同志说，他已经退下几年了，只剩全国政协常委一职了。他说他每天的安排是上午学习，下午休息和锻炼，主要是散步，晚上文娱活动，主要是看电视，也较充实。当然，他还是有些和工作有关的活动，如前不久，他说分别接待了全国政协主席贾庆林和前主席李瑞环，对形势还是十分了解。和我们谈及最多的是关于海洋发展战略的问题。他说，我国的海岸线很长，海洋资源十分丰富，哪怕是一个小岛，也是一座金山，周边国家为什么和我们争得那么激烈，都和丰富的海洋资源有关。他认为，我们对这个战略重视不够，甚至有些软弱，将来后果不堪设想。他说他曾在全国政协的年会上写过提案，也在有关报纸、杂志上发表过文章，有机会时也向中央领导反映了这些情况。他和我同年，他说他年龄大了，但这件事还想干下去。他把有关这方面文章要秘书复印给我们，并谦逊地要我们出出主意。我说你可以一个大学为依托，建立海洋研究所，联络马尾船厂等企业，作点课题研究。谈了一个上午，中午请我们吃饭时，还把几位省科技厅长、副厅长请来，真的和他们谈及海洋战略研究问题。

朱寄萍和我同一个年级，但不同专业，他学的是无线电专业。他的名字好像是位女生，人也确实文质彬彬、白白净净。“文革”中也基本上是个“逍遥派”，我们还曾一起步行串联到杭州和绍兴。当时步行串联对我们来说也不算辛苦，我们一般晚出早归，我们研究生有几十元助学金，生活也还可以，我们还一路收留了一些年龄较小的中学生。朱寄萍很会照顾人，有凝聚力。毕业时他先分在军工研究所，后来调回上海。从部属研究所任职上来，当到上海科技党委书记。这个单位和其他省、市不同，是管市科委、科学院系统党的工作机构，全国人大常委会原委员长吴邦国、原副委员长陈至立就曾在该单位任过党委书记，是朱寄萍的前任，人们说这里是出国家领导人的地方。朱寄萍干得也不错，曾被中央组织部评为优秀中青年干部。但他可能“生不逢时”，碰到难以逾越的年龄这个刚性指标，后来只是当了上海市科委主任。任职几年后，到市人大任职后退休。过去长江流域重庆、武汉、南京、上海有一个城市科委协作会，在上海召开时，朱寄萍正好是科委主任。会议组织工作做得很好，结束时邀请我们几个城市科委主任参加他们机关联欢会。朱寄萍十分活跃，跳交谊舞时，有如行云流水，绝对够国标水平。我的好朋友，时任上海科学学所所长顾文兴对我讲，朱寄萍是位开明的干部，工作思路清楚，方方面面的关系也处理得不错。退休后，朱寄萍在上海老干部京剧团牵头，有时候朱镕基总理作为京剧票友也来参加。

“文革”前，上海交通大学的研究生总共108名，我们一年级的48人。毕业后，大部分都没有联系了。联系多一点的就几个人，其中有在美国的董伟民。董伟民是从工作单位考入交大研究生的，他比我大一两岁，思想成熟。才到交大时，我发觉他象棋下得很好，可以下快棋，也可以下盲棋（就是不看棋盘，凭记忆下棋），就感觉他不是一般的人。“文化大革命”初期我们一起从北京出发，通过换票到广州串联过，平时无事时也常在一起聊天。他应该很有城府，到1968年，他自愿担任毕业生分配工作。自己找到原来北京的机械设计院，毕业去向很快定下来了。我因为开始是留校，后来又不留了，成了最后定向的毕业生。董伟民还是很负责，一直等我的去向定下来后，才到北京接收单位报到。后来就一直未见面，直到1989年我到美国旧金山参加一个学术会时，打听到他在斯坦福大学读书。而我们的会议正好有两天就在斯坦福大学举行，通过中国留学生到处打听他的下落也未找到，后来听说他已参加工作，离开大学了，此后，我又去过美国终于见到了他。董伟民在保险业是个卓有成效的专家，国内相关单位常请他来讲课。我认识的中国工程院院士、国家地震局原局长陈顒教授，和他也是朋友。董伟民也曾到番禺来看过我，2010 年夏季我和太太到美国旧金山旅游时，他又正好到外地出差，也未能见面。

上半生当中，我小学、初中、高中、大学（分两段，中间两年做老师使我大学有两部分同学）、研究生都有要好的同学，回想起来，那些相处的情景非常美好，同学的情谊，没有利害冲突，是世界上最纯洁的情谊，很值得珍惜。

后 记

知识分子的一生，大凡都经历了少年立志、青年求学、中年报国、老年反思几个阶段。我因为当过工人，从过政，办过学，稍微要复杂一些。而且我们这代人，新中国成立后的所有事件，包括各项运动都看过和经历了。不堪回首的有“反右斗争”“三年困难时期”“文化大革命”等，但粉碎“四人帮”后的改革开放30年，却也是“激情燃烧的岁月”。

这几年，包括一些境外学者，都在写中国改革问题，让我们这些参与者情何以堪。我作为一个学者，主要的经历还是科技、教育方面的实践。所有的改革，要做的事情一是思想解放，二是制度建设。党的十一届三中全会后，作为当时流行的“讲师团”成员，积极参与了当时的思想解放活动，特别为迎接新的科技革命“鼓”与“呼”。不仅“笔底春秋听潮声”，而且因此担任过科技机构和大学的负责人，还认真投入了科技体制改革和教育改革的实践。这30年的改革，需要从多角度记录下来，既要有宏观的论述，也要有微观的记述。将自己的亲身经历记下来，也是对历史的负责。

10年前从一线工作岗位退休，几乎不去打扰原单位，家里也不要我做事，但仍有学术交流活动，过着忙闲相间的生活。有时会翻翻记了40多年的日记，特别是改革开放30年的经历，常常会在脑海里潆洄，感谢家人和友人的鼓励，终于“十年磨一剑”，将本书奉献在各位的面前。

成稿过程中，得到本单位同事在打印、整理方面的帮助，得到知识产权出版社责任编辑李潇的耐心工作，在此一并感谢。

作者

2014年10月18日